COURS

DE

CHIMIE

A L'USAGE

des écoles primaires supérieures,
des écoles normales primaires, des pensions, etc.

PAR

M. MITOUR

Licencié ès sciences.

PARIS

LIBRAIRIE CLASSIQUE INTERNATIONALE

A. FOURAUT

17, RUE SAINT-ANDRÉ-DES-ARTS, 17

—

1893

COURS DE CHIMIE

COURS

DE

CHIMIE

A L'USAGE

des écoles primaires supérieures,
des écoles normales primaires, des pensions, etc.

PAR

M. MITOUR

Licencié ès sciences.

PARIS

LIBRAIRIE CLASSIQUE INTERNATIONALE

A. FOURAUT

17, RUE SAINT-ANDRÉ-DES-ARTS, 17

1893

AUTRES OUVRAGES DE LA MÊME LIBRAIRIE

Éléments usuels des sciences naturelles (zoologie, botanique, minéralogie et géologie), suivis des premières notions de physique et de chimie; à l'usage des écoles primaires supérieures, des écoles normales primaires, des pensions, etc., par L. POURRET; ouvrage renfermant 253 figures par L. TOTAIN. 1 vol. in-12, cartonné...................... **2** »

Manuel élémentaire et classique d'agriculture, d'arboriculture et de jardinage, suivi d'un spécimen d'écritures pour la comptabilité rurale et de maximes et proverbes agricoles; ouvrage renfermant 178 figures dans le texte; par Louis GOSSIN, ancien élève de Grignon, cultivateur, professeur à l'Institut normal agricole de Beauvais, chevalier de la Légion d'honneur; 16ᵉ édition, revue et augmentée, par M. CHARLES GOSSIN, professeur d'agriculture à l'Institut normal agricole de Beauvais. 1 vol. in-12, cartonné............ **4 30**

Cours de psychologie et de morale (théorie et applications), d'après les derniers programmes des écoles primaires supérieures, des écoles normales primaires, du brevet supérieur et de la classe de philosophie; par M. PAUL BUQUET, ancien élève de l'école normale supérieure, professeur de philosophie. 1 vol. in-18 jésus, cartonné...................... **4 50**

Dictionnaire étymologique, ou *Vocabulaire des racines et des dérivés de la langue française,* précédé de *Notions générales sur l'étymologie et la dérivation;* à l'usage de tous les établissements d'instruction; par L. POURRET; ouvrage imprimé en deux couleurs : *les origines de chacun des mots de notre langue,* EN NOIR; *la série complète des dérivés fournis par chacune des racines étrangères,* EN ROUGE. 1 vol. in-18 jésus de 526 pages, cartonné............................... **3** »
— relié en demi-chagrin........................ **4 50**

Tout exemplaire non revêtu de la griffe de l'éditeur sera réputé contrefait.

COURS DE CHIMIE

PREMIÈRE PARTIE

NOTIONS PRÉLIMINAIRES

NOTICE HISTORIQUE

1. L'histoire de la chimie comprend deux périodes. Dans la première, qui date des temps les plus reculés, les hommes faisaient de la chimie sans le savoir, c'est-à-dire en n'employant que des procédés empiriques dont la découverte était due au hasard et qu'ils se transmettaient de génération en génération, sans se préoccuper d'aucune recherche théorique. Dans la seconde période, qui part de la fin du dix-huitième siècle, tous les phénomènes ont été scrupuleusement analysés et ramenés à quelques lois claires et précises.

Nous trouvons dans les civilisations les plus anciennes des notions très approfondies des diverses combinaisons des corps. Chez les Égyptiens et les Indiens, on embaumait les cadavres avec une habileté que nos savants n'ont pas égalée. Les Chinois connaissaient la poudre à canon bien des siècles avant nous; la fabrication de la porcelaine et des encres n'avait plus de secrets pour eux, alors que nous en ignorions complètement l'existence. Tyr et Sidon jouissaient d'une très grande renommée pour la teinturerie et la préparation des étoffes de lin. Les Grecs et les Romains n'avaient plus rien à apprendre sous ce rapport et ils nous ont laissé des poteries qui sont de véritables chefs-d'œuvre; les mortiers qu'ils employaient ont une réputation qui a traversé les âges; mais, s'ils étudiaient la constitution des corps et les divers phénomènes qui les modifient, c'était pour en faire remonter la cause mystérieuse à la Divinité.

Chez les Égyptiens, la chimie est la propriété de prêtres

qui nous sont inconnus ; chez les Grecs et les Romains, celle des philosophes, dont plusieurs sont encore justement célèbres, entre autres Pythagore, Héraclite, Hippocrate, Empédocle, Aristote. Dès le troisième siècle de notre ère, elle se sépare de la philosophie et devient une science empirique ; ceux qui s'en occupent cherchent la *pierre philosophale*, et le peuple ne tarde pas à croire qu'ils sont en commerce continuel avec le diable. Cette soif de l'or qui pousse pendant plusieurs siècles les hommes vers l'*alchimie* produira des chimistes, et nous ne tarderons pas à rencontrer quelques noms illustres.

Geber, chimiste arabe de la fin du huitième siècle, fait des études remarquables sur le soufre, l'arsenic, le mercure, la distillation, la calcination, etc., et compose de nombreux ouvrages, dont quelques-uns sont parvenus jusqu'à nous.

Albert le Grand, né en Souabe en 1193, mort à Cologne en 1280, s'occupe de la pierre philosophale, mais donne des notions exactes sur la composition de certains corps.

Roger Bacon, savant anglais (1214-1294), publie le *Miroir de l'alchimiste*.

Saint Thomas d'Aquin (1227-1274) fait des études très remarquables sur les pierres précieuses artificielles.

Bernard Palissy, né près d'Agen en 1510, mort à Paris en 1590, étudie les émaux et s'illustre en fixant les couleurs sur la porcelaine.

2. Il faut arriver au dix-huitième siècle pour trouver des chimistes dans le sens propre du mot. Nous devons nous contenter de nommer :

Huyghens, savant hollandais, né à la Haye en 1629, mort en 1695.

Ruterford, chimiste anglais, né en 1712, mort en 1771.

Macquer, professeur au Jardin des Plantes, à Paris, où il était né en 1718 et où il est mort en 1784.

Cavendish (*Henry*), chimiste anglais, né à Nice en 1731, mort à Londres en 1810.

Priestley, chimiste anglais, né près de Bristol en 1733, mort à Philadelphie en 1804.

James Watt, mécanicien anglais, né à Greenock (Écosse) en 1736, mort en 1819.

Guyton de Morveau, né à Dijon en 1737, mort en 1816.

Montgolfier (*Joseph-Michel* et *Jacques-Étienne*), inventeurs des aérostats, nés à Vidalon-lez-Annonay (Ardèche), Joseph-Michel en 1740 et Jacques-Étienne en 1745; morts, le premier à Vidalon en 1810, le second à Paris en 1799.

Scheele, chimiste suédois, né à Stralsund en 1742, mort à Kœping en 1786.

Lavoisier, né à Paris en 1743, mort sur l'échafaud le 8 mai 1794. Le premier, au milieu du chaos de théories sans consistance, il indiqua les méthodes scientifiques. Il introduisit dans la chimie l'usage de la balance, au moyen de laquelle il put démontrer que, si la matière est susceptible de transformations, dans la nature *rien ne se perd, rien ne se crée*. Il ouvrit la voie de la thermochimie, science qui s'occupe des quantités de chaleur développées dans les réactions; il comprit que les combinaisons et les décompositions sont des fonctions de l'énergie calorifique, ce qui est aujourd'hui démontré.

Volta, physicien italien, né à Côme en 1745, mort en 1827.

Berthollet, né en 1748 à Talloire, près d'Annecy, d'une famille originaire de France, mort en 1822; il faisait partie de la mission scientifique qui accompagna Bonaparte en Égypte.

Laplace, géomètre, né à Beaumont-en-Auge (Calvados) en 1749, mort à Paris en 1827.

Leblanc (Nicolas), né à Issoudun (Indre) en 1753, mort en 1808.

Nicholson, chimiste anglais, né à Londres en 1753, mort en 1815.

Meusnier, général et chimiste, né à Paris en 1754, mort à Mayence en 1793.

Conté, peintre, chimiste et mécanicien, né près de Sées (Orne) en 1755, mort à Paris en 1805.

Fourcroy, né à Paris en 1755, mort en 1809.

Proust, né à Angers en 1755, mort à Paris en 1826.

Humboldt, né à Berlin en 1764, mort en 1861.

Wollaston, chimiste anglais, né en 1766, mort en 1828.

Dalton, chimiste anglais, né à Ingleshand en 1766, mort à Manchester en 1844.

Ampère, né à Lyon en 1775, mort à Paris en 1836.

Thénard, né à la Louptière (Aube) en 1777, mort en 1857.

Davy (Humphry), chimiste anglais, né à Penzance (Cornouailles) en 1778, mort à Genève en 1829.

Gay-Lussac, né à Saint-Léonard (Haute-Vienne) en 1778, mort à Paris en 1830.

Berzélius, chimiste suédois, né en 1779 dans la Gothie occidentale, mort à Stockholm en 1848.

Chevreul, né à Angers en 1786, mort à Paris en 1889.

Drummond, chimiste anglais, né à Édimbourg en 1797, mort en 1840.

Dumas, né à Nîmes en 1800, mort en 1884.

Regnault, chimiste et physicien français, né à Aix-la-Cha-pelle en 1810, mort en 1878.

Sainte-Claire-Deville (Henri), né de parents français à Saint-Thomas (Antilles danoises) en 1818, mort à Paris en 1884.

MM. *Berthelot*, *Pasteur*, *Wurtz*, etc.

DÉFINITIONS ET PRINCIPES

3. La *chimie* est une science ayant pour but d'étudier la composition intime des corps, leurs combinaisons et les divers moyens de provoquer ces combinaisons, qu'on appelle *phénomènes chimiques*. Ces phénomènes produisent des changements essentiels et permanents dans la nature des corps, laquelle, au contraire, n'est point altérée par les phénomènes physiques.

Par exemple, la fusion de la glace, la solidification et l'évaporation de l'eau, la dissolution du sucre dans ce liquide, la cristallisation du sel sont des phénomènes physiques ; quand on brûle du bois, sa transformation en charbon, en cendres et en fumée, est un phénomène chimique. Si l'on place dans un creuset du soufre et de l'étain et qu'on chauffe fortement, puis qu'on laisse refroidir le mélange, on trouve dans le creuset, au lieu du soufre et de l'étain, un corps gris noirâtre qui diffère à la fois et du soufre et de l'étain par ses nouvelles propriétés ; les deux corps, en vertu de leur affinité réciproque, se sont combinés et ont donné naissance à une nouvelle substance, le sulfure d'étain ; c'est encore un phénomène chimique.

4. On nomme *matière* tout ce qui peut être pesé.

Toute partie limitée de la matière est un *corps*.

On ne connaît pas d'une façon absolue la constitution intime des corps ; mais, par suite de certains phénomènes qu'ils présentent, dilatation, fusion, divisibilité, etc., physiciens et chimistes tendent actuellement à considérer les corps comme formés de deux principes : 1° une charpente comprenant une infinité de petites masses pondérables et indivisibles, appelées *atomes* ou *molécules*, peu distantes les unes des autres et retenues par une attraction mutuelle dite *cohésion ;* 2° une matière impondérable, l'*éther*, insinuée entre les interstices laissés par les atomes. On peut se faire une idée grossière de la structure présumée d'un corps en le comparant à un tas de pierres : celles-ci représentant les atomes ; l'air circulant dans les intervalles qui les séparent les unes des autres représente l'éther.

La chimie, étudiant toutes les propriétés des corps et

tous les phénomènes qu'ils offrent, doit, en conséquence, définir tout d'abord d'une façon précise les propriétés physiques de chacun d'eux ; aussi croyons-nous utile de remémorer brièvement les notions relatives à ces propriétés.

ÉTATS DES CORPS

5. La cohésion n'est pas la même pour tous les corps. La matière peut affecter trois formes ou états : l'état *solide*, dans lequel la force de cohésion est très grande et maintient les atomes adhérents les uns aux autres ; l'état *liquide*, dans lequel la force de cohésion est si faible que les molécules glissent les unes sur les autres très facilement ; l'état *gazeux*, dans lequel la force de cohésion n'existe pas et les molécules se repoussent.

6. La *fusion* est le passage de l'état solide à l'état liquide, sous l'influence d'une élévation de température. Elle est soumise aux trois lois suivantes :

1º *Chaque substance, définie chimiquement, se liquéfie à une température déterminée et constante appelée son point de fusion.*

2º *La fusion d'un corps solide commencée, la température demeure invariable jusqu'au moment où tout le corps est fondu.*

3º *Il y a pour chaque corps absorption d'une certaine quantité de chaleur latente de fusion, variable d'un corps à l'autre et constituant pour chacun d'eux une propriété spécifique.*

7. La *solidification* est le passage de l'état liquide à l'état solide, sous l'influence d'un abaissement de température. Elle est soumise aux trois lois suivantes :

1º *La solidification d'un corps s'effectue toujours à une même température, qui est celle de son point de fusion.*

2º *Pendant tout le temps que dure la solidification d'un corps, sa température reste constante.*

3º *La chaleur absorbée par un corps lors de sa fusion est restituée lors de sa solidification.*

On peut, dans certaines conditions, abaisser la température d'un corps liquide au-dessous de son point de solidification sans qu'il change d'état. Ce phénomène est appelé *surfusion.*

8. La *vaporisation* est le passage de l'état liquide à l'état de vapeur.

L'*évaporation* est la formation lente de vapeurs à la surface d'un liquide, avec absorption de chaleur latente; pour quelques liquides, elle peut se produire à toutes les températures; pour d'autres, elle n'a·lieu qu'à une température plus ou moins élevée.

L'*ébullition* est la formation brusque de vapeurs dans l'intérieur d'une masse liquide; elle est soumise à des lois analogues à celles de la fusion.

La *liquéfaction* est le passage de l'état gazeux à l'état liquide; elle est soumise à des lois analogues à celles de la solidification.

9. La *dissolution* est l'union d'un liquide avec un autre corps, plus particulièrement avec un corps solide, de manière à former un nouveau liquide homogène.

La dissolution d'un solide dans un liquide, quand elle n'est pas compliquée d'une combinaison chimique, est assimilable au phénomène de la fusion. Ainsi, quand on dissout du sel dans de l'eau, il y a absorption de chaleur. Quand il y a combinaison avant la dissolution, il se produit tantôt une élévation, tantôt un abaissement de température.

La nature des liquides fait varier la solubilité des solides; ainsi, le sucre, insoluble dans l'alcool, est soluble dans l'eau; le soufre et le phosphore, insolubles dans l'eau, sont solubles dans le sulfure de carbone.

La température influe en général sur la solubilité des corps.

Quand un liquide contient tout ce qu'il a pu dissoudre d'un corps, il est dit *saturé*.

Les gaz se dissolvent également dans les liquides, surtout dans l'eau, et ceux-ci en dissolvent d'autant plus que la pression est plus forte. En plaçant sous le récipient d'une machine pneumatique un vase contenant de l'eau et un gaz en dissolution, on voit, dès les premiers coups de piston donnés pour opérer le vide, le gaz s'échapper de l'eau par petites bulles, en vertu de sa force expansive.

Un liquide peut même dissoudre plusieurs gaz, et la quantité de chacun d'eux est indépendante de la quantité de l'autre ou des autres déjà dissoute, pourvu que ces gaz n'aient aucune action l'un sur l'autre. C'est entre 15° et 20° que la force dissolvante de l'eau pour les gaz est à son maximum. Voici, par exemple, en volumes, ce qu'un même volume d'eau peut dissoudre de gaz, à la température de 15° et sous la pression atmosphérique.

	vol.		vol.
Azote	0,025	Acide sulfureux	37
Oxygène	0,056	Acide hypochloreux	200
Acide carbonique	1	Acide cyanhydrique	400
Chlore	1,5	Gaz ammoniac	430
Acide sulfhydrique	3	Acide chlorhydrique	464
Cyanogène	4,5	Acide fluoborique	700

L'acte de la dissolution peut s'expliquer de la manière suivante :

Un liquide quelconque est formé de particules qui peuvent rouler les unes sur les autres en laissant entre elles des espaces vides de matière pondérable, mais remplis d'éther, substance impondérable, ainsi que nous l'avons dit. Un solide qui doit se dissoudre dans un liquide renferme aussi de la matière pondérable, mais dont les atomes sont peu mobiles. Lors du contact du solide avec le liquide, ce dernier s'insinue dans les pores du premier, c'est-à-dire dans les intervalles existant entre ses molécules, et, si la force d'attraction des molécules du liquide pour celles du solide est plus considérable que la force de cohésion qui retient agrégées les molécules du solide, il y a effondrement de ce dernier, dont chaque molécule est entraînée dans le liquide et retenue avec force. En un mot, la dissolution d'un solide dans un liquide résulte de l'adhérence des atomes de l'un aux atomes de l'autre.

La dissolution d'un gaz dans un liquide est un phénomène du même ordre : les molécules du premier s'insinuent dans les pores du second et y demeurent emprisonnées.

CRISTALLISATION

10. Quand un corps passe lentement et sans trouble de l'état liquide ou gazeux à l'état solide, il prend, en général, une forme géométrique limitée à l'extérieur par des faces planes; on appelle *cristal* le polyèdre ainsi constitué; *cristallisation*, le phénomène qui produit les cristaux; *cristallographie*, la science dont ils sont l'objet.

La cristallisation est un des effets de la cohésion : un corps est cristallisé lorsque ses molécules, momentanément écartées, se sont réunies suivant les lois dont aucune action mécanique n'est venue déranger l'influence, de manière à former des systèmes de plans et de lignes offrant dans leur ensemble un réseau continu et uniforme, une disposition d'où naissent, à l'intérieur, des configurations polyédriques que le clivage et d'autres phénomènes physiques rendent sensibles.

On appelle *clivage* l'opération mécanique par laquelle, au moyen d'instruments particuliers, on divise un cristal suivant ses plans naturels de séparation, de manière à le ramener à une forme constante qui prend le nom de *noyau*, de *type* ou de *forme primitive*. On appelle aussi *clivages* les faces planes produites par la cassure d'un cristal, et *solide de clivage*, dans le cas de cassure, la forme géométrique que détermine la réunion de ces différentes faces.

Les cristaux ont généralement un centre et des axes. Le *centre* est un point tel que toute droite qui y passe et se termine sur le cristal est divisée, en ce point, en deux parties égales. Les *axes* sont des lignes idéales passant par le centre et autour desquelles les faces sont disposées symétriquement.

SYSTÈMES CRISTALLINS

11. On voit rarement dans la nature des minéraux cristallisés sous la forme géométrique d'un cube, d'un parallélipipède rectangle ou à base hexagone; mais tout cristal naturel peut être ramené par le clivage à un type, c'est-à-dire, comme nous l'avons dit, à une forme primitive. Les types cristallins ne sont pas en nombre indéfini, comme on pourrait le croire; ils se réduisent à six, dont chacun est la base d'un système de formes dérivées.

1° **Système cubique.** — Ce système, qui a pour type le *cube* (fig. 1), est caractérisé par trois axes égaux et perpendiculaires entre eux. Quelques corps se trouvent naturellement sous cette forme; tels sont la *pyrite de fer*, ou *sulfure de fer*, et le *sel.*

On peut se rendre compte très facilement des modifications dont le cube est susceptible et comprendre ainsi qu'il n'est pas la seule forme qui puisse exister dans le système cubique. Si l'on fait un cube avec de la mie de pain ou un morceau

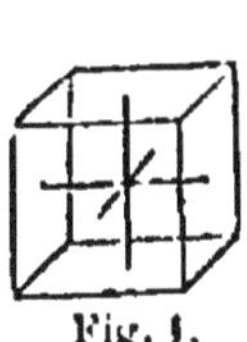

Fig. 1.   Fig. 2.

de pomme de terre et qu'on coupe les huit arêtes des bases de ce cube, on finira par obtenir un *octaèdre cubique* ou *octaèdre régulier*. L'*alun* et le *diamant* (fig. 2) cristallisent ainsi.

Si, au lieu de couper seulement les huit arêtes des bases,

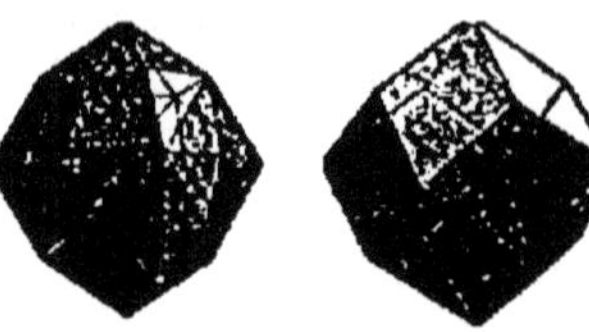

Fig. 3.   Fig. 4.

on coupe toutes les arêtes du cube, on arrivera au *cubo-octaèdre*, forme qui existe dans la nature.

En coupant de bien d'autres manières les arêtes du cube et en opérant sur ses angles comme sur ses arêtes, on verra qu'un grand nombre de formes diverses peuvent provenir de cette figure. Exemples : un polyèdre à 48 faces (fig. 3), autre forme cristalline du diamant; le *dodécaèdre rhomboïdal* (fig. 4), forme cristalline du grenat.

2° Système du prisme à base carrée ou prisme quadratique (fig. 5). — Ce système, dans lequel les bases des figures sont des carrés reliés par des faces rectangulaires, est caractérisé par trois axes perpendiculaires entre eux, dont deux égaux et le troisième inégal.

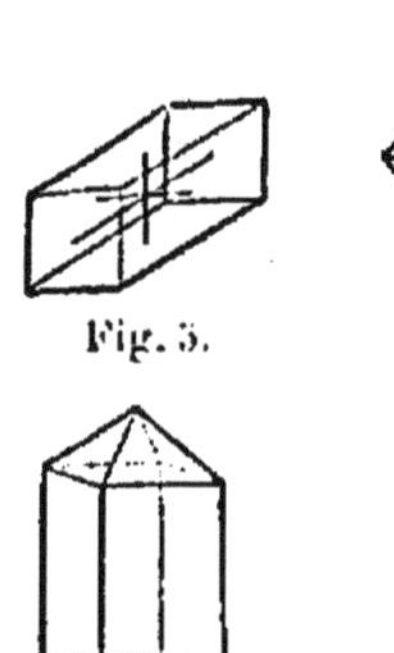
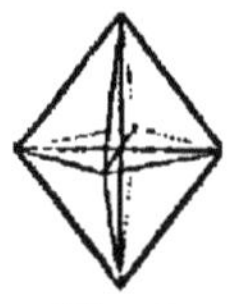

Fig. 5.   Fig. 6.

Fig. 7.   Fig. 8.

Le prisme droit à base carrée modifié sur les arêtes ou sur les angles donne des figures telles que l'*octaèdre quadratique* (fig. 6), forme cristalline de l'*oxyde d'étain*, et les prismes représentés par les figures 7 et 8.

3° Système du prisme droit à base rectangle ou prisme orthorhombique (fig. 9.). — Ce système est caractérisé par trois axes inégaux, mais rectangulaires entre eux. Parmi les modifications du prisme orthorhombique, nous citerons l'*octaèdre à base rectangulaire* (fig. 10), forme cristalline du soufre natif.

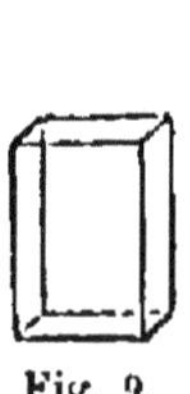

Fig. 9.   Fig. 10.

4° Système du prisme oblique à base rectangle ou prisme clinorhombique (fig. 11, 12 et 13). — Ce système est caractérisé par trois axes, dont deux obliques entre eux et le troisième perpendiculaire au plan des deux autres. Le soufre fondu, puis refroidi à 112°, cristallise dans une forme du système du prisme clinorhombique.

5° Système du prisme oblique à base parallélogramme ou prisme triclinique (fig. 14 et 15). — Ce système est caractérisé par trois axes obliques inégaux et inégalement inclinés les uns sur les autres; on peut citer comme exemple le *sulfate de cuivre*.

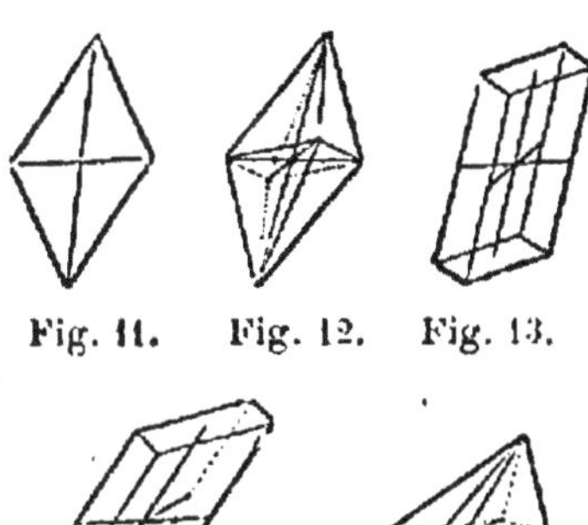

Fig. 11.   Fig. 12.   Fig. 13.

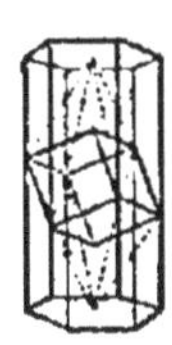 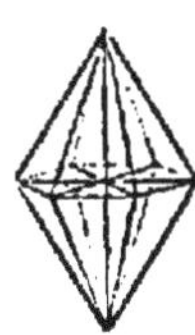

Fig. 14.   Fig. 15.

6° Système rhomboédrique (fig. 16 et 17). — Ce système est caractérisé par quatre axes disposés de telle sorte que toutes les faces des figures sont des losanges également inclinés entre eux. Parmi les formes nouvelles auxquelles donnent lieu des troncatures faites parallèlement aux arêtes ou sur les angles du type, se trouve le *prisme à base hexagone;* aussi le système rhomboédrique est-il appelé quelquefois *système du prisme hexagonal droit.* Les types classiques de ce système sont le *spath d'Islande* (sorte de carbonate de chaux), l'*acide silicique,* ou *cristal de roche,* et l'*eau,* la glace étant formée d'un lacis inextricable de cristaux soudés entre eux.

Fig. 16.   Fig. 17.

Lorsque l'eau se transforme en neige, il y a production

Fig. 18.

de cristaux d'une forme particulière : ce sont des prismes réguliers ayant six faces et se groupant autour d'un centre de manière à former des angles de 60°(fig. 18).

CRISTALLISATION ARTIFICIELLE

12. On trouve dans la nature un grand nombre de cristaux tout formés. Il est aussi beaucoup de corps qu'on peut faire cristalliser artificiellement. On emploie à cet effet deux méthodes différentes : 1° la cristallisation par voie sèche, c'est-à-dire par fusion ou volatilisation ; 2° la cristallisation par voie humide, c'est-à-dire par dissolution.

Il est bon de noter que la cristallisation artificielle permet de purifier les substances, qu'elle offre un moyen de les séparer d'avec d'autres et qu'on n'est certain d'avoir un corps chimiquement pur que s'il est cristallisé.

CRISTALLISATION PAR VOIE SÈCHE

13. Fusion. — On fait fondre dans un creuset (fig. 19) le corps dont il s'agit, puis on le laisse refroidir lentement et sans l'agiter : il se forme bientôt à la surface du liquide une croûte solide, que l'on perce, pour faire écouler le liquide contenu dans la cavité centrale ; il reste dans le creuset une infinité de petits cristaux. Le soufre et le bismuth cristallisent ainsi.

Fig. 19.

14. Volatilisation. — On introduit le corps dont il s'agit dans une cornue de grès ou de verre, cornue dont le col est fermé par un bouchon percé d'un trou. On soumet cette cornue à l'action du feu jusqu'à ce que le corps qu'elle contient soit en vapeur : cette vapeur va alors se condenser, par le refroidissement, dans le col de la cornue, sous forme de cristaux. Ainsi cristallisent tous les corps qui se vaporisent sans fondre, comme l'arsenic, l'indigo, l'iode, le camphre, la naphtaline, dont, inversement, les vapeurs, refroidies brusquement, passent directement de l'état gazeux à l'état solide. La volatilisation est aussi appelée *sublimation*.

CRISTALLISATION PAR VOIE HUMIDE

15. La cristallisation par voie humide est la formation de cristaux d'un corps au sein de son dissolvant.

1er cas. — Le corps considéré est plus soluble à chaud qu'à froid. Soit, par exemple, de l'azotate de soude. On sait que 100 grammes d'eau à 0° en dissolvent 70 grammes, que 100 grammes d'eau à 100° en dissolvent 178 grammes :

Fig. 20.

si donc on prend 178 grammes de ce sel et qu'on le mette dans 100 grammes d'eau, on aura une solution complète et saturée, lorsque la température aura atteint 100°. A ce moment, si on laisse refroidir lentement la liqueur, l'azotate de soude se précipitera lentement en formant de beaux cristaux (fig. 20).

Une solution d'alun chauffée vers 100° donnerait une solution saturée qui, par refroidissement, formerait également ment de beaux cristaux (fig. 21).

Fig. 21.

2e cas. — La solubilité du corps considéré varie peu avec la température. Le sel marin fournit un bon exemple de ce cas; car il est à peu près aussi soluble à froid qu'à chaud. Pour obtenir une cristallisation régulière du sel marin, on fait dissoudre à chaud dans une capsule de porcelaine une certaine quantité de sel ordinaire; la solution obtenue, on la filtre et l'on fait évaporer lentement une partie de l'eau au moyen de la chaleur: au fur et à mesure que la solution se concentre, on voit les cristaux de sel se former au fond du vase (fig. 22).

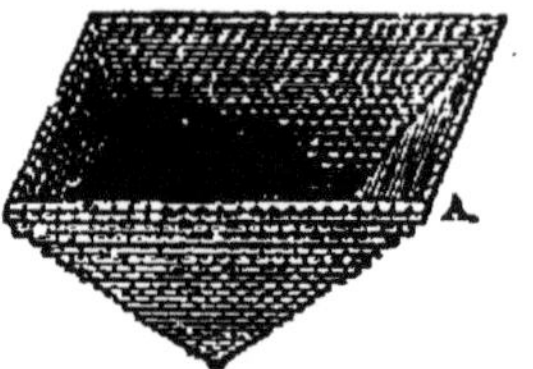

Fig. 22.

CRISTALLISATION
DES DISSOLUTIONS SURSATURÉES

16. Quoique, pour une température déterminée, un liquide ne puisse dissoudre qu'une quantité constante d'un même corps, il peut arriver que, dans des vases étroits et parfaitement nettoyés, un liquide dissolve un solide en quantité beaucoup plus considérable. Dans ce cas, la solution est dite *sursaturée*. Cette manière d'être a une certaine analogie avec la *surfusion* des corps.

La cristallisation dans un liquide ainsi sursaturé ne se produit pas par un abaissement de température ; pour qu'elle ait lieu, il faut soit un ébranlement violent, soit le contact d'un cristal, même microscopique, du corps dissous, soit le contact d'un cristal identique et de constitution chimique analogue. Cette production de cristaux se fait instantanément et avec une grande énergie ; de plus, on constate toujours une augmentation notable dans la température du corps. Cette élévation de température est assez considérable pour devenir sensible à la main lors de certaines cristallisations de solutions sursaturées : celles du sulfate de soude, de l'acétate de soude et de l'hyposulfite de soude en sont de bons exemples.

REMARQUES

17. On appelle *eau mère* toute dissolution abandonnée à l'évaporation et laissant déposer des cristaux.

Les cristaux obtenus par la voie humide retiennent presque toujours une certaine quantité d'eau interposée entre les parties des corps ainsi formés : c'est ce qu'on appelle *eau d'interposition* ; quand cette eau se trouve combinée chimiquement avec les cristaux, on la nomme *eau de cristallisation*. Sous l'influence de la chaleur, les cristaux qui possèdent de l'eau de cristallisation fondent d'abord dans cette eau, sans être décomposés : c'est la *fusion aqueuse;* ensuite, cette eau se vaporisant, ils reprennent la forme solide et fondent de nouveau : c'est la *fusion ignée.*

DIMORPHISME, ISOMORPHISME, ETC.

18. Quand un corps, suivant les conditions dans lesquelles il cristallise, prend tantôt une forme, tantôt une autre, on dit qu'il est *dimorphe* ou, plus généralement, *polymorphe.* Ainsi, par la fusion, le soufre cristallise en prismes obliques allongés (fig. 23); dissous dans une solution

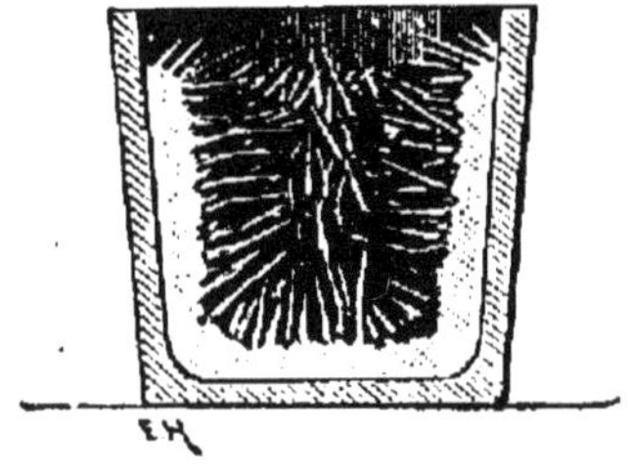

Fig. 23.

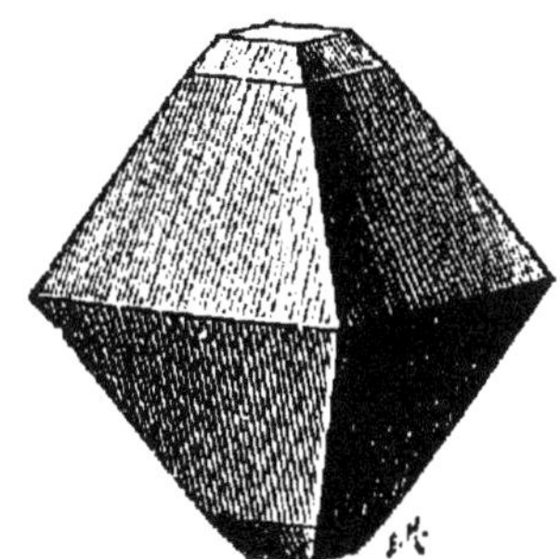

Fig. 24.

concentrée de sulfure de carbone, il cristallise, par l'évaporation à froid, en octaèdres droits à base rectangle tels que celui de la figure 24.

Les corps différents qui cristallisent dans le même système et avec la même forme sont appelés *isomorphes.* Ils peuvent, dans un composé, se remplacer sans modifier la forme fondamentale de ce composé. Les aluns de chrome et de fer en sont des exemples remarquables. Un cristal d'alun de chrome violet porté dans un alun de fer se recouvre d'une couche de ce dernier alun, qui, si on le remet dans l'alun de chrome, se recouvre d'une couche violette et ainsi de suite.

Les corps qui ne cristallisent pas sont appelés *amorphes.*

Les corps qui, ayant une même constitution moléculaire, possèdent des propriétés différentes sont dits *isomères.* Tels sont l'acide lactique, l'acide acétique et le sucre de raisin, qui renferment les mêmes proportions de carbone, d'oxygène et d'hydrogène; tels sont encore le gaz d'éclairage, l'essence de roses et plusieurs huiles grasses, qui renferment les mêmes proportions de carbone et d'hydrogène.

CORPS SIMPLES ET CORPS COMPOSÉS

19. Les corps se divisent encore en corps simples et corps composés.

Les *corps simples* sont ceux dans lesquels on ne trouve qu'une seule espèce de matière homogène, quels que soient les moyens employés pour essayer de les décomposer; les *corps composés*, ceux qui renferment des matières différant entre elles et différant du corps qu'elles forment.

L'*affinité* est la force qui attire les unes vers les autres les molécules de deux corps différents pour en former un corps composé. Cette force est essentiellement variable suivant l'état sous lequel les corps sont pris, les proportions relatives des corps mis en présence et leur température. La lumière et l'électricité peuvent également augmenter ou diminuer l'affinité.

On nomme *analyse* l'opération qui consiste à séparer les diverses substances formant un corps composé.

L'analyse est *qualitative*, si elle se borne à indiquer les corps qui entrent dans la composition ; *quantitative*, quand elle indique en outre dans quelle proportion ils y entrent.

On nomme *synthèse* l'opération inverse de l'analyse ; elle consiste à mettre en présence les corps simples dont la réunion forme un corps composé donné et à reconstituer ce corps composé.

Les moyens dont dispose la chimie pour effectuer l'analyse et la synthèse d'une substance sont la chaleur, l'électricité et la lumière.

20. On appelle *combinaison* la réunion de deux ou plusieurs corps en un nouveau corps ayant un caractère propre et différent de celui des corps qui l'ont produit; *mélange* la réunion de deux ou plusieurs corps en un seul sans qu'aucun d'eux présente des propriétés nouvelles.

Les combinaisons ne se font que dans certaines conditions et d'après certaines lois, dont la principale est que *deux corps, pour former un même composé, se combinent toujours dans des proportions invariables quant aux poids des substances actives.*

On nomme *équivalents* les nombres indiquant, en poids, les proportions suivant lesquelles les différents corps simples se combinent entre eux.

Les équivalents n'ont rien d'hypothétique : ce sont des nombres constatant, d'après les données de l'expérience, les poids que doivent avoir les substances pour former des composés. Les *poids atomiques*, au contraire, sont des nombres théoriques : il faut faire une certaine hypothèse pour arriver à les établir. Une loi dite d'*Avogadro* admet que *sous un même volume*, un litre par exemple, *tous les gaz ou les vapeurs simples, quels qu'ils soient, ont le même nombre d'atomes*[1]. On sait d'autre part que le même volume de gaz différents n'a pas le même poids, puisque chaque gaz a une densité spéciale; il en résulte, par exemple, que, tout en ayant le même volume, 100 atomes d'oxygène n'ont pas le même poids que 100 atomes de chlore. Pour arriver à mettre un peu d'ordre dans ces poids différents, on les rapporte à celui d'un même volume d'hydrogène pris pour unité, c'est-à-dire qu'on établit la densité des gaz ou des vapeurs par rapport à la densité de l'hydrogène ; les nombres trouvés donnent théoriquement les poids atomiques des corps.

Dans les combinaisons, on observe souvent des phénomènes calorifiques ou lumineux : prenons un ballon à moitié rempli de tournure de cuivre et ajoutons-y une certaine quantité de fleur de soufre; si nous venons à chauffer légèrement le mélange, une réaction très vive se produit; la vapeur de soufre attaque le cuivre, qui devient incandescent, en donnant du sulfure de cuivre. Il y a là ce qu'on appelle une combinaison *exothermique*, autrement dit, une réaction dégageant de la chaleur.

D'autres corps, au contraire, tels que l'azote et l'oxygène, pour pouvoir réagir, exigent qu'on leur fournisse une grande quantité de chaleur ; on se trouve alors en présence d'une combinaison *endothermique*, c'est-à-dire d'une réaction avec absorption de chaleur.

---

1. Dans la théorie atomique, l'*atome* est la plus petite partie d'un corps simple; la *molécule*, la plus petite partie d'un corps composé.

Réciproquement, pour se séparer en ses éléments, une combinaison exothermique demande de la chaleur et une combinaison endothermique en restitue.

La science qui s'occupe des quantités de chaleur dues aux réactions chimiques, science dont les premiers éléments ont été fournis par Lavoisier, porte le nom de *thermochimie*.

Pour plus de détails sur les combinaisons et les équivalents, voir n°s 201 à 207 et 465 à 467.

NOMENCLATURE CHIMIQUE

21. La *nomenclature chimique* est l'ensemble des règles adoptées pour désigner les corps.

Les corps simples ont généralement le nom qu'ils portaient avant qu'on songeât à la nomenclature chimique.

Les corps composés tirent leur nom de ceux des corps simples qui les composent, d'après les règles exposées ci-après (n°s 24 à 34).

CORPS SIMPLES

22. Les corps simples sont au nombre de 66 et se divisent en deux groupes : les métaux et les métalloïdes.

Les *métaux*, au nombre de 51, ont un éclat particulier appelé *éclat métallique;* ils sont bons conducteurs de la chaleur et de l'électricité.

Les *métalloïdes*, au nombre de 15, n'ont pas l'éclat particulier aux métaux; ils sont mauvais conducteurs de la chaleur et de l'électricité; ils forment rarement des bases avec l'oxygène.

23. Voici la liste des corps simples avec les signes ou symboles employés pour les représenter (1re colonne), l'équivalent de chacun d'eux par rapport à 1 équivalent d'hydrogène (2e colonne) et leurs poids atomiques (3e colonne).

MÉTALLOIDES

Hydrogène ..	H	1	1	Iode.... I ou Io	127	127
Oxygène	O	8	16	Azote........ Az	14	14
Soufre.......	S	16	32	Phosphore		
Sélénium....	Se	39,8	79	P ou Ph	31	31
Tellure.......	Te	64,2	129	Arsenic...... As	75	75
Fluor........	Fl	19	19	Carbone C	6	12
Chlore.......	Cl	35,5	35,5	Bore... B ou Bo	11	11
Brome.......	Br	80	80	Silicium .... Si	28	28

MÉTAUX

Potassium (kalium)..	K	39	39	Antimoine (stibium) .	Sb	122	122
Sodium (natrium)....	Na	23	23	Manganèse..	Mn	27,5	55,2
Lithium.....	Li	7	7	Aluminium..	Al	13,7	27,5
Thallium....	Tl	203	203	Glucinium...	Gl	6,9	13,88
Cæsium.....	Cs	133	133	Zirconium...	Zr	45	90
Rubidium...	Rb	85	85	Yttrium. Y ou Yt		44,7	89,5
Calcium.....	Ca	20	40	Thorium	Th	116,9	233,9
Strontium...	St	43,8	87,5	Cérium	Ce	46	92
Baryum.	Ba	68,5	137	Lanthane....	La	45	90
Magnésium..	Mg	12,2	24	Didyme.	Di	48	96
Fer.........	Fe	28	56	Erbium......	Er	166	166
Nickel	Ni	29,5	59	Niobium	Nb	47	94
Cobalt......	Co	29,5	59	Indium	In	56,7	113,4
Chrome.... .	Cr	26,2	53,3	Gallium.....	Ga	69,9	69,9
Zinc..	Zn	32,7	65,2	Cuivre......	Cu	31,8	63,5
Vanadium V ou Va		51,3	51,3	Plomb......	Pb	103,5	206,92
Cadmium....	Cd	56	112	Bismuth	Bi	210	210
Uranium, U ou Ur		59,8	120	Mercure (hydrargyrum).	Hg	100	200
Tungstène (wolfram) Tu ou W		92	184	Palladium...	Pd	53,2	100,6
Molybdène ..	Mo	48	96	Rhodium....	Rh	52,2	104
Osmium	Os	99,5	199	Ruthénium..	Ru	52,2	104
Tantale.....	Ta	68,8	182	Argent.	Ag	108	108
Titane	Ti	24,5	50	Platine......	Pt	98,5	107
Étain (stannum)	Su	59	118	Iridium.....	Ir	96,6	193,22
				Or (aurum)..	Au	98,3	196,4
				Germanium .	Ge	36,2	
				Terbium....	Tb	56,5	

COMPOSÉS BINAIRES

24. Les corps composés de deux éléments, ou composés *binaires*, se divisent en trois classes : les acides, les bases et les composés neutres.

Les *acides* sont des corps à saveur piquante et qui rougissent la teinture bleue de tournesol.

Les *bases* sont des corps qui ramènent au bleu la teinture de tournesol rougie par un acide, verdissent le sirop de violette et ont souvent une saveur lixivielle, c'est-à-dire d'eau de savon.

Les *composés neutres* sont des corps sans influence sur la teinture de tournesol, mais qui peuvent devenir bases ou acides, suivant les cas. L'eau en est un exemple.

COMPOSÉS OXYGÉNÉS ACIDES

25. Lorsqu'un corps simple forme avec l'oxygène un seul composé binaire acide, on le désigne par le nom générique d'*acide* suivi d'un mot formé du nom du corps simple auquel on ajoute la terminaison *ique : acide carbonique.*

S'il y a deux composés binaires, on donne au plus oxygéné la terminaison *ique* et au moins oxygéné la terminaison *eux*, en observant la règle précédente : *acide sulfurique, acide sulfureux.*

Lorsqu'il y a plus de deux composés binaires, on fait précéder le nom des moins oxygénés du préfixe *hypo* et le nom des plus oxygénés du préfixe *hyper* ou *per : acide hypochloreux, acide chloreux, acide hypochlorique; acide chlorique, acide hyperchlorique* ou *perchlorique.*

COMPOSÉS OXYGÉNÉS BASIQUES OU NEUTRES

26. Les composés binaires oxygénés, *basiques* ou *neutres*, sont désignés par le mot *oxyde* uni par la préposition *de* au nom du corps combiné avec l'oxygène : *oxyde de fer.*

Si le corps forme avec l'oxygène plusieurs composés, on exprime les divers degrés d'oxydation en faisant précéder le mot *oxyde* des préfixes *proto, bi, tri, quadri* ou *tétra, quinti* ou *penta*, le *protoxyde* étant le moins oxygéné.

S'il y a un oxyde plus oxygéné que le protoxyde et moins oxygéné que le bioxyde, on lui donne le nom de *sesquioxyde.*

Lorsqu'il n'y a que deux composés, on dit *protoxyde* et *sous-oxyde :*

Protoxyde, sesquioxyde, bioxyde de manganèse ; protoxyde de cuivre, sous-oxyde de cuivre.

Quelques oxydes ont conservé les noms sous lesquels ils étaient désignés autrefois : *potasse*, pour *protoxyde de potassium ; soude*, pour *protoxyde de sodium ; chaux*, pour *protoxyde de calcium.*

COMPOSÉS NON OXYGÉNÉS

27. Lorsque le corps composé est formé de deux corps quelconques autres que l'oxygène, on nomme d'abord le corps *électro-négatif*[1] en faisant suivre son nom de la terminaison *ure*, puis on nomme l'autre corps en unissant les deux noms par la préposition *de : sulfure de carbone, chlorure de phosphore.*

S'il y a plusieurs composés, on se sert des préfixes *proto, bi, tri, quadri* ou *tétra, quinti* ou *penta*, comme il a été dit ci-dessus : *protosulfure de potassium, bisulfure de potassium, trisulfure de potassium, quadrisulfure de potassium, quintisulfure de potassium.*

HYDRACIDES

28. On appelle *hydracides* certains composés acides formés par quelques métalloïdes avec l'hydrogène. On les désigne en employant le mot *acide* suivi du nom du corps terminé par le mot *hydrique : acide chlorhydrique, acide sulfhydrique.*

ALLIAGES ET AMALGAMES

29. On nomme *alliage* la combinaison de deux métaux. On désigne ce composé en se servant du mot *alliage* suivi du nom des deux corps : *alliage d'or et d'argent, alliage de cuivre et de zinc.*

Si le mercure entre dans la combinaison, le corps composé est désigné par le mot *amalgame* suivi du nom de l'autre corps : *amalgame de cuivre*, pour *alliage de mercure et de cuivre.*

---

1. Lorsqu'on décompose un corps au moyen d'un courant électrique, l'un des corps simples se rend au pôle positif de la pile : c'est le corps *électro-négatif ;* le second se rend au pôle négatif : c'est le corps *électro-positif.* Si le composé est formé d'un métal et d'un métalloïde, c'est toujours ce dernier qui est électro-négatif.

ANHYDRIDES

30. Le mot *anhydride*, qui signifie *privé d'eau*, s'applique particulièrement aux acides oxygénés qui ne contiennent pas d'eau, tels que l'acide carbonique, l'acide sulfureux, l'acide hypoazotique, qu'on nomme souvent *anhydride carbonique, anhydride sulfureux, anhydride hypoazotique.*

Quand un acide, quel qu'il soit, ne contient pas d'eau, c'est un *acide anhydre* ou un *anhydride*. Ainsi *anhydride sulfurique, anhydride azotique* ont le même sens qu'*acide sulfurique anhydre, acide hypoazotique anhydre.*

SELS

31. On nomme *sel* tout corps formé par la combinaison d'un acide et d'une base.

Pour désigner les sels, on remplace la terminaison *ique* de l'acide par la terminaison *ate* et la terminaison *eux* de l'acide par la terminaison *ite*, en joignant par la préposition *de* le nom ainsi formé au nom de la base : *chlorate de potasse, sulfate de potasse, sulfite de potasse, sulfate de protoxyde de cuivre.*

Parfois c'est l'eau qui, dans les sels, joue le rôle d'acide vis-à-vis des bases ; les composés qui en résultent prennent le nom d'*hydrates* : l'*hydrate de potasse* est le produit de la combinaison de l'eau avec l'oxyde de potassium.

32. Un acide peut former plusieurs sels avec la même base, en se combinant avec elle dans des proportions différentes. On se sert alors des préfixes *proto, sesqui, bi :*

Carbonate de soude (22 parties d'acide carbonique et 31 parties de soude).

Sesquicarbonate de soude (33 parties d'acide carbonique et 31 parties de soude).

Bicarbonate de soude (44 parties d'acide carbonique et 31 parties de soude).

Parfois, au contraire, ce sont les proportions de la base qui varient. On se sert alors des désignations *sesquibasique, bibasique, tribasique :*

Azotate neutre d'oxyde de mercure (34 parties d'acide azotique et 108 parties d'oxyde de mercure).

Azotate sesquibasique d'oxyde de mercure (34 parties d'acide azotique et 162 parties d'oxyde de mercure).

Azotate bibasique d'oxyde de mercure (34 parties d'acide azotique et 216 parties d'oxyde de mercure).

Deux sels qui contiennent le même acide, mais des bases différentes, se combinent parfois ensemble. Le corps résultant de cette combinaison se nomme *sel double* : *sulfate double d'alumine et de potasse*, pour *sulfate d'alumine et sulfate de potasse*.

33. Les sels, en cristallisant, absorbent souvent de l'eau. Si cette eau, dans les cristaux une fois formés, peut être évaporée par la chaleur sans que les propriétés du sel soient changées, elle est dite *eau de cristallisation* : c'est de l'eau interposée entre les parcelles cristallines. Si, par exemple, le sel marin, ou chlorure de sodium, décrépite sur le feu, c'est parce que l'eau de cristallisation s'évapore brusquement et fait éclater le solide. Nombre de sels, avant de donner des réactions, fondent dans l'eau de cristallisation sous l'influence de la chaleur et perdent cette eau. Si, lorsqu'on veut chasser l'eau des cristaux, la constitution du sel change, cette eau est dite *eau de constitution* : elle fait partie du sel.

ALCALIS

34. La similitude des propriétés chimiques de la potasse ou oxyde de potassium, de la soude ou oxyde de sodium et de l'ammoniaque a fait donner à ces trois corps le nom générique d'*alcalis*, parce que la potasse du commerce, ou carbonate de potasse, se retirait autrefois par incinération de certaines plantes appelées *alcalis*. La potasse et la soude sont des *alcalis fixes*; l'ammoniaque est l'*alcali volatil*. Les métaux retirés des alcalis sont dits *métaux alcalins*.

NOTATIONS CHIMIQUES

35. La nomenclature que nous venons d'exposer est en quelque sorte la *nomenclature parlée*, due à Lavoisier. Berzélius a complété l'œuvre en créant la *nomenclature écrite*, c'est-à-dire en donnant le moyen de représenter par des signes les corps simples, les corps composés et leurs diverses combinaisons.

36. Les corps simples sont généralement représentés par leur lettre initiale ou par cette lettre suivie d'une lettre caractéristique (V. n° 23). Ces symboles expriment en même temps un poids déterminé de corps, c'est-à-dire un *équivalent* (V. nᵒˢ 20 et 23).

37. Pour les composés binaires, on écrit les symboles à côté l'un de l'autre en commençant par celui du corps électro-positif, contrairement à ce qui a lieu dans la nomenclature parlée :

HO signifie *eau* (1 gramme d'hydrogène et 8 grammes d'oxygène);

HS, *acide sulfhydrique* (1 gramme d'hydrogène et 16 grammes de soufre);

HCl, *acide chlorhydrique* (1 gramme d'hydrogène et 35ᵍ,5 de chlore).

Si le composé contient plusieurs équivalents de l'un des corps simples, on place à droite et en haut du symbole de ce composé un petit chiffre indiquant le nombre d'équivalents qui y sont contenus, ce qui permet de distinguer les divers composés résultant de la combinaison de deux corps, lorsque les proportions de l'un d'eux varient :

AzO signifie *protoxyde d'azote* (1 équivalent d'oxygène et 1 équivalent d'azote);

AzO², *bioxyde d'azote* (2 équivalents d'oxygène et 1 équivalent d'azote);

AzO³, *acide azoteux* (3 équivalents d'oxygène et 1 équivalent d'azote);

AzO⁴, *acide hypoazotique* (4 équivalents d'oxygène et 1 équivalent d'azote);

AzO⁵, *acide azotique* (5 équivalents d'oxygène et 1 équivalent d'azote);

CS^2, *bisulfure de carbone* (1 équivalent de carbone et 2 équivalents de soufre);

FeS^2, *bisulfure de fer* (1 équivalent de fer et 2 équivalents de soufre).

38. Pour les sels, on écrit d'abord le signe symbolique de la base, puis celui de l'acide, en les séparant par une virgule :

KO,SO^3 signifie *sulfate de potasse;*

$KO,2SO^3$, *bisulfate de potasse;*

NaO, CO^2, *carbonate de soude.*

Pour représenter plusieurs équivalents d'un sel, on met le signe symbolique entre parenthèses et l'on place à sa droite un petit chiffre indiquant le nombre d'équivalents : $(NaO,CO^2)^2$ représente 2 équivalents de carbonate de soude. On pourrait aussi écrire : $2 (NaO,CO^2)$.

39. Grâce aux notations que nous venons d'indiquer, on peut représenter très facilement au moyen d'équations les réactions chimiques, c'est-à-dire les phénomènes résultant de l'action des corps les uns sur les autres. On écrit à gauche du signe $=$ les symboles des corps mis en présence et à droite les symboles des corps formés, qui ne sont que les premiers dans un arrangement différent.

Ainsi, quand on chauffe du chlorate de potasse (KO, ClO^5) dans une cornue de verre, l'oxygène se dégage complètement et il reste du chlorure de potassium, ce qu'on exprime en écrivant :

$$KO, ClO^5 = O^6 + KCl.$$

THÉORIE ET NOTATION ATOMIQUES

40. Dans la notation atomique, chaque corps simple a le même symbole que dans la théorie des équivalents : *l'oxygène* est représenté par O ; le *chlore* par Cl, etc. Les corps composés s'écrivent également comme dans cette théorie; il n'y a de variété que pour les exposants des substances qui entrent dans les combinaisons. Pour trouver ces exposants, on se fonde sur les combinaisons volumétriques des corps. Ainsi, 2 volumes d'hydrogène et 1 volume d'oxygène se combinent en donnant de l'eau, qu'on écrit H^2O. Sous un même volume, tous les gaz ou les vapeurs simples, quels qu'ils soient, ayant, comme on l'a vu, le même nombre d'atomes, on peut dire que chaque atome des différents corps a le même volume et, par suite, que la combinaison qui donne de l'eau contient 1 atome d'oxygène (O) et 2 atomes d'hydrogène (H^2) pour une molécule d'eau : c'est ce qu'indique la formule H^2O. Les symboles représentent en outre les poids atomiques des corps qui entrent dans la réaction.

ANHYDRIDES

41. Dans la théorie atomique, ne sont considérés comme acides que les corps oxygénés ou hydrogénés qui renferment de l'hydrogène pouvant être remplacé par un métal. Tout autre corps rougissant la teinture de tournesol et donnant même des sels, mais ne contenant pas d'hydrogène qu'on puisse remplacer par un métal, est appelé *anhydride*.

Pour représenter les anhydrides, on écrit les symboles des corps simples qui les forment, puis on les affecte des exposants indiquant le nombre d'atomes nécessaires : *anhydride carbonique* s'écrit CO^2 ; *anhydride sulfureux*, SO^2 ; *anhydride sulfurique*, SO^3.

ACIDES HYDRATÉS

42. Les acides vrais de la théorie atomique sont les *acides hydratés*, c'est-à-dire le résultat de la combinaison d'un anhydride avec les éléments de l'eau ; ce sont, en quelque sorte, des *sels d'oxyde d'hydrogène*. La notation en est simple. On écrit d'abord les symboles des corps qui constituent l'anhydride, puis le symbole de l'hydrogène, le tout sans virgule, et l'on affecte ces symboles des exposants nécessaires :

Acide sulfurique s'écrit SO^4H^2 [pour SO^3 (anhydride) $+ H^2O$ (eau) $= 2 (SO^4H^2)$].

Acide azotique s'écrit AzO^3H [pour Az^2O^5 (anhydride) $+ H^2O$ (eau) $= 2 (AzO^3H)$].

L'hydrogène terminant la formule des acides indique leur acidité ; il peut être remplacé par un métal.

HYDRATES MÉTALLIQUES

43. La potasse anhydre (K^2O) peut, au contact de l'eau, former une combinaison ($K^2O + H^2O$) dite *hydrate*, qu'on écrira sans virgule : KOH ; car $K^2O + H^2O = 2KOH$.

La chaux anhydre (CaO) donne avec l'eau (H^2O) un hydrate (CaO + H^2O), qu'on écrira CaO^2H^2.

OXYDES

44. On écrit les *oxydes* en mettant le symbole de l'oxygène après celui du métal ou du métalloïde. Les exposants sont donnés par le nombre d'atomes qui entrent en réaction : *protoxyde d'azote* s'écrit Az^2O ; *bioxyde d'azote*, AzO ; *oxyde de carbone*, CO.

HYDRACIDES

45. Comme dans la théorie des équivalents, les *hydracides* résultent de la combinaison de l'hydrogène avec un métalloïde ; on les écrit en plaçant le symbole du métalloïde après celui de l'hydrogène : *acide chlorhydrique* s'écrit HCl ; *acide sulfhydrique*, H^2S.

SELS

46. Les *sels* proviennent du remplacement de 1 ou 2 atomes d'hydrogène d'un acide par 1 ou 2 atomes d'un métal : on les écrit comme les acides, en tenant compte du changement.

Azotate de potassium[1] s'écrit AzO^3K (formule de l'acide azotique, AzO^3H), dans laquelle un atome d'hydrogène (H) est remplacé par un atome de potasse (K).

Sulfate de potassium (neutre) s'écrit SO^4K^2, formule analogue à celle de l'acide sulfurique (SO^4H^2).

Sulfate de potassium (acide) s'écrit SO^4KH.

On voit par les deux derniers exemples que les sels sont neutres quand tout l'hydrogène est remplacé par un métal et qu'ils sont acides quand il y reste encore 1 atome d'hydrogène.

---

[1]. Dans la théorie atomique, on désigne un sel par le nom de l'acide et celui du métal, au lieu du nom de l'acide et celui de l'oxyde. On dit par exemple :

En équivalents.	*En atomes.*
Azotate de potasse.	Azotate de potassium.
Sulfate de potasse.	Sulfate de potassium.
Sulfate de protoxyde de cuivre.	Sulfate de cuivre.
Carbonate de baryte.	Carbonate de baryum.

ATOMICITÉ

47. 1 atome de chlore (Cl) se combine avec 1 atome
d'hydrogène (H) en donnant de l'acide chlorhydrique (HCl) :
le chlore et l'hydrogène sont dits *monoatomiques*.

1 atome d'oxygène (O) se combine avec 2 atomes d'hydrogène (H^2) pour donner de l'eau (H^2O) : on dit que l'oxygène est *diatomique*.

1 atome de phosphore (P) ou d'azote (Az) se combine
avec 3 atomes d'hydrogène (H^3) pour donner du phosphure
gazeux d'hydrogène (PH^3) ou du gaz ammoniac (AzH^3) : le
phosphore et l'azote sont dits *triatomiques*.

D'autres corps, dont 1 atome se combinerait avec 4, 5, etc.
atomes d'hydrogène, seraient dits *tétratomiques, pentatomiques*, etc.

On appelle *atomicité* d'un corps la quantité d'atomes
d'hydrogène ou de corps analogues que peut prendre
1 atome de ce corps pour former une substance composée.

CORPS SATURÉS

48. 1, 2, 3, 4, 5, etc., atomes suffisent pour former des
combinaisons complètes ; telle est l'eau (H^2O) ; l'oxygène y
est *saturé* ; car, étant diatomique, il a absorbé 2 atomes
monoatomiques d'hydrogène ; mais il formerait aussi un
corps complet en se combinant, par exemple, avec un
atome diatomique de calcium, pour former de la chaux
anhydre (CaO), corps saturé.

L'hydrate de potasse (KOH) et la potasse anhydre (K^2O)
sont aussi des corps saturés ; car, le potassium étant
monoatomique, on peut remplacer l'hydrogène de l'eau
par 1 ou 2 atomes de potassium : on a de cette manière un
produit de substitution. On forme donc un tel produit en
remplaçant, dans un corps saturé, 1 ou plusieurs atomes
d'un corps par un autre corps ayant la même atomicité.

CORPS NON SATURÉS

49. Quelquefois 1 atome d'un corps, tel que le carbone,
qui est tétratomique, peut former un corps chimique en
se combinant avec une matière diatomique, l'oxygène,

2.

par exemple : on a alors de l'oxyde de carbone (CO); or, dans le carbone de cette combinaison, 2 atomicités restent libres; elle pourra donc absorber encore soit 1 atome d'un corps diatomique, tel que l'oxygène, cas où l'on aura $CO + O = CO_2$, c'est-à-dire un anhydride carbonique, corps saturé; soit 2 atomes d'un corps monoatomique, le chlore, par exemple, ce qui donnera $CO + Cl_2 = COCl_2$, c'est-à-dire de l'oxychlorure de carbone, corps également saturé. Les combinaisons faites par adjonction pure et simple de corps à un composé déjà bien défini sont appelées *produits d'addition*[1].

Un corps tel que l'oxyde de carbone ($C'O$), qui passe d'une combinaison dans une autre sans changement, est appelé *radical*. Il peut arriver que le radical n'ait pas d'existence réelle, mais qu'on en retrouve le symbole dans la formule.

50. — ATOMICITÉ DE QUELQUES CORPS

CORPS MONOATOMIQUES : *métalloïdes* : hydrogène, fluor, chlore, brome, iode ; — *métaux* : potassium, sodium, lithium, argent.

CORPS DIATOMIQUES : *métalloïdes* : oxygène, soufre, sélénium, tellure ; — *métaux* : calcium, baryum, magnésium, zinc, plomb, cuivre, mercure.

CORPS TRIATOMIQUES : *métalloïdes* : azote, phosphore, arsenic[2], bore ; — *métaux* : bismuth, or.

CORPS TÉTRATOMIQUES : *métalloïdes* : carbone, silicium ; — *métaux* : étain.

---

1. *Atomicité*, *diatomique*, *triatomique*, etc., peuvent être remplacés par *valence*, *bivalent*, *trivalent*, etc.

2. L'azote, le phosphore et l'arsenic sont aussi quelquefois pentatomiques : l'atomicité d'un corps n'est pas absolue.

DEUXIÈME PARTIE

MÉTALLOÏDES

EAU. — HYDROGÈNE. — OXYGÈNE

EAU (HO)

(Équivalent en poids = 9).

HISTORIQUE

51. L'*eau* a été pendant très longtemps considérée comme
un élément. Ce n'est qu'en 1781 que Cavendish s'aperçut,
en faisant brûler de l'hydrogène, que l'eau est un corps com-

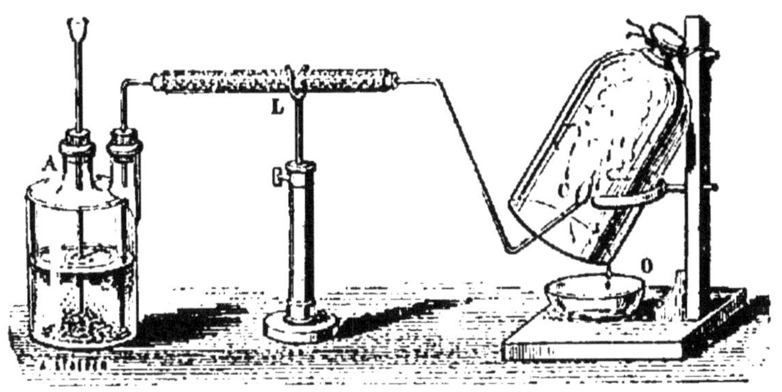

Fig. 25.

posé. Voici, en effet (fig. 25), un flacon A dans lequel on
produit un dégagement d'hydrogène en traitant de la grenaille de zinc par l'acide sulfurique et qu'on met en communication avec un tube L contenant du chlorure de calcium
et communiquant lui-même avec un tube recourbé à extrémité effilée. Si, après avoir enflammé l'hydrogène qui
s'échappe par cette extrémité, on la recouvre d'une cloche
de verre C, on ne tarde pas à voir tomber des gouttes d'eau :
ces gouttes ne peuvent évidemment provenir que d'une

combinaison de l'hydrogène avec un corps extérieur; car toute l'eau qu'aurait pu entraîner l'hydrogène est nécessairement arrêtée par le chlorure de calcium.

Plus tard Lavoisier prouva par l'*analyse* et la *synthèse* de l'eau que ce corps est un composé d'oxygène et d'hydrogène. Nous allons décrire les principaux moyens d'analyse et de synthèse employés dans les laboratoires.

ANALYSE

ANALYSE PAR LA PILE

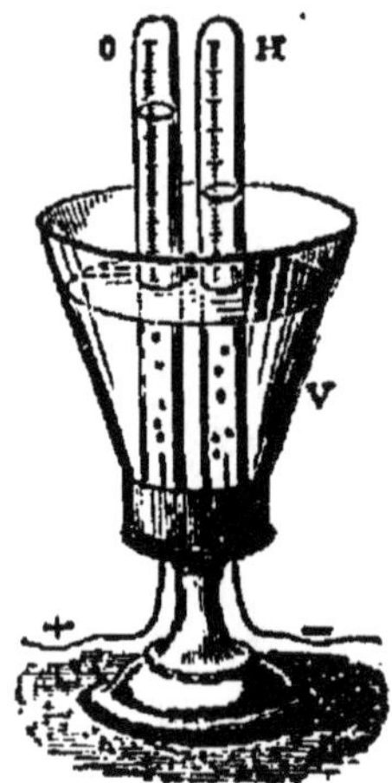

Fig. 26.

52. On prend un verre à pied V (fig. 26), dont le fond, percé de deux trous, donne passage à deux fils de platine qui peuvent extérieurement être mis en communication avec les fils d'une pile sur chacun desquels on place une éprouvette graduée. Le verre et les éprouvettes sont remplis d'eau *distillée* légèrement acidulée. Si l'on établit le courant, on voit de légères bulles de gaz s'élever dans chacune des éprouvettes. On obtient ainsi deux gaz: l'oxygène, dans l'éprouvette placée au pôle positif; l'hydrogène, dans l'éprouvette placée au pôle négatif. Il est en outre aisé de voir que le volume d'hydrogène est double du volume d'oxygène.

ANALYSE PAR LE FER

53. On place un tube de porcelaine *mn* (fig. 27) dans un fourneau à reverbère A ; ce tube renferme une tige composée de fils de fer fins ; l'une des extrémités de cette tige communique avec une cornue B, remplie d'eau et placée sur un réchaud R ; l'autre extrémité va, au moyen d'un tube de dégagement, communiquer avec une éprouvette C, placée sur une cuve à eau. Le fourneau A et le réchaud R étant allumés, l'eau contenue dans la cornue sera transformée en vapeur, et les fils de fer renfermés dans le tube *mn* seront portés au rouge vif[1]. La vapeur d'eau, en passant sur ces fils de fer, laissera son oxygène pour former un

Fig. 27.

oxyde de fer, et l'hydrogène libre ira se dégager dans l'éprouvette C. La réaction est donnée par la formule :

$$4HO + 3Fe = Fe^3 O^4 + 4H.$$

SYNTHÈSE

54. La synthèse vient confirmer ce que l'analyse nous appris. Nous allons décrire les deux méthodes les plus employées.

SYNTHÈSE EUDIOMÉTRIQUE

55. On introduit dans l'eudiomètre à eau (fig. 28) ou à mercure 100 volumes d'oxygène et 100 volumes d'hydro-

---

1. Les expressions rouge vif, cerise, blanc, etc., répondent approximativement à la couleur que prend un métal chauffé à des températures de plus en plus élevées, qu'il n'est guère possible d'évaluer autrement que par cette couleur, mais ne concordent pas pour tous les métaux. Voici, d'après M. Pouillet, à quelles températures équivalent ces expressions pour le platine : rouge naissant, 525°; rouge sombre, 700°; cerise naissant, 800°; cerise, 900°; cerise clair, 1000°; orangé foncé, 1100°; orangé clair, 1200°; blanc, 1300°; blanc soudant, 1400°; blanc éblouissant, 1500°.

gène ; puis, l'appareil étant hermétiquement fermé, on fait passer dans ce mélange une étincelle électrique au moyen d'un électrophore ou d'une bouteille de Leyde : on obtient un certain volume d'eau, et 50 volumes d'oxygène restent libres. Cette expérience démontre non seulement que l'eau est un composé d'hydrogène et d'oxygène, mais encore qu'il entre dans sa composition 1 volume d'oxygène pour 2 volumes d'hydrogène.

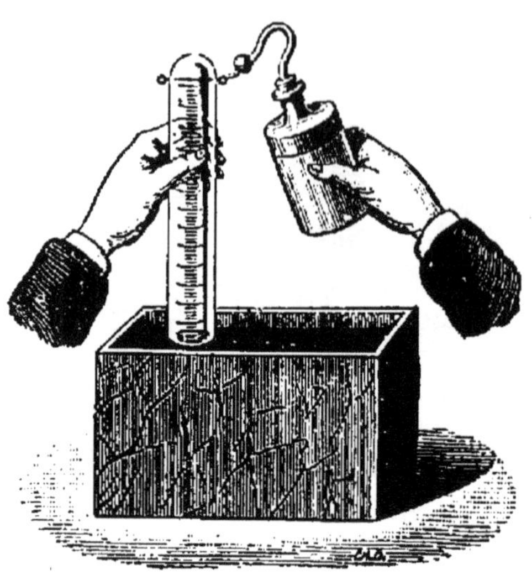

Fig 28.

MÉTHODE DES PESÉES

56. L'hydrogène, lorsqu'il se trouve en présence de certains oxydes, a la propriété de leur enlever leur oxygène pour former de l'eau. Dumas s'est servi de cette propriété pour faire l'étude synthétique de l'eau.

Dans un ballon de verre on fait chauffer une quantité exactement pesée d'oxyde de cuivre sur lequel on fait passer un courant d'hydrogène sec : l'oxyde abandonne son oxygène, *il se réduit* en cuivre, et il se forme de l'eau, que l'on pèse exactement. L'oxyde réduit étant également pesé, on obtient le poids de l'oxygène enlevé par l'hydrogène : c'est évidemment la différence entre ce poids et le poids primitif. Le poids de l'oxygène retranché de celui de l'eau donne à son tour le poids de l'hydrogène.

La réaction est donnée par la formule :

$$CuO + H = HO + Cu.$$

Dumas a obtenu les résultats suivants :

Hydrogène.......... 11,11 ou 1
Oxygène............ 88,89 ou 8
                    ——— ———
                    100   9

PROPRIÉTÉS PHYSIQUES

57. L'eau pure est inodore, incolore et sans saveur ou du moins possède une saveur *sui generis* qu'il est difficile de définir ; sous de grandes profondeurs, elle paraît bleue ou verte.

L'eau se présente dans la nature sous les trois états. A l'état liquide, elle constitue les mers, les rivières, etc.; à l'état gazeux, c'est la vapeur d'eau de l'atmosphère ; à l'état solide, on l'appelle neige ou glace. Elle passe de l'état liquide à l'état solide à la température de 0 degré. Contrairement à ce qui se produit pour les autres corps, au lieu de se contracter, en se transformant ainsi, *elle se dilate* et possède alors une telle force d'expansion que, si l'on en remplit un canon et qu'on le ferme hermétiquement, elle peut le faire éclater.

On a vu (n° 11) comme l'eau cristallise.

A partir de 0 jusqu'à 4 degrés au-dessus, température où elle est à son maximum de densité, l'eau se contracte au lieu de se dilater ; à partir de 4 degrés au-dessus de 0, elle se dilate proportionnellement à la température. A l'état de glace, c'est-à-dire au-dessous de 0, elle se contracte ou se dilate selon que la température baisse ou s'élève. De la propriété que possède l'eau de se contracter jusqu'à 4 degrés au-dessus de 0 résulte que, pendant que les couches supérieures des rivières, des étangs, des lacs, etc., sont à 0°, température qui pourrait compromettre l'existence des animaux aquatiques, les couches inférieures se trouvent à une température plus élevée et plus favorable à cette existence.

58. Parmi les phénomènes particuliers que l'eau peut présenter et qui sont du domaine de la physique, nous croyons utile de rappeler ceux de *surfusion* et de *caléfaction*.

L'eau ordinaire dont on abaisse la température jusqu'à 0° se prend en glace, comme nous l'avons dit ; cependant, si l'on introduit de l'eau bien limpide dans un tube fermé à l'une de ses extrémités et rendu très propre par un lavage préalable à l'acide sulfurique, il est possible, au moyen d'un mélange réfrigérant, d'abaisser la température de cette eau jusqu'à 7 à 9° au-dessous de 0 sans qu'il y ait formation de glace. L'eau est dite alors *surfondue*. Pour que l'expérience réussisse, il est nécessaire de ne pas agiter la masse d'eau pendant son refroidissement; car, au moindre remuement du tube, l'eau se solidifie tout de suite et sa température remonte à 0°.

Si l'on projette quelques gouttes d'eau sur une plaque métallique fortement chauffée, l'eau, au lieu de se vaporiser, prend la forme d'une sphère et reste ainsi à l'état liquide pendant un certain temps : c'est le phénomène de la *caléfaction*.

59. L'eau est le dissolvant par excellence de la majorité des corps. Seule, parmi les liquides, elle peut dissoudre toute sorte de gaz et une grande partie des matières minérales.

Voici, comme exemple, le tableau de la solubilité de diverses substances dans 100 parties d'eau ordinaire à 15°.

NOMS DES SUBSTANCES.	PARTIES DISSOUTES.
Acide borique	3
Chlorate de potasse	6
Borate de soude	7
Bichlorure de mercure	8
Azotate de baryte	8,20
Alun ammoniacal	10
Bicarbonate de soude	11
Alun de potasse	12
Bichromate de potasse	12
Carbonate de soude	20
Azotate de potasse	25
Chlorhydrate d'ammoniaque	25
Sulfate de magnésie	33
Sulfate de cuivre	40
Chlorure de sodium (sel)	40
Sulfate de zinc	50
Bromure de potassium	66
Sucre	66
Iodure de potassium	70
Sulfate d'ammoniaque	75

Les propriétés dissolvantes de l'eau ont, comme on le verra plus loin (n°⁸ 86 et 88) des conséquences considérables dans la nature et dans l'industrie.

PROPRIÉTÉS CHIMIQUES

ACTION DE LA CHALEUR ET DE L'ÉLECTRICITÉ

60. Une température très élevée, 1000 à 1200°, par exemple, décompose l'eau en hydrogène et oxygène :

$$HO + \text{chaleur} = H + O.$$

L'électricité agit de la même façon, comme on l'a vu à propos de l'analyse de l'eau par la pile (n° 52).

ACTION DES MÉTALLOÏDES

61. Aucun des métalloïdes ne décompose l'eau à la température ordinaire; mais, aidés par l'action d'une haute température, certains d'entre eux la décomposent en s'emparant soit de son hydrogène, soit de son oxygène. Ainsi le *chlore* passant dans de la vapeur d'eau surchauffée donne de l'acide chlorhydrique et de l'oxygène :

$$HO + Cl = HCl + O.$$

Le *charbon* au rouge permet de décomposer l'eau très facilement en s'oxydant et donnant de l'oxyde de carbone, tandis que l'hydrogène se dégage; on recueille dans l'éprouvette un mélange d'oxyde de carbone et d'hydrogène : $HO + C = H + CO.$

ACTION DES MÉTAUX

62. Le *potassium* et le *sodium* absorbent à froid l'oxygène de l'eau et en dégagent l'hydrogène : $K + HO = KO + H.$

L'oxydation des métaux par l'eau est presque générale; on peut dire que tous la décomposent, sauf l'or, l'argent, le mercure et le platine. Voir, comme exemple, l'analyse de l'eau par le fer (n° 53) : $4\,HO + 3\,Fe = Fe^3O^4 + 4\,H.$

ACTION DES OXYDES

63. Certains oxydes anhydres, comme la *chaux* et la *potasse*, se combinent avec l'eau et donnent naissance à des hydrates très difficiles à décomposer.

Ces combinaisons s'effectuent avec dégagement de chaleur : si, par exemple, on humecte d'un peu d'eau un morceau de chaux vive, au bout d'environ 5 minutes, il émet des torrents de vapeur d'eau, tellement la température s'est élevée, et l'on a de la chaux éteinte ou hydrate de chaux : $CaO + HO = CaO, HO$.

La baryte donne lieu à un phénomène encore plus violent : l'eau, en touchant cette substance, produit un sifflement strident.

ACTION DES ACIDES

64. *L'acide sulfurique* se combine énergiquement avec une certaine quantité d'eau ; il en est de même de l'*acide phosphorique*. L'action est si vive avec l'acide sulfurique qu'il peut y avoir explosion.

ACTION DE L'ALCOOL

65. L'eau mélangée avec de l'*alcool* se contracte et le mélange s'échauffe, ce qui prouve qu'il y a combinaison.

ÉTAT NATUREL

66. Dans la nature, l'eau n'est jamais pure : elle contient en dissolution des gaz et des matières empruntées au sol environnant; d'où la distinction de l'eau douce, de l'eau salée, des eaux minérales.

EAU ORDINAIRE

67. L'*eau douce* ou *eau ordinaire* est celle des fleuves, des rivières, des citernes, etc., alimentés par l'eau de pluie.

Les matières gazeuses dissoutes dans l'eau courante ou de source sont : l'oxygène, l'azote et l'acide carbonique; les matières solides : le sulfate de chaux, le carbonate de chaux, le chlorure de sodium, le phosphate de chaux et des matières organiques.

DÉTERMINATION DES CORPS DISSOUS DANS L'EAU ORDINAIRE

68. Matières gazeuses. — Un ballon de verre A (fig. 29), ayant une contenance d'environ un litre et demi,

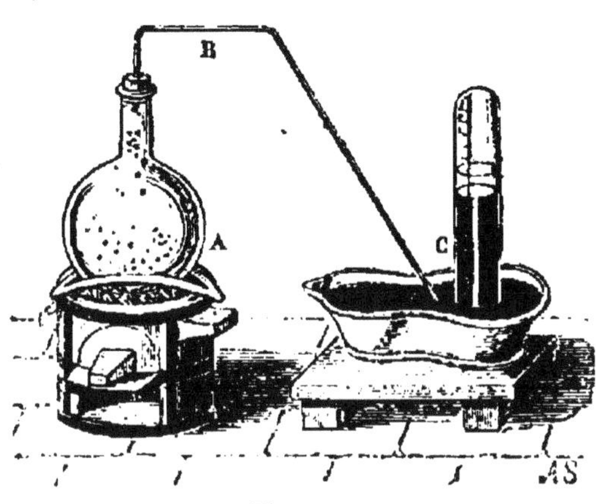

Fig. 29.

est entièrement rempli d'eau, de même qu'un tube B, qui part de ce ballon pour aller aboutir à une éprouvette graduée C, pleine de mercure. On chauffe le ballon d'abord modérément, puis de plus en plus fort, jusqu'à ébullition de l'eau, ébullition très lente à se produire : les petites bulles gazeuses qui se montrent peu à peu dans le liquide sont entraînées par la vapeur sous l'éprouvette graduée; il suffit alors de séparer les gaz en faisant absorber l'*acide carbonique* par la *potasse* ou la *chaux*, l'*oxygène* par l'*acide pyrogallique* et la *potasse*; il ne reste plus que l'*azote* dans l'éprouvette, ce dont on s'assure par les réactions propres à ce gaz.

De nombreuses analyses faites d'après cette méthode ont donné les résultats suivants.

1 litre d'eau de Seine renferme 54^{cc},1 de gaz :

Oxygène . . . . 10^{cc},1, soit 18,67 pour 100
Azote . . . . 21, 4 — 39,55 —
Acide carbonique. . . 22, 6 — 41,78 —
54^{cc},1   100 »

1 litre d'eau de pluie renferme 23 centimètres cubes de gaz :

Oxygène. . . . . 7^{cc},4, soit 32,15 pour 100
Azote . . . . 15, 1 — 65,66 —
Acide carbonique. . . 0, 5 — 2,19 —
23^{cc},0   100 »

En somme, on peut dire que dans l'eau ordinaire il y a *deux fois plus d'oxygène que d'azote.*

69. Matières solides.— On reconnaît la présence du *carbonate de chaux* dans l'eau en y versant quelques gouttes de solution de bois de campêche : la liqueur se colore en violet ou en rose selon qu'elle est en contact avec une plus ou moins grande quantité de carbonate de chaux.

Pour les *sulfates,* verser dans l'eau de l'azotate de baryte : il se forme un précipité blanc de sulfate de baryte insoluble.

Pour la *chaux,* verser de l'oxalate d'ammoniaque : il se forme un précipité d'oxalate de chaux, insoluble dans l'acide acétique.

Pour les *chlorures,* verser de l'azotate d'argent : il se forme un précipité blanc de chlorure d'argent noircissant à la lumière.

Pour les *substances organiques,* verser du chlorure d'or et faire bouillir le liquide : l'eau se colore en brun par la réduction du sel d'or. Le permanganate de potasse serait décoloré à l'ébullition par une eau chargée de matières organiques.

EAU POTABLE

70. L'eau potable doit être fraîche, inodore, d'une saveur faible, mais agréable, conditions qu'elle remplit quand elle est aérée suffisamment et qu'elle contient de $0^g,1$ à $0^g,5$ de matières solides par litre, mais pas davantage.

Une eau est potable quand les légumes cuits dans un vase rempli de cette eau ne deviennent pas durs et quand elle dissout le savon sans qu'il y ait formation de grumeaux, ce qui arrive seulement dans le cas où les sels calcaires (bicarbonate de chaux, sulfate de chaux) n'y sont pas en quantité trop considérable ; autrement, l'eau s'oppose à la parfaite cuisson des aliments et décompose le savon en y formant des précipités insolubles.

L'action des eaux crues sur les savons se traduit souvent dans l'industrie par des pertes considérables : ainsi, pour 100 kilogrammes de soie à décruser, il faut 35 kilogrammes de savon avec les eaux des puits de Lyon, 25 kilogrammes de savon avec les eaux du Rhône et seulement 18 kilogrammes de savon avec les eaux de la Saône. On voit, par cet exemple, combien l'industriel a intérêt à connaître la teneur en chaux de l'eau qu'il emploie pour le dégraissage de certaines matières.

PROCÉDÉS POUR ADOUCIR L'EAU

71. Procédé Clark. — L'élimination du bicarbonate de chaux peut se faire assez facilement par précipitation. A cet effet, l'eau crue est soumise à l'ébullition : ses bicarbonates perdent leur acide carbonique, et le carbonate neutre insoluble dans l'eau se précipite au fond du vase.

Si l'on expérimente sur de grandes masses d'eau, il est plus économique de précipiter le bicarbonate non plus par la chaleur, mais en le neutralisant par un lait de chaux : l'acide carbonique du bicarbonate s'empare de la chaux et forme le carbonate neutre insoluble ; il ne reste plus qu'à décanter.

Il est nécessaire, avant d'opérer, de faire quelques essais afin de connaître exactement la quantité de chaux suffisante pour atteindre le but qu'on se propose ; sans cette précaution, on risquerait de mettre dans l'eau plus de chaux qu'il n'en faudrait et d'augmenter la crudité dont on veut se débarrasser.

72. Procédé Buff et Wersmann. — La méthode précédente permet de précipiter le bicarbonate de chaux, mais non d'adoucir les eaux qui contiennent des sulfates de chaux et de magnésie. Parmi les procédés plus complets entrés dans le domaine de la pratique, il convient de signaler celui de MM. *Buff* et *Wersmann*. Un mélange de silicate et de carbonate de soude, dit *Holland compound*, est jeté dans l'eau à adoucir : la silice du silicate de soude s'empare de la magnésie et de la chaux des sulfates, tandis que le carbonate de soude précipite le bicarbonate de chaux. On obtient de cette façon une eau excellente qui, grâce à la petite quantité de carbonate de soude retenue, est un peu alcaline et très propre aux usages industriels.

FILTRATION DE L'EAU

73. Souvent les eaux destinées aux usages industriels ou alimentaires sont troublées par des matières solides qui y sont en suspension et dont il convient de les débarrasser. A cet effet, on les *filtre*, c'est-à-dire qu'on les fait passer sur des substances plus ou moins poreuses : cailloux, sable, laine, feutre, charbons pulvérisés, papier, minces plaques de gypse.

Les expériences faites sur les différentes sortes de filtres ainsi obtenus montrent : 1° que, par suite de l'arrêt des particules en suspension dans l'eau, ces filtres s'engorgent et bientôt ne fonctionnent plus ; 2° que plus leurs pores sont fins, plus ils s'engorgent facilement. Pour obtenir un bon filtre dans la pratique, on mettra au fond une matière à pores très serrés, puis au-dessus des couches de matière à pores moins serrés : les parties les plus grossières troublant l'eau seront arrêtées par les premiers lits du filtre, dont les dernières couches n'auront plus qu'à séparer les plus petits corpuscules du liquide déjà bien purifié.

74. Les filtres peuvent aussi retenir les substances dissoutes dans l'eau : par l'effet de l'attraction moléculaire, les molécules de l'instrument attirent les gaz de l'eau et même les molécules des substances solides. Cette attraction varie suivant la surface du filtre, sa nature, et suivant celle du corps dissous. La décoloration et la désinfection des eaux par les charbons sont dues à cette propriété.

Enfin, ce qui est très important, les filtres peuvent retenir les êtres organisés et les ferments qui rendent l'eau putride. Le charbon de bois et surtout le noir animal ont été reconnus comme les substances les plus propres à être employées dans le cas de filtration d'eaux chargées d'organismes microscopiques.

75. Filtration par le sol. — Quand il existe près d'une rivière un terrain pouvant dépouiller l'eau de ses impuretés sans lui céder aucun principe, il suffit, pour avoir de l'eau filtrée, de creuser dans ce terrain des réservoirs qui recueillent le liquide après qu'il a traversé l'épaisseur de la couche de terre interposée entre eux et le cours d'eau considéré. Il est bon de noter que la vitesse d'infiltration doit être assez grande pour que les filtres fonctionnent ; il n'est donc possible d'en établir que sur le parcours de rivières à courant rapide, comme on a fait à Lyon sur le Rhône et à Toulouse sur la Garonne.

76. Filtration des eaux à Londres. — Sur les bords de la Tamise, à Battersea, fonctionne un énorme filtre dont voici la disposition. Deux réservoirs de 5 000 mètres carrés de surface et 5 mètres de profondeur emmagasinent, lors de la marée montante, l'eau de la Tamise, avec laquelle ils communiquent au moyen d'un canal. Ces deux réservoirs, appelés *clarificateurs*, ont des parois étanches et un fond en forme de toit retourné; dans une rigole centrale à pente continue se déposent lentement, sous l'action de la pesanteur, les impuretés les plus grossières en suspension dans l'eau, qui peut alors passer dans deux bacs à filtration de 80 mètres de long sur 58 de large, où elle rencontre : 1° une couche de sable fin de 1 mètre d'épaisseur; 2° une couche de sable moyen de $0^m,24$; 3° une couche de gravier fin de $0^m,15$; 4° une couche de gros gravier de $0^m,25$; 5° une couche de gravier grossier de $0^m,30$. Ces filtres, de dimensions colossales, débitent 9 500 mètres cubes d'eau par jour.

77. Filtres à éponges de Paris. — On utilise souvent à Paris les filtres à éponges. De l'eau qui a déposé ses impuretés, c'est-à-dire déjà clarifiée, passe dans un tuyau muni d'ouvertures obturées au moyen d'éponges, imbibe ces éponges, puis tombe goutte à goutte sur un mélange de

Fig. 30.

sable et de charbon surmonté d'une couche de gravier, d'où elle sort pure et limpide.

78. Filtre usuel.— Un filtre d'un usage très répandu dans les ménages est le filtre-fontaine (fig.30). Il se compose d'une cuve de grès haute de 80 à 90 centimètres et divisée en deux compartiments par une plaque de pierre poreuse, généralement de grès. L'eau versée au-dessus de cette pierre la traverse et se trouve filtrée lorsqu'elle arrive dans la chambre inférieure. Un robinet, placé au bas de l'appareil, permet de faire écouler l'eau; de plus, un petit tube métallique, scellé le long des parois de la cuve, met en communication la chambre inférieure avec l'atmosphère, ce qui permet à l'air de cette chambre de s'échapper pendant la filtration, pour laisser place à l'eau.

On fait aussi un filtre de poche avec un tube à l'une des extrémités duquel on place une matière poreuse, telle qu'une plaque de charbon ou de bois. On aspire l'eau, qui arrive, filtrée, dans la bouche.

EAU DE MER

79. C'est sans contredit le sel ordinaire, ou chlorure de sodium, qui forme la partie la plus considérable des substances dissoutes dans l'eau de mer, quoiqu'elle varie, comme les autres sels, avec la mer considérée. Ainsi, par litre, la mer Caspienne contient de 1 à 2 grammes de sel ordinaire; l'océan Atlantique, 27 grammes; la mer Morte, 64 grammes.

En somme, d'après diverses analyses, on trouve que chaque mètre cube d'eau de mer renferme de 25 à 30 kilogrammes de sel marin; de 2 à 6 kilogrammes de chlorure de magnésium; de 1 à 7 kilogrammes de sulfate de magnésie; de 5 hectogrammes à 6 kilogrammes de sulfate de chaux; de 1 décagramme à 1 kilogramme de chlorure de potassium.

De plus, les travaux les plus récents ont pu faire connaître la présence de l'argent dans l'eau de mer; cet argent y serait sous forme de chlorure, dans la proportion de 1 milligramme par 100 kilogrammes d'eau, et produirait un dépôt sur les blindages de cuivre des navires depuis longtemps en mer.

EAUX MINÉRALES

80. On désigne sous le nom d'*eaux minérales* les eaux qui, par l'abondance des principes minéraux dont elles sont chargées, peuvent être utilisées en médecine. On les distingue en eaux *froides*, n'atteignant pas 25°, et en eaux *chaudes* ou *thermales*, allant de 25° à 80° et plus. La température de ces dernières augmente leurs propriétés dissolvantes, encore activées par la présence d'éléments minéralisateurs, c'est-à-dire d'acides qui forment des sels minéraux.

Les nombreux corps dissous dans les eaux minérales se divisent en deux classes : les gaz et les solides.

Gaz dissous dans les eaux minérales	Azote. Oxygène. Acide carbonique. Acide sulfhydrique. Hydrogènes carbonés. Oxyde de carbone.

SELS

	de soude.	de chaux et de magnésie.	de fer.
Corps solides dissous dans les eaux minérales.	Bicarbonate. Chlorure. Sulfate. Sulfure. Silicate.	Bicarbonate. Sulfate. Chlorure.	Bicarbonate. Sulfate. Crénate. Apocrénate. Arséniate.

Certaines eaux minérales renferment aussi de la baryte, de la strontiane, du zinc, du cuivre, du plomb, de l'étain, de l'ammoniaque, de l'acide borique, de l'acide silicique.

81. On peut diviser les eaux minérales en eaux acides, eaux alcalines, eaux chlorurées, eaux sulfatées, eaux sulfureuses, eaux ferrugineuses.

Les *eaux acides* contiennent jusqu'à 1 gramme d'acide carbonique par litre (Seltz, Soultzmatt).

Les *eaux alcalines*, avec excès de bicarbonates alcalins, ont une température de plus de 20° (Vichy, Ems, Vals).

Les *eaux chlorurées* tiennent en dissolution des chlorures alcalins de sodium, de potassium, de magnésium, à raison de 7 à 8 grammes par litre (Niederbronn, Kissingen, Bourbon-l'Archambault, Kreuznach).

Les *eaux sulfatées* donnent à l'analyse des sulfates de soude, de potasse ou de magnésie. Ce sont des eaux purgatives (Carlsbad, Epsom, Sedlitz, Pullna).

Les *eaux sulfureuses* contiennent à la fois des sulfures alcalins et des sulfures de fer, etc., avec de la *barégine* et de la *glairine*, matières organiques (Barèges, Cauterets, Ax, Vernet, etc.).

Les *eaux ferrugineuses* contiennent de 4 à 15 centigrammes de sels de fer par litre. Ce sont des eaux froides (Spa, Vichy, Orezza, Forges, Bussang, Passy, Auteuil).

3.

EAU DISTILLÉE

82. Pour obtenir de l'eau pure, dont on fait grand usage pour la préparation des médicaments, il est nécessaire de la

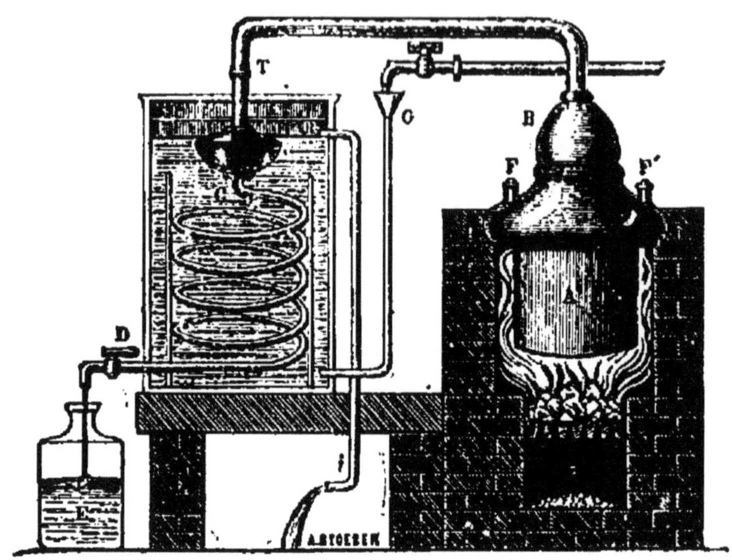

Fig. 31.

distiller. On emploie à cet effet un appareil nommée *alambic* (fig. 31). Il se compose de la *cucurbite* ou chaudière A, reposant sur un fourneau F. Cette chaudière est fermée par le *chapiteau* B, qui au moyen du tuyau T communique avec le *serpentin* C, petit tuyau en spirale renfermé dans une cuve et terminé par le robinet D. Un tube G amène continuellement de l'eau froide dans cette cuve, dont le trop-plein est déversé par le tuyau H *i*.

Le fourneau étant allumé, l'eau contenue dans la chaudière A est transformée en vapeur et, suivant le tuyau T, arrive dans le serpentin : sous l'action de l'eau froide qui entoure celui-ci, la vapeur d'eau est condensée et coule par le robinet D dans le vase E disposé pour la recevoir. Les matières en dissolution dans l'eau, ne pouvant être que difficilement transformées en vapeur, restent au fond de la chaudière. Tant que celle-ci est soumise à l'action du feu, elle doit contenir de l'eau ; sans quoi elle serait détériorée.

EAU DANS L'ORGANISME

83. Les analyses des corps organisés, végétaux et animaux, ont montré la présence constante de l'eau dans leurs tissus. La quantité de cet élément varie depuis le cinquième jusqu'à la moitié du poids total de l'individu soumis à l'expérience. Ainsi un homme adulte pesant 75 kilogrammes fournit à l'analyse 52 kilogrammes d'eau.

Cette eau se répartit dans les corps sous trois états : 1° eau de combinaison ; 2° eau de pénétration ; 3° eau servant de véhicule aux substances nécessaires à l'entretien de la vie, ou charriant à l'extérieur les matières nuisibles ou inutiles.

Le tableau suivant donne, pour 1000 parties, la quantité d'eau renfermée dans les humeurs diverses des organismes.

LIQUIDES DU CORPS DES ANIMAUX.	EAU CONTENUE.
Sang..	790
Bile..	860
Lait..	890
Chyle...	925
Urine...	952
Suc gastrique...................................	973
Larmes..	982
Salive..	995
Sueur...	995

La chimie biologique a pu constater que les tissus solides, graisses, cartilages, muscles, contiennent aussi une notable proportion d'eau. Les os même ont fourni à l'analyse 500 parties d'eau pour 1000, résultat auquel on était loin de s'attendre.

L'eau renfermée dans l'organisme étant journellement éliminée par les reins, la peau, les poumons, et soumise ainsi à une perte d'environ 1800 centimètres cubes, il est de toute nécessité pour l'individu de la réparer par l'alimentation.

USAGES DE L'EAU

84. L'eau joue dans la nature un rôle considérable ; il est peu de phénomènes qui s'accomplissent sans son intervention. C'est la boisson naturelle des animaux, le véhicule de leurs aliments, la plus essentielle de leurs parties liquides, le premier agent de la végétation, la cause principale de la formation des minéraux. Elle concourt de mille manières aux nécessités et aux commodités de la vie.

85. L'eau, même à l'état de glace, répand sans cesse de la vapeur dans l'air, qui s'en sature et l'abandonne ensuite ; d'où la rosée, les brouillards, la pluie, la neige, la grêle, qui tombent sur la terre, y forment les sources, les rivières, les fleuves, qui se jettent dans la mer, pour donner lieu à la même évaporation et produire les mêmes phénomènes que précédemment.

86. L'eau est le seul liquide qui puisse dissoudre toute sorte de gaz ; sans son intermédiaire, les plantes, qui empruntent principalement un de leurs éléments, le carbone, à l'acide carbonique, ne pourraient absorber cet acide ; si elle n'humectait pas l'appareil pulmonaire des animaux terrestres, ils ne pourraient respirer. L'eau est le seul liquide qui puisse dissoudre une grande partie des matières minérales ; sans cette propriété, les animaux et les plantes ne pourraient s'assimiler les principes fixes qui leur sont indispensables. C'est l'eau qui a dissous, charrié, déposé, uni, agglutiné les molécules d'un grand nombre de corps, facilité leur cristallisation et contribué à la formation de presque toutes les substances minérales.

87. On a vu (n° 70) à quelles conditions l'eau est potable et combien il est utile de la filtrer. Non seulement elle sert à préparer les aliments, mais encore elle en fournit à profusion. Rien ne peut la suppléer pour les ablutions abondantes et répétées que l'hygiène exige ; pour le lavage du linge ; pour l'arrosement des villes, où elle doit couler en grande quantité, afin d'entraîner tous les détritus qui, en se décomposant, mettraient en péril la santé des habitants. — Transformée en vapeur, elle fait mouvoir les machines les plus puissantes qu'il ait été donné à l'homme de créer. — Elle est employée comme moyen de transmission dans la presse hydraulique, comme moteur pour les moulins et les usines situées sur les bords des cours d'eau. — Il ne faut pas oublier non plus que la mer, les rivières et les fleuves *sont des routes qui marchent.* — On sait quels profits la médecine tire des eaux minérales.

EAU DANS L'INDUSTRIE

88. L'absorption intime de l'eau par les corps, due à une affinité d'ordre chimique ou physique, est employée souvent dans l'industrie. La fabrication artificielle de la *glucose,* ou *sucre doux,* est fondée sur cette propriété. Il suffit, en effet, pour produire ce sucre, de fixer une certaine quantité d'eau sur de l'amidon au moyen de l'acide sulfurique dilué.

La *saponification* des corps gras, c'est-à-dire le dédoublement de ces corps en *glycérine* et en *acides gras,* acide stéarique, acide margarique, etc., se produit sous l'influence de la vapeur et de la pression. Aussi la vapeur d'eau est-elle employée dans la préparation des *chandelles* et des *bougies.*

Le *rouissage* du lin et du chanvre exige l'intervention de l'eau pour produire une fermentation qui doit détruire la matière retenant les fibres textiles.

L'eau est également nécessaire pour transformer certains tissus organiques en *gélatine,* dont on fait un très grand usage en photographie.

La *bière,* cette boisson si agréable, n'est que de l'eau contenant certains principes en suspension.

L'eau intervient dans le *tannage des peaux,* en servant d'abord à les nettoyer, puis, en coulant dans des fosses remplies de lits de tan séparés par des peaux, qu'elle imbibe peu à peu, à les transformer en cuir.

L'*art de la teinture* ne peut se passer de l'eau, qui sert de dissolvant aux diverses substances tinctoriales.

Le *mortier* et le *plâtre,* d'un usage journalier dans l'architecture, nécessitent l'intervention de l'eau.

Personne n'ignore que les chiffons destinés à la *fabrication du papier* sont d'abord découpés, puis pilés et réduits en bouillie dans l'eau.

L'art de la *céramique* demande le concours de l'eau lors de l'évigation, de la mise en forme, etc.

On ne saurait, sans la présence de l'eau, obtenir un mélange parfait des matières employées dans la *fabrication de la poudre.*

USAGES DE LA GLACE

89. La *glace*, possédant la propriété d'absorber une grande quantité de chaleur pour se fondre, est employée dans les cas où il est nécessaire d'atténuer la température d'un corps.

En médecine, la glace est d'un grand usage pour prévenir la gangrène; dans les usages domestiques, elle sert à abaisser la température de nos boissons et à leur donner une agréable fraîcheur.

L'industrie emploie la glace dans les mélanges réfrigérants, pour la concentration des vins, des alcools, de l'eau de mer. Les propriétés de la glace sont aussi mises à profit quand il s'agit de débarrasser le suif, la paraffine, etc., des corps liquides qu'ils peuvent contenir.

HYDROGÈNE (H)

(Équivalent en poids = 1 ; en volume = 2.)

HISTORIQUE

90. C'est Cavendish qui, le premier, en 1778, a étudié avec soin l'*hydrogène* et en a déterminé les principales propriétés. Il l'appela *gaz inflammable.* C'est Lavoisier qui lui donna son nom actuel.

PROPRIÉTÉS PHYSIQUES

91. L'hydrogène est un gaz incolore, inodore et sans saveur [1].

On a longtemps considéré l'hydrogène comme un gaz permanent, c'est-à-dire ne pouvant être ni solidifié ni liquéfié;

---

1. Nous prévenons une fois pour toutes que, lorsque nous parlons d'un corps, c'est d'un corps pur de tout mélange.

mais MM. Cailletet et Pictet sont parvenus à le liquéfier et même à le solidifier au moyen d'un abaissement de température à 140° au-dessous de zéro et d'une pression de 650 atmosphères suivie d'une brusque détente.

L'hydrogène est un excellent conducteur de la chaleur et d'autant meilleur conducteur que la pression qu'il supporte est plus forte. Il est à peu près insoluble, si ce n'est dans le palladium.

92. La densité de l'hydrogène est 0,0692 et, 1 litre d'air pesant $1^g,293$, un litre d'hydrogène pèse $1,293 \times 0,0692 = 0^g,089$, c'est-à-dire que l'hydrogène pèse quatorze fois et demie moins que l'air. C'est le plus léger de tous les gaz. Pour démontrer cette légèreté, on remplit d'hydrogène une éprouvette B (fig. 32), au-dessus de laquelle on place une seconde éprouvette A remplie d'air : en quelques instants les deux gaz ont changé de place, comme il est facile de s'en convaincre en présentant une bougie allumée à l'ouverture de l'éprouvette A ; l'hydrogène s'enflamme aussitôt. On peut encore remplir de gaz hydrogène des bulles de savon : on les verra s'élever rapidement dans l'air et s'enflammer au contact d'une bougie allumée.

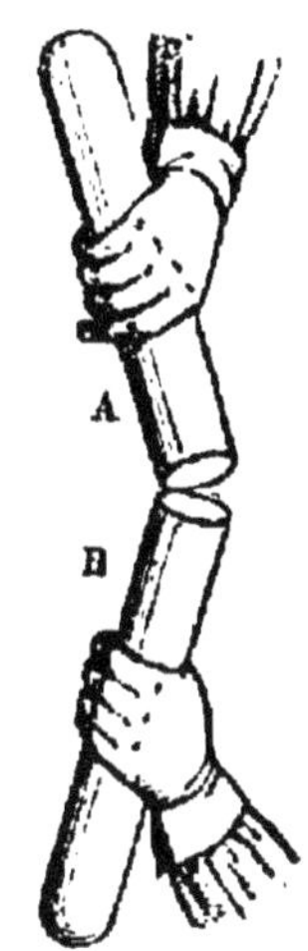
Fig. 32.

On a voulu utiliser la légèreté de l'hydrogène pour le gonflement des ballons ; mais, ce gaz ayant un grand pouvoir *endosmotique*, en vertu duquel il filtre à travers le tissu de l'enveloppe et s'échappe en laissant entrer l'air, on lui a préféré le gaz d'éclairage.

PROPRIÉTÉS CHIMIQUES

ACTION DE L'OXYGÈNE

93. L'hydrogène brûle facilement, mais n'entretient pas la combustion. Si, en effet, nous approchons une bougie allumée d'une éprouvette remplie d'hydrogène, celui-ci s'enflamme ; mais, si nous plongeons la bougie dans l'éprouvette, la flamme s'éteint ; ce gaz a donc une grande affinité pour l'oxygène. — Nous avons vu comment, en le faisant brûler sous une cloche, on obtient de l'eau.

94. Si, par un tube effilé, on fait sortir de l'hydrogène et qu'après l'avoir enflammé on entoure la flamme d'un tube de verre ouvert aux deux bouts, on entend un son qui varie avec la position, la longueur, le diamètre de ce tube, et résulte d'une série de petites détonations qui font vibrer l'air qu'il renferme : c'est l'*harmonica chimique* (fig. 33).

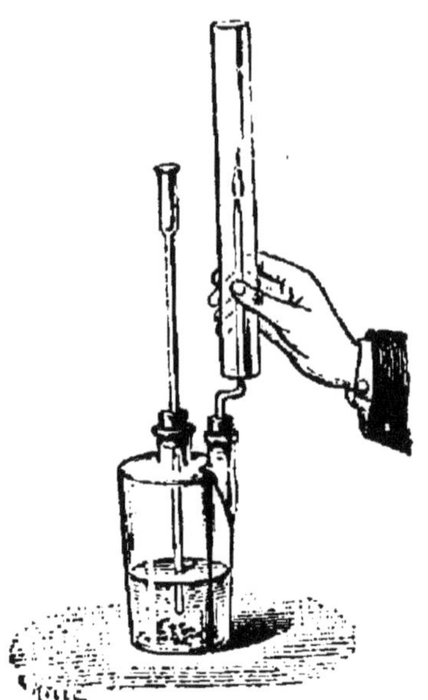

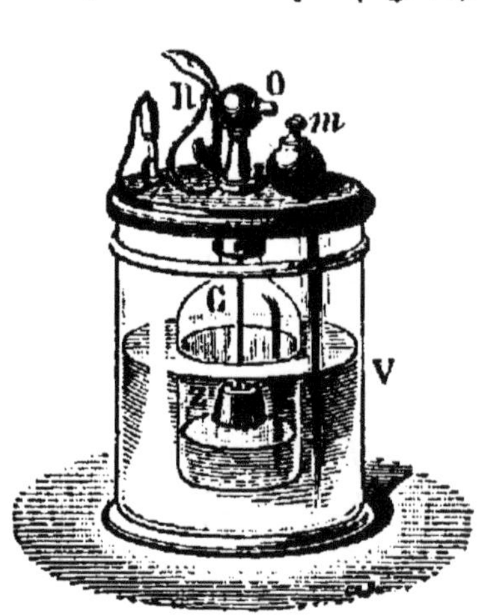

Fig. 33.

Fig. 34.

95. Un mélange d'hydrogène, d'air ou d'oxygène s'enflamme au contact de l'*éponge de platine*. Cette propriété a donné naissance au *briquet chimique*, imaginé par Gay-Lussac. Cet appareil est ordinairement disposé comme le montre la figure 34. Le vase V contient de l'acide sulfurique étendu d'eau, Z est un morceau de zinc suspendu à un fil de cuivre. La réaction de l'acide sur le zinc donne naissance à l'hydrogène, qui est recueilli dans la cloche renversée C, dont l'extrémité supérieure communique avec un robinet R placé à l'extérieur. Si le robinet est fermé, le gaz formé ne peut sortir, déprime le liquide contenu dans C, le fait descendre au-dessous du morceau de zinc, et la production de l'hydrogène cesse d'avoir lieu, puisque le métal et l'acide ne sont plus en contact. Si l'on ouvre le robinet R, le gaz s'échappe par l'orifice O et enflamme la mousse de platine m, sur laquelle il s'élance.

L'hydrogène est, de tous les corps, celui qui, à quantité

égale, dégage le plus de chaleur en brûlant. Cette propriété a été utilisée pour la construction du *chalumeau à gaz oxygène et hydrogène.*

96. Pour obtenir le plus de chaleur possible, on enflamme un mélange d'oxygène et d'hydrogène, mélange qu'on peut opérer directement dans un vase clos à parois très épaisses et muni d'un robinet qu'il suffit d'ouvrir pour faire entrer les deux corps ; mais ce système offre des dangers d'explosion assez sérieux et il vaut mieux se servir de l'appareil que nous allons décrire.

Deux gazomètres remplis, l'un d'oxygène et l'autre d'hydrogène, communiquent, le premier par le petit tube *a* (fig. 35) et le second par le petit tube *b* avec un manchon de cuivre M à l'extrémité duquel se trouve le bec *c* du chalumeau, commandé par le robinet *d*. Le tube M est rempli de toiles métalliques qui rendent impossible une explosion. Quand on veut se servir du chalumeau, on ouvre le robinet *d* et on enflamme le mélange, qui s'échappe par le bec *c ;* les gaz ne se trouvant plus mélangés que dans le manchon M et à leur sortie par le bec *c*, tout danger d'explosion disparaît. Cet appareil permet de produire une très haute température.

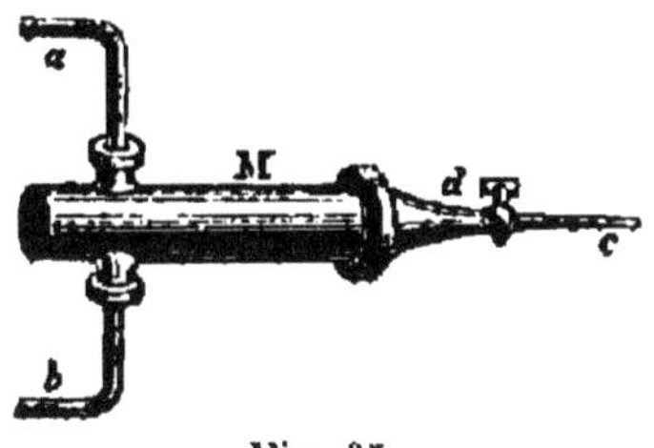

Fig. 35.

Les métaux, tels que l'or et le platine, qui exigent une énorme quantité de chaleur pour pouvoir être fondus, le sont facilement au moyen du chalumeau ; cet instrument permet donc de les travailler, de les souder, etc.

97. La puissance de combinaison entre l'hydrogène et l'oxygène permet aussi d'obtenir les métaux à l'état de pureté en réduisant leurs oxydes. Prenons, en effet, un tube de verre rempli d'oxyde noir de cuivre ; si nous venons à y faire passer un courant d'hydrogène et si nous chauffons l'oxyde de cuivre, l'oxygène de ce dernier corps se portant sur l'hydrogène, nous obtiendrons du cuivre pur et de l'eau. Cette action se manifeste visiblement par l'apparence de la poudre renfermée dans le tube en expérience, car de noire qu'elle était elle est devenue rouge brique et malléable. L'hydrogène est donc un *corps réducteur.*

ACTION DU CHLORE ET DU CHARBON

98. D'autres métalloïdes, tels que le *chlore* et le *charbon*, peuvent se combiner directement avec l'hydrogène.

Un mélange gazeux de *chlore* et d'*hydrogène* exposé à la lumière solaire fait explosion et produit de l'acide chlorhydrique : $H + Cl = HCl$.

A la lumière diffuse, cette action a lieu aussi, mais d'une manière moins vive et sans explosion. L'obscurité absolue empêche toute espèce de combinaison.

Dans un œuf électrique rempli d'hydrogène pénètrent deux électrodes de charbon des cornues reliés à des piles : dès que l'arc voltaïque jaillit, l'hydrogène se combine avec une partie des charbons devenus incandescents, et il y a production d'un carbure d'hydrogène appelé *acétylène*.

Cette expérience sur la combinaison du *charbon* avec l'hydrogène est due à M. Berthelot ; elle est capitale, car elle fait voir qu'on peut créer un composé organique en partant directement de corps inorganiques ; elle montre que la chimie organique n'est pas une chimie spéciale, mais un dérivé de la chimie minérale.

ACTION DES MÉTAUX ET DES OXYDES

99. Les métaux ne sont pas sans action sur l'hydrogène ; car on connaît des hydrures de potassium, de sodium, de platine et de palladium. Cette propriété que possède l'hydrogène de former des alliages, jointe à sa conductibilité pour la chaleur, l'électricité, le son, tend à faire ranger ce gaz parmi les métaux.

La majorité des oxydes chauffés dans un courant d'hydrogène perdent leur oxygène, qui donne de l'eau avec l'hydrogène, tandis que le métal reste en liberté ; la synthèse de l'eau par l'hydrogène et l'oxyde de cuivre (n° 56) en fournit un exemple : $CuO + H = HO + Cu$.

ÉTAT NATUREL

100. L'hydrogène n'a pas encore été trouvé à l'état libre dans la nature ; mais, à l'état de combinaison, c'est le corps qui y est le plus répandu ; il entre dans la composition de l'eau et dans celle de tous les corps organisés.

PRÉPARATION

101. On peut obtenir de l'hydrogène en faisant passer un courant de vapeur d'eau sur des fils de fer chauffés au rouge : le fer prend l'oxygène pour former de l'oxyde de fer et laisse l'hydrogène en liberté. Nous avons décrit plus haut cette expérience (n° 53) : $4 HO + 3 Fe = Fe^3 O^4 + 4 H$.

On obtient aussi de l'hydrogène par *le zinc et l'acide sulfurique*. Dans un flacon A à deux tubulures *m* et *n* (fig. 36) à demi rempli d'eau on met de la grenaille de zinc. Par la tubulure *m* passe un tube recourbé qui se rend sous une éprouvette B placée sur une cuve à eau. Par la tubulure *n* passe un tube droit à entonnoir par lequel on verse dans le flacon A de l'acide sulfurique. Sous l'influence du zinc et de l'acide sulfurique, l'eau se décompose : l'oxygène forme avec le zinc un oxyde de zinc qui s'unit à l'acide sulfurique pour former un sulfate de zinc ; l'hydrogène laissé libre se rend sous l'éprouvette B :

$$Zn + SO^3,HO = ZnO,SO^3 + H.$$

MANIPULATION

PRÉPARATION DE L'HYDROGÈNE

102. Prendre : 1° un flacon à deux tubulures A (fig. 36) ; 2° une éprouvette B ; 3° une cuve à eau ; 4° des morceaux de zinc ; 5° de l'eau ; 6° de l'acide sulfurique ; 7° deux tubes de verre, l'un droit, l'autre coudé.

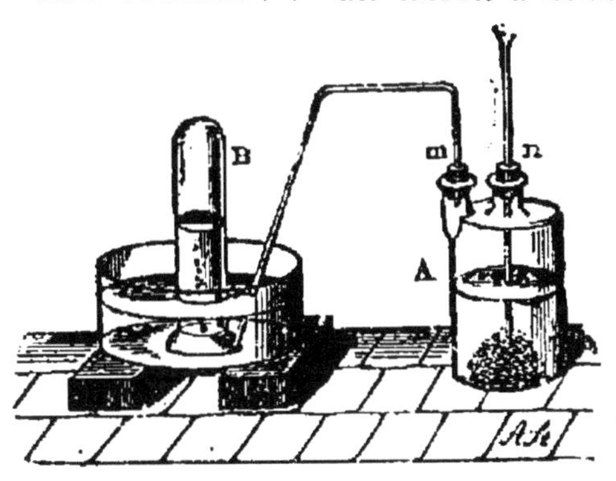

Fig. 36.

Ces divers objets réunis, fermer d'abord les deux ouvertures *m* et *n* du flacon A au moyen de bouchons traversés par les tubes.

L'adaptation *exacte* des tubes aux bouchons est nécessaire pour empêcher l'hydrogène de s'échapper en pure perte. Cette partie capitale de la manipulation s'effectue comme suit. On prend un bouchon d'un diamètre légèrement supérieur à celui des tubulures du flacon et on le perce de part en part en son milieu, suivant son axe, au moyen d'une tige de fer appointie à son extrémité. Dans l'ouverture ainsi obtenue on introduit une lime cylindrique dite *queue-derat* et, par des mouvements de rotation, on agrandit peu à peu le canal qui traverse le bouchon. De temps en temps on essaye d'y introduire le tube de verre, en ayant soin de l'y faire pénétrer lentement, de façon à en éviter la rupture. Quand il peut glisser à frottement dur dans toute la longueur du bouchon, l'opération est terminée.

Il reste maintenant à boucher les tubulures *m* et *n* au moyen des bouchons ainsi préparés. Comme ils sont plus larges que ces ouvertures, on les dégrossira au moyen d'une lime rude, dite *râpe*, de façon à leur donner une forme légèrement conique, et enfin on les polira avec une lime plus douce, qui enlèvera toutes les aspérités. Pour donner au bouchon cette forme conique avec certitude, on le prend entre le *pouce* et l'*index* de la *main gauche*, puis on passe dessus la râpe parallèlement à son axe, en même temps que le *médium gauche* le fait tourner : petit à petit le diamètre du bouchon diminue et bientôt il entre à frottement dur dans les orifices du flacon A, qu'il obture hermétiquement.

On ne doit pas oublier de *percer le bouchon* avant de le rendre conique ; car, autrement, on s'exposerait à le voir se fendre.

Le mode de fermeture que nous venons de décrire s'appliquant à tous les flacons, nous n'y reviendrons plus dans les manipulations ultérieures.

Une fois ces opérations effectuées, on introduit soit des morceaux, soit des clous de *zinc*, par la tubulure du flacon A, et on les recouvre d'eau, qui ne doit pas atteindre plus de la *moitié* du flacon. Les tubes sont mis en place comme on le voit dans la figure : le tube droit *plongeant* dans le liquide, le tube coudé *n'y plongeant pas* et allant se rendre dans la cuve à eau, où son extrémité est engagée sous un *têt* recouvert de l'éprouvette B, que l'on a remplie d'eau.

Il suffit maintenant de verser par le tube droit, muni d'un entonnoir à son extrémité supérieure, *un peu d'acide sulfurique*, pas plus de 50 centimètres cubes, car la réaction deviendrait tumultueuse : le zinc est aussitôt attaqué et des

bulles de gaz se rendent en B. Il est bon de laisser perdre
les premières éprouvettes du gaz obtenu, dans lesquelles se
trouve un mélange explosif d'hydrogène et d'oxygène provenant de l'air contenu dans le flacon.

USAGES

103. Les usages industriels de l'hydrogène sont rares. Le
briquet chimique (n° 95) n'est plus employé depuis l'invention des allumettes phosphorées.

Nous avons vu qu'on a dû renoncer à se servir de l'hydrogène pour le gonflement des ballons ; on l'utilise cependant
pour gonfler les jouets en baudruche et les petits ballons.

L'hydrogène sert dans les laboratoires pour certaines
manipulations chimiques et pour obtenir, avec le chalumeau
(n° 96), une haute température. Si l'on dirige le bec de cet
instrument sur un cylindre de magnésie, on obtient la
lumière de Drummond, du nom de l'inventeur. Cette lumière,
douée d'un éclat presque aussi grand que celui de la lumière
électrique, est peu employée, à cause du prix élevé de
l'hydrogène et de l'oxygène.

OXYGÈNE (O)

(Équivalent en poids $= 8$; — en volume $= 1$)

HISTORIQUE

104. L'*oxygène*, c'est-à-dire *qui engendre les acides*, fut découvert en 1774 par Priestley en Angleterre et par Scheele
en Suède ; Lavoisier l'étudia vers la même époque ; c'est lui
qui, croyant que tous les acides contiennent de l'oxygène,
donna à ce gaz le nom qu'il porte aujourd'hui.

PROPRIÉTÉS PHYSIQUES

105. L'oxygène est un gaz incolore, inodore et sans
saveur ; on l'a considéré longtemps comme permanent ; il a
été liquéfié dans les mêmes conditions que l'hydrogène ; sa
densité est de 1,1056 ; 1 litre d'oxygène pèse donc
$1,293 \times 1,1056 = 1^g,430$. Il est soluble dans l'eau, qui en
dissout environ 5 pour 100 de son volume, et dans l'essence
de térébenthine.

PROPRIÉTÉS CHIMIQUES

PROPRIÉTÉ COMBURANTE

106. L'oxygène est un corps *comburant*, c'est-à-dire qui permet aux combustions de s'effectuer; c'est lui qui en est l'âme. Cette propriété comburante est mise en évidence de la façon suivante : dans une éprouvette A (fig. 37), préalablement remplie d'oxygène, on fait descendre une bougie récemment éteinte, mais présentant encore quelques points en ignition : au contact de l'oxygène, la bougie se rallume et brille d'un nouvel et très vif éclat.

Fig. 37.

ACTION DE L'HYDROGÈNE

107. Un mélange d'oxygène et d'hydrogène chauffé ou soumis à l'étincelle électrique fait explosion en produisant de l'eau. Cette combinaison donne lieu à une expérience bien connue. Dans le pistolet de Volta A (fig. 38) on introduit une certaine quantité d'oxygène et d'hydrogène et l'on fait passer dans le mélange une étincelle électrique, qui provoque la combinaison des deux corps avec explosion et projection du bouchon c.

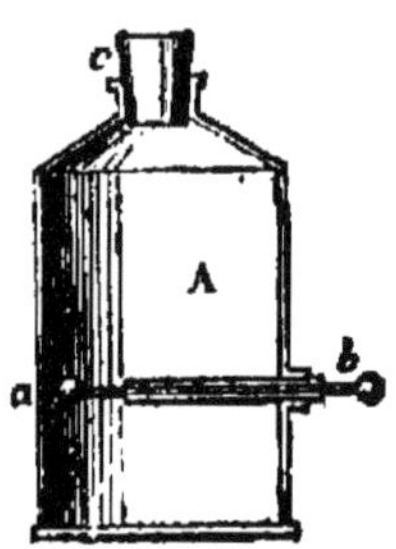

Fig. 38.

ACTION DU SOUFRE, DU PHOSPHORE ET DU CARBONE

108. L'énergie de l'oxygène se montre encore avec le *phosphore* et le *soufre*. En effet, si l'on plonge dans un flacon rempli d'oxygène un morceau de soufre ou de phosphore enflammé, on voit immédiatement l'un ou l'autre de ces corps brûler avec une vive lumière en absorbant l'oxygène pour former soit de l'acide sulfureux, soit de l'acide phosphorique.

Une expérience analogue prouverait que le *carbone* (diamant, charbon, etc.) brûle dans l'oxygène en formant de l'acide carbonique.

ACTION DES MÉTAUX

109. L'oxygène peut non seulement se combiner directement avec les métalloïdes, mais encore avec les métaux. En effet, une spirale de fer *n* (fig. 39) rougie au feu et transportée rapidement dans l'oxygène y brûle facilement en formant de l'oxyde de fer, qui fond et va s'incruster dans le fond du vase, où, pour en éviter la rupture, on a dû mettre une petite couche d'eau. Tous les métaux, à l'exception de l'or, de l'argent et du platine, s'oxydent ainsi directement.

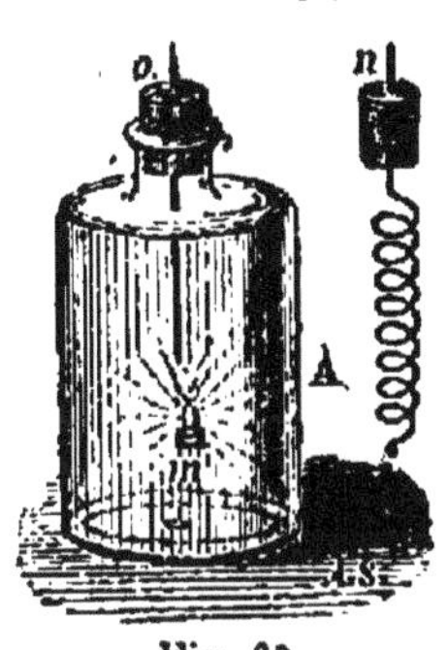

Fig. 39.

COMBUSTIONS VIVES. COMBUSTIONS LENTES

110. Comme nous venons de le voir, l'oxydation des corps se fait en général avec un dégagement considérable de lumière et de chaleur : c'est ce qu'on appelle des *combustions vives*.

Souvent aussi, comme, par exemple, dans la formation de la rouille, ou oxyde de fer, il n'y a pas dégagement appréciable de chaleur et de lumière. Des oxydations de ce genre sont dites *combustions lentes*. Ce sont bien des combustions, c'est-à-dire des oxydations ; mais elles s'effectuent insensiblement, petit à petit, et non d'une façon brusque comme les premières.

ÉTAT NATUREL

111. On trouve l'oxygène, à l'état de mélange, dans l'air ; dans l'eau, dans beaucoup de minéraux et de substances végétales et animales, il existe combiné avec d'autres corps. On peut dire qu'il est peu de matières qui n'en renferment.

PRÉPARATION

112. On peut extraire l'oxygène de l'air. Pour cela, on fait passer un courant d'air sec sur de la baryte, qui, chauffée au *rouge sombre*, s'empare de l'oxygène de cet air pour former du bioxyde de baryum, lequel, chauffé au *rouge vif*, laisse échapper la moitié de l'oxygène qu'il a absorbé. En répétant l'opération plusieurs fois, on peut obtenir une certaine quantité d'oxygène.

$$BaO + O = BaO^2; \quad BaO^2 \text{ chauffé} = BaO + O.$$

113. On obtient aussi de l'oxygène par la *décomposition du bioxyde de manganèse.* Dans une cornue de grès A (fig. 40),

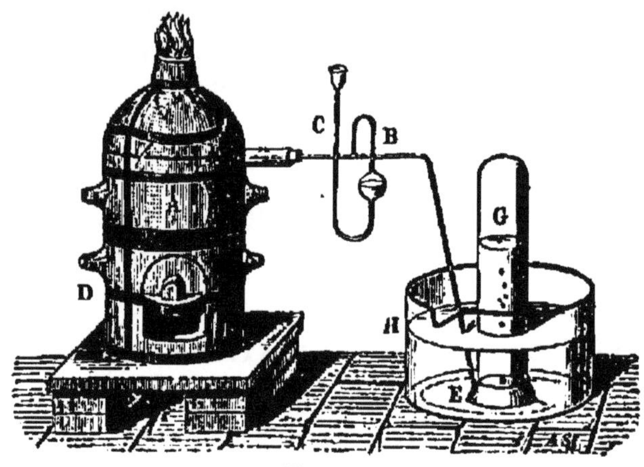

Fig. 40.

placée dans un fourneau à réverbère D, on met du bioxyde de manganèse en poudre et l'on adapte au col de la cornue un tube de dégagement qui se rend sous une éprouvette G, placée sur une cuve à eau. La chaleur dilate le bioxyde de manganèse, détruit la force de cohésion qui unissait l'oxygène au manganèse, et une partie de l'oxygène se dégage. Il reste dans la cornue du bioxyde (partie qui n'a pu être décomposée) et du protoxyde (partie du bioxyde qui a perdu en partie son oxygène). Si, par exemple, on met dans la cornue trois équivalents de bioxyde, après l'opération, on a sous l'éprouvette G deux équivalents d'oxygène, dans la cornue un équivalent de bioxyde et deux équivalents de protoxyde qui se combinent sous forme d'oxyde brun appelé *oxyde salin :*

$$3\,MnO^2 = O^2 + (MnO^2 + 2MnO).$$
ou
$$3\,MnO^2 = 2O + Mn^3O^4.$$

114. On peut encore obtenir l'oxygène en plaçant dans une cornue de verre, que l'on chauffe au moyen d'une

lampe à alcool, du *chlorate de potasse*, composé d'acide chlorique (ClO^5) et de potasse (KO) : sous l'influence de la chaleur, l'oxygène se dégage complètement et il reste du
chlorure de potassium : $KO, ClO^5 = O^6 + KCl$.

Le chlorate de potasse étant explosif, il est bon de ne
chauffer que peu à peu.

APPLICATIONS

115. La chimie n'est en quelque sorte que l'histoire des
applications de l'oxygène, dont les plus importantes tiennent sans contredit à sa propriété d'entretenir la combustion et à son intervention indispensable dans la respiration des animaux et des plantes.

RESPIRATION

116. La respiration chez les animaux a pour but de faire
entrer dans leurs poumons l'oxygène nécessaire à l'entretien de la vie. Le réservoir où les animaux puisent cet
oxygène n'est autre que l'air, dont nous verrons plus loin
la composition. Cette absorption d'oxygène s'effectue par
l'inspiration.

Chaque inspiration d'un demi-litre d'air fait pénétrer
dans les poumons environ 100 centimètres cubes d'oxygène
qui vont s'unir au sang et former de l'oxyhémoglobine.
L'absorption de ce gaz augmente avec le mouvement et
avec le froid. En 1 heure, au repos, un homme de dix-huit
ans absorbe 39 grammes d'oxygène; en 1 heure, en mouvement, un homme de dix-huit ans absorbe 100 grammes
d'oxygène. En définitive, l'homme adulte absorbe en vingt-
quatre heures environ 744 grammes d'oxygène.

Les phénomènes de la respiration ne se bornent pas à
l'absorption de l'oxygène, ils se compliquent aussi : 1° du
rejet de l'acide carbonique provenant de la combustion des
tissus profonds; 2° du rejet d'une certaine quantité d'eau.

L'oxygène se trouve chez les animaux sous plusieurs
états : 1° *libre* dans les organes respiratoires et dans les
intestins; 2° *dissous* dans le sang et dans la plupart des
liquides de l'organisme; 3° *combiné* avec l'hémoglobine des
globules du sang.

117. A l'encontre des animaux, qui rejettent l'acide carbonique et s'assimilent l'oxygène, les végétaux décomposent

l'acide carbonique et mettent l'oxygène en liberté. Toutefois cette action ne peut se produire qu'avec l'intervention de la lumière. A l'obscurité et à la lumière, les végétaux, comme les animaux, absorbent l'oxygène. Cette respiration des plantes s'effectue dans les feuilles, qui sont criblées de petits trous laissant ainsi un libre passage à l'air.

USAGES

118. Dans l'industrie, on utilise la combustion de l'hydrogène dans l'oxygène pour fondre les métaux réfractaires au feu de forge, tels que le platine et l'iridium.

La médecine utilise les propriétés de l'oxygène dans les cas d'asphyxie.

On a proposé l'emploi de ce gaz pour désinfecter ou plutôt revivifier des salles d'hôpital, des casernes, etc., où l'air est vicié.

Les aéronautes ne manquent jamais d'emporter de l'oxygène, qui leur sert d'aliment respiratoire, alors qu'ils sont arrivés dans une atmosphère raréfiée. Ils retrouvent la vie en aspirant ce gaz et évitent ainsi de s'asphyxier.

MANIPULATION

PRÉPARATION DE L'OXYGÈNE PAR LE CHLORATE DE POTASSE

119. Prendre : 1° une cornue de verre B (fig. 41); 2° un réchaud A; 3° un tube coudé C; 4° une éprouvette D; 5° une cuve à eau; 6° du chlorate de potasse.

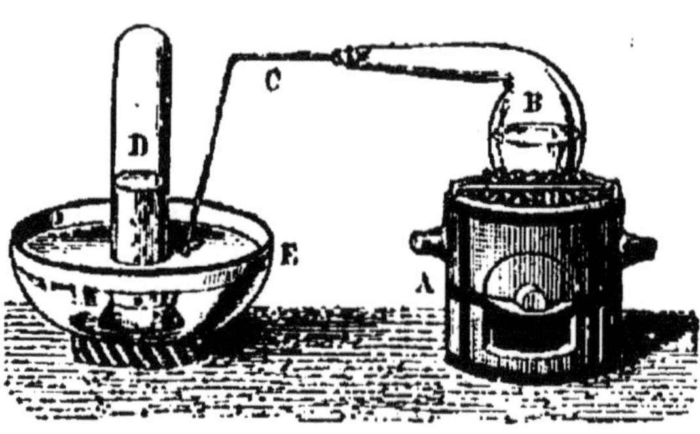

Fig. 41.

50 à 60 grammes de chlorate de potasse mélangés avec une certaine quantité de sesquioxyde de manganèse sont introduits dans la cornue, que l'on ferme avec un bouchon traversé par un tube coudé.

Le reste de l'appareil est disposé comme le montre la figure.

Au début de l'expérience, on doit chauffer doucement et avec précaution, car on a affaire à un sel explosif. Une fois que ce sel est fondu, on donne un bon coup de feu : on voit alors l'oxygène se dégager et remplir rapidement les éprouvettes.

Le sesquioxyde de manganèse joue ici le rôle de régulateur et, de plus, il fournit aussi une petite quantité d'oxygène. Cette réaction pouvant donner lieu à une explosion, il est préférable d'employer la méthode suivante.

PRÉPARATION DE L'OXYGÈNE PAR LE BIOXYDE DE MANGANÈSE

120. Prendre : 1° une cornue de grès A (fig. 42); 2° un fourneau à réverbère D; 3° un tube C; 4° une éprouvette G; 5° une cuve à eau; 6° du bioxyde de manganèse.

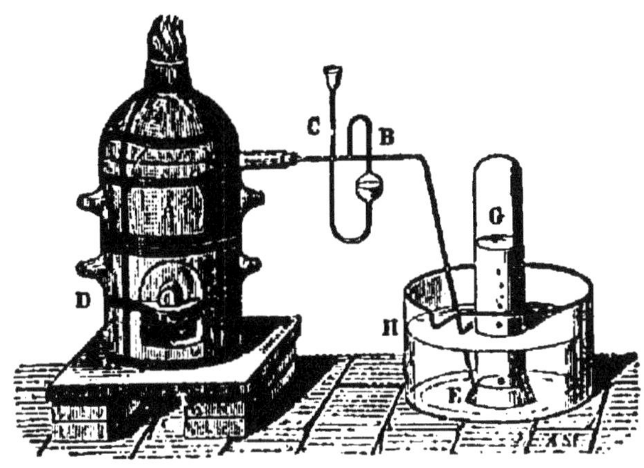

Fig. 42.

On broie de 200 à 300 grammes de bioxyde de manganèse par petites portions dans un mortier, puis on fait glisser dans la cornue la poudre ainsi obtenue. Il suffit alors de chauffer graduellement cette cornue dans le fourneau jusqu'au rouge sombre. On laisse perdre les premières bulles qui s'échappent, car elles contiennent de l'air.

Le bioxyde de manganèse cède le tiers de son oxygène; il reste dans la cornue du bioxyde et du protoxyde de manganèse qui se combinent sous forme d'oxyde brun appelé *oxyde salin* : $3\,MnO^2 = Mn^3O^4 + O^2$.

L'oxygène obtenu par cette réaction n'est jamais pur ; il est toujours mélangé d'acide carbonique et d'azote. On retient facilement l'acide carbonique en faisant passer le mélange dans un flacon laveur renfermant une lessive de potasse; mais l'azote reste toujours.

OZONE (O^3)

121. L'oxygène dégagé dans la décomposition de l'eau par la pile a une odeur sulfureuse et un pouvoir *oxydant* plus énergique que l'oxygène ordinaire. Cette remarque a été faite pour la première fois en 1840 par Schœnbein, qui donna le nom d'*ozone* à l'oxygène ayant les propriétés sus-énoncées.

La densité de l'ozone est 1,6. Il est soluble dans l'eau et décomposable par la chaleur, le charbon pulvérulent, l'iode et le mercure. Il irrite les bronches. Liquéfié, l'ozone est bleu.

On obtient l'ozone: 1° *par la pile*, en décomposant l'eau ; 2° *par les oxydations lentes :* l'oxydation du phosphore en présence de l'air humide donne toujours naissance à un peu d'ozone ; 3° *par les étincelles*, en faisant passer une série d'étincelles ou un courant électrique dans un tube de verre renfermant de l'oxygène, selon l'expérience de Van Marum (1783).

L'ozone sert à oxyder certains corps qui ne peuvent être oxydés par l'oxygène pur.

AIR. — AZOTE

AIR

122. La terre est entourée, sous une épaisseur d'environ 65 kilomètres, d'une couche gazeuse qu'on nomme ordinairement *air atmosphérique* ou, plus simplement, *air*, *atmosphère*.

HISTORIQUE

123. Les anciens considéraient l'air comme un élément; dès 1600, les chimistes y soupçonnèrent l'existence de plusieurs corps; mais ce n'est qu'en 1775 que Lavoisier parvint à en faire l'analyse.

PROPRIÉTÉS PHYSIQUES

124. L'air est inodore, insipide et incolore sous une petite épaisseur. Sous une grande épaisseur, il est *bleu*, ce qui fait la couleur du ciel, mais il est parfaitement *transparent;* aussi laisse-t-il apercevoir les astres et les nuages.

L'air est *pesant;* pour s'en assurer, il suffit de peser successivement un ballon dans lequel on a fait le vide et le même ballon dans lequel on a introduit de l'air. 1 litre d'air pèse 1ᵍ,293 à 0° et sous la pression de 0ᵐ,760. Le baromètre, qui sert à mesurer la pesanteur de l'air, est une application de cette pesanteur.

L'air sec est mauvais conducteur de la chaleur et de l'électricité.

PROPRIÉTÉS CHIMIQUES

125. Les propriétés chimiques de l'air sont les mêmes que celles de l'oxygène, mais la présence de l'azote les rend moins actives.

ANALYSE

EXPÉRIENCE DE LAVOISIER

126. Nous allons laisser raconter à Lavoisier lui-même, en l'abrégeant, la curieuse expérience qu'il fit en 1775.

« J'ai pris un matras de 36 pouces cubiques (à peu près

714 centimètres cubes) environ de capacité, dont j'ai recourbé le col très long, de manière qu'il pût être placé sur un fourneau MN (fig. 43), tandis que l'extrémité O de son col irait s'engager sous la cloche Q, placée dans un bain de mercure RS. J'ai introduit dans ce matras 4 onces (122ᵍ,36) de mercure très pur; puis, en suçant avec un siphon que j'ai introduit sous la cloche Q, j'ai élevé le mercure jusqu'au niveau LL, que j'ai

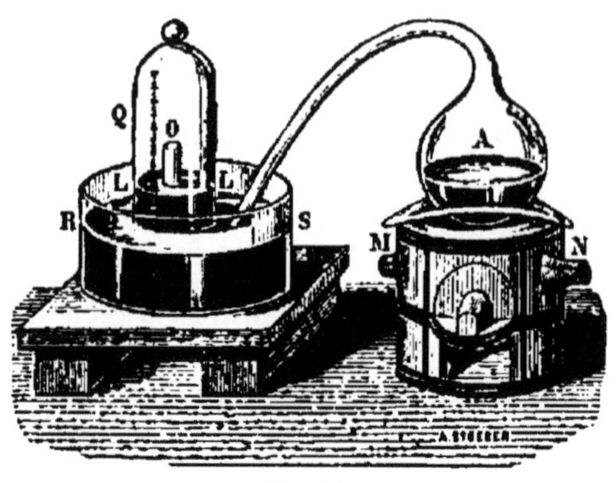

Fig. 43.

marqué soigneusement, et j'ai exactement observé le thermomètre et le baromètre.

« Les choses ainsi préparées, j'ai allumé du feu dans le fourneau MN et je l'ai entretenu presque entièrement pendant 12 *jours*, de manière que le mercure fût échauffé presque au point nécessaire pour le faire bouillir.

« Il ne s'est rien passé de remarquable pendant le premier jour. . . . . . . Le second jour, j'ai commencé à voir nager à la surface du mercure de petites parcelles rouges, qui pendant 4 à 5 jours ont augmenté en nombre et en volume; après quoi elles ont cessé de grossir et sont restées absolument dans le même état. Au bout de 12 jours, voyant que la *calcination* du mercure ne faisait plus aucun progrès, j'ai éteint le feu et j'ai laissé refroidir les vaisseaux.

« Après l'opération, le volume de l'air contenu dans le matras avait diminué d'un *sixième* environ et n'était plus propre ni à la respiration ni à la combustion.

« Les parcelles rouges détachées, autant que possible, du mercure pesaient 45 grains (2ᵍ,385). . . Je les ai introduites dans une très petite cornue de verre à laquelle était adapté un petit appareil prêt à recevoir les produits liquides et aériformes qui pouvaient se séparer. . . . . . ; il s'est condensé dans le récipent 41 grains 1/2 de mercure coulant, et il a passé sous la cloche 7 à 8 pouces cubiques (de 75 à 90 centimètres cubes environ) d'un fluide élastique *beaucoup plus propre que l'air à entretenir la combustion et la respiration des animaux.* »

Lavoisier termine en constatant que, si l'on réunit le dernier fluide obtenu à la partie d'air irrespirable provenant de la première partie de l'expérience, on obtient un composé exactement semblable à l'air atmosphérique. *L'air de l'atmosphère,* conclut-il, *est donc composé de deux fluides élastiques de natures différentes et, pour ainsi dire, opposées.*

Lavoisier avait ainsi fait l'analyse et la synthèse de l'air. Cette méthode, peu rigoureuse, ne permet pas de déterminer les proportions dans lesquelles les deux éléments, azote et oxygène, se mélangent pour former l'air ; elle a de plus l'inconvénient d'être fort longue ; aussi emploie-t-on aujourd'hui des procédés à la fois plus exacts et plus rapides.

ANALYSE PAR LE PHOSPHORE A FROID

127. Dans une cuvette B (fig. 44) renfermant de l'eau on place une éprouvette graduée A contenant 100 centimètres cubes d'air et dans laquelle on fait passer un long bâton de phosphore : il se forme des vapeurs blanches, qui ne sont autres que de l'acide phosphoreux formé par la combinaison de l'oxygène et du phosphore, acide qui se dissout dans l'eau. Au bout d'une heure environ, ces fumées ayant disparu, on enlève le phosphore et on mesure l'azote resté sous l'éprouvette : on trouve qu'il y en

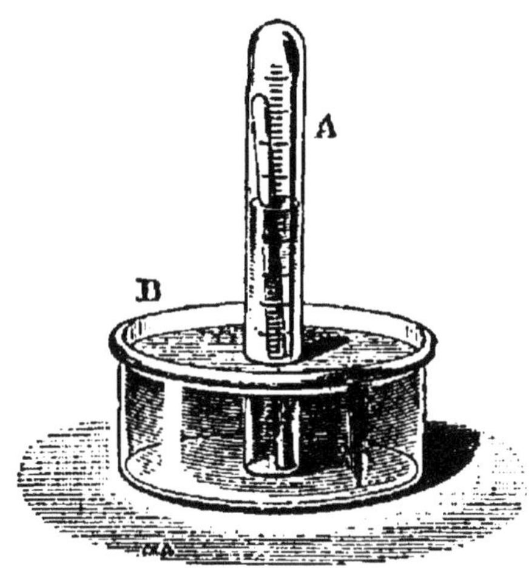

Fig. 44.

a 79 parties ; l'oxygène absorbé représente les 21 autres.

ANALYSE PAR LE PHOSPHORE A CHAUD

128. Dans une cuve à eau C (fig. 45) on place une éprouvette recourbée D, remplie de 100 centimètres cubes d'air,

et dans la partie renflée de cette éprouvette on introduit,
au moyen d'une pince, un morceau de phosphore P. Si l'on chauffe ce phosphore avec une lampe à alcool, on voit peu après une flamme pâle s'avancer en absorbant l'oxygène; quand elle arrive au niveau de l'eau, l'expérience est terminée; comme dans la précédente, il reste dans le tube recourbé 79 centimètres cubes d'azote. Ce procédé a l'avantage de demander moins de temps que le premier.

Fig. 45.

MÉTHODE EUDIOMÉTRIQUE

129. Dans un eudiomètre à eau ou à mercure on introduit 100 volumes d'hydrogène et 100 volumes d'air, puis on fait passer une étincelle électrique à travers le mélange : il se produit de la lumière, une forte détonation, et l'on obtient de l'eau provenant de la combinaison de l'hydrogène et de l'oxygène. Il est facile de constater que l'appareil contient encore 137 volumes de gaz; l'eau obtenue se compose donc de 63 volumes; or, comme il faut 2 volumes d'hydrogène et 1 volume d'oxygène pour former de l'eau, ces 63 volumes se composent de 42 volumes d'hydrogène et de 21 volumes d'oxygène; il y a donc 79 volumes d'azote dans les 100 volumes d'air, mélange d'oxygène et d'azote, introduits dans l'eudiomètre.

MATIÈRES CONTENUES DANS L'AIR

130. Une analyse exacte de l'air donne les substances suivantes :

Azote..................... 79,10 ⎫ pour 100.
Oxygène............... 20,90 ⎭
Acide carbonique, 4 à 6 dix-millièmes.
Ammoniaque. — Traces.
Vapeur d'eau (très variable).

Dans les circonstances ordinaires.
Poussières minérales.
végétales. ⎰ Ferments.
                 ⎱ Grains de pollen, germes, spores.
animales. ⎰ Germes (bactéries, microorganismes).

$$\text{Dans des circonstances spéciales.} \left\{ \begin{array}{l} \text{Azotate d'ammoniaque.} \\ \text{Acide chlorhydrique.} \\ \text{Acide sulfureux.} \\ \text{Acide sulfhydrique.} \\ \text{Oxyde de carbone.} \end{array} \right\} \quad \text{Volcans ou sources.}$$

131. La présence de l'*acide carbonique* se prouve en faisant passer un courant d'air dans une éprouvette contenant de l'eau de chaux limpide : au bout de quelque temps, on constate dans l'éprouvette un précipité de *carbonate de chaux*, qui rend l'eau laiteuse.

L'existence de la *vapeur d'eau* est mise hors de doute par la formation d'une buée sur les objets vivement refroidis.

On recueille les *poussières* en filtrant de l'air sur du coton-poudre et en dissolvant ce dernier dans du collodion. Les corpuscules restent inattaqués et sont étudiés au microscope.

L'AIR EST UN MÉLANGE

132. L'air est un mélange et non une combinaison. En effet, 1° les proportions d'oxygène et d'azote sont en dehors des lois qui régissent les combinaisons des gaz, comme nous le verrons plus loin ; 2° quand on mélange l'azote et l'oxygène, il n'y a ni diminution de volume ni production de chaleur, ainsi qu'il arrive chaque fois que deux corps se combinent ; 3° si l'on fait dissoudre l'air dans l'eau, l'oxygène et l'azote se dissolvent chacun proportionnellement à sa solubilité propre, comme ferait un simple mélange.

USAGES

133. L'air est indispensable à la vie de tous les êtres organisés, à l'entretien de la combustion pour le chauffage et l'éclairage ; les moulins à vent, les pompes éoliennes, les tubes pneumatiques, la navigation à voiles, les ballons, etc., n'existeraient pas sans lui. Le séchage des briques, les bâtiments de *graduation* pour le sel mettent à profit les courants d'air et sa propriété de dissoudre la vapeur d'eau, etc.

AZOTE (Az)

(Équivalent en poids = 11; — en volume = 2).

HISTORIQUE — PROPRIÉTÉS PHYSIQUES

134. L'azote, découvert en 1772 par Rutherford, est un gaz inodore, incolore, sans saveur. On l'a considéré longtemps comme permanent; mais, en 1878, M. Cailletet put faire apparaître dans son appareil ce gaz à l'état de brouillard, à la température de 13° et avec une pression de 200 atmosphères, suivie d'une détente brusque. Dans ces dernières années, MM. Wroblewski et Olszewski, reprenant cette expérience, refroidirent l'azote à 136° au-dessous de 0° par l'évaporation de l'éthylène liquide et combinèrent ce refroidissement avec une pression de 150 atmosphères, suivie d'une brusque détente jusqu'à 50 atmosphères. Le résultat de ce procédé fut admirable : MM. Wroblewski et Olszewski obtinrent de l'azote liquide. Non contents de ce résultat, ils remplacèrent l'éthylène liquide par de l'oxygène liquide, ce qui leur permit d'abaisser la température jusqu'à 108° au-dessous de 0° et de solidifier l'azote à l'état de petits cristaux.

La densité de l'azote est de 0,972; par suite, 1 litre de ce gaz pèse $1,293 \times 0,972 = 1^g,256$.

PROPRIÉTÉS CHIMIQUES

135. L'azote est le contraire de l'oxygène; il est impropre à la respiration et il éteint les corps en combustion. Il ne se combine avec les autres corps que sous l'influence de la chaleur.

L'oxygène mis en présence de l'azote ne peut s'y combiner que difficilement, même sous l'influence de l'électricité. Si les effluves électriques sont forts, on obtient de *l'acide perazotique;* s'ils sont faibles, on a un mélange d'ozone et d'*acide hypoazotique.*

Le *bore* et le *silicium* forment avec l'azote des borures et des siliciures, toujours à une très haute température.

En somme, l'azote joue vis-à-vis des autres substances le rôle d'un corps neutre.

ÉTAT NATUREL

136. Nous avons vu que l'azote existe dans l'air atmosphérique à l'état de mélange; on le trouve aussi à l'état de combinaison dans un grand nombre de substances végétales ou animales et dans quelques substances minérales.

PRÉPARATION

PRÉPARATION PAR LE PHOSPHORE

137. Dans une cuvette à eau (fig. 46) on place un flotteur de liège sur lequel on a mis 5 ou 6 grammes de phosphore;

après avoir enflammé celui-ci, on recouvre le flotteur d'une cloche de verre dont le bord inférieur s'enfonce dans l'eau : il se forme des vapeurs blanches d'acide phosphorique qui se dissout dans l'eau. L'oxygène n'étant pas complètement absorbé, on peut, après avoir recueilli dans un flacon l'azote qui est sous la cloche, le mettre en contact avec du phosphore froid, qui s'empare peu à peu de l'oxygène en excès. On peut encore purifier cet azote en introduisant dans le flacon de la potasse caustique, qui s'empare de l'acide carbonique existant dans l'air de la cloche.

Fig. 46.

PRÉPARATION PAR LE CUIVRE AU ROUGE

138. Le procédé suivant permet d'obtenir plus facilement

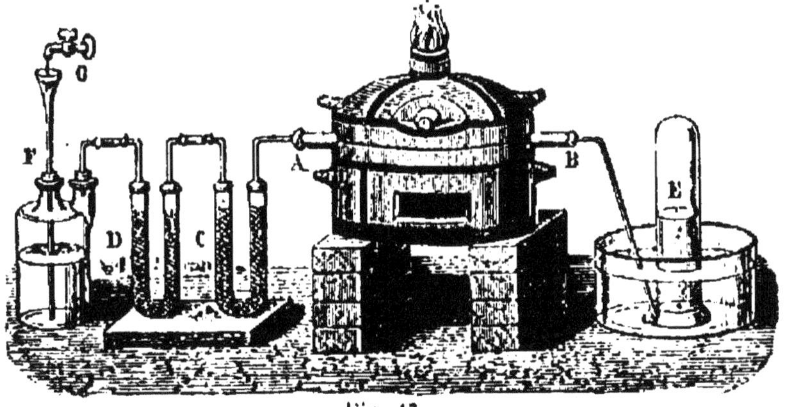

Fig. 47.

de l'azote pur. Un tube de verre AB (fig. 47) rempli de planure de cuivre et chauffé au rouge reçoit un courant d'air chassé du flacon F par l'eau coulant du robinet G. Cet air passe d'abord dans les tubes D et C, dits tubes en U, remplis, l'un de pierre ponce imbibée de potasse absorbant l'acide carbonique, l'autre de pierre ponce imbibée d'acide sulfurique arrêtant l'eau : le cuivre s'empare de l'oxygène, et l'azote se dégage pur dans l'éprouvette E.

PRÉPARATION PAR L'AZOTITE D'AMMONIAQUE

139. On place l'azotite d'ammoniaque dans une petite cornue de verre, que l'on chauffe avec une lampe à alcool : sous l'action de la chaleur, l'oxygène et l'hydrogène s'unissent pour former de l'eau, l'azote est mis en liberté et recueilli dans une éprouvette placée sur une cuve à eau :

$$AzH^3, HO, AzO^3 = 2 Az + 4 HO.$$

PRÉPARATION PAR LE CHLORE ET L'AMMONIAQUE

140. Si par un tube à extrémité effilée (fig. 48) on fait arriver de l'ammoniaque dans un flacon A rempli de chlore, cet ammoniaque s'enflamme spontanément et il se produit de l'azote et du chlorhydrate d'ammoniaque :

$$4 AzH^3 + 3 Cl = Az + 3 (AzH^3, HCl)$$

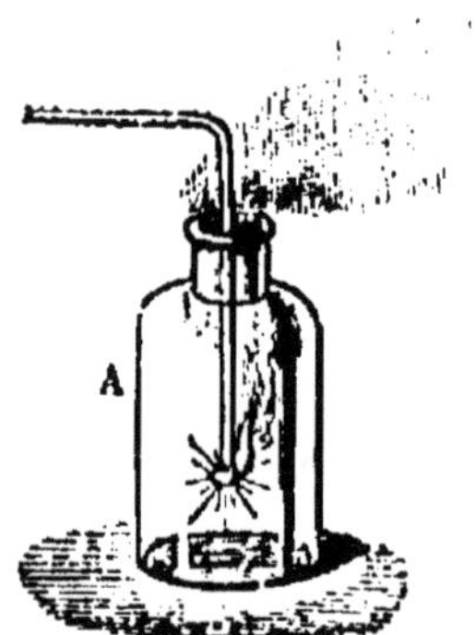

Fig. 48.

Comme, dans cette préparation, il se forme quelquefois du trichlorure d'azote ($AzCl^3$), corps explosif, il vaut mieux procéder comme suit : verser une solution d'eau de chlore presque jusqu'en haut d'un tube de 1 mètre de long et 1 centimètre carré d'ouverture, achever de remplir ce tube avec une dissolution d'ammoniaque, le boucher avec le pouce et retourner le tout sur une cuve à eau : la partie supérieure du tube se remplit d'azote.

AZOTE DANS L'ORGANISME

141. Chez les animaux, l'azote, comme l'oxygène, se trouve sous trois formes différentes : à l'état libre, à l'état de dissolution, à l'état de combinaison.

Il est *à l'état libre* dans les poumons et dans le tube digestif (estomac, intestin grêle, gros intestin).

Sur 100 volumes de gaz, Chevreul a trouvé : dans l'estomac 71,45 d'azote ; dans l'intestin grêle de 20 à 60 d'azote ; dans le cœcum 67 d'azote.

A l'état de dissolution, l'azote existe en très petite quantité dans le sang.

A l'état de combinaison, l'azote forme la majorité des tissus des animaux et abonde surtout dans les substances *albuminoïdes*, c'est-à-dire analogues au blanc d'œuf. L'urine, produit de désassimilation, est un composé azoté.

USAGES

142. L'azote, par sa présence dans l'air et dans un grand nombre de substances animales ou végétales, joue dans la nature un rôle considérable. Bien loin d'être le *destructeur de la vie*, comme l'indique son nom, dû à ce que, pur, ce gaz, comme tous les autres dans cet état et aspirés seuls, est impropre à la respiration, l'azote est l'élément nutritif par excellence des carnivores, qui ne sauraient s'en passer ; les herbivores le puisent dans les végétaux dont ils se nourrissent ; les végétaux le prennent à l'air ou à des substances azotées empruntées au sol ou aux engrais.

L'azote est en outre un des éléments indispensables de la respiration, qui, sans lui, serait trop active.

Le rôle de l'azote paraît être d'ailleurs, en général, d'atténuer l'action de l'oxygène de l'air, qui, s'il était pur, désorganiserait rapidement les éléments constitutifs des organes respiratoires des animaux.

L'azote n'est encore d'aucun usage dans l'industrie.

MANIPULATION

PRÉPARATION DE L'AZOTE PAR LE PHOSPHORE

143. Se procurer : 1° une éprouvette courbe A (fig. 49) ; 2° un cristallisoir ; 3° une lampe à esprit-de-vin ; 4° du phosphore ; 5° une pince de bois.

Prendre, au moyen de la pince de bois, un morceau de phosphore coupé sous l'eau en menus fragments et avoir soin de ne point le toucher avec les doigts. Essuyer avec du papier à filtre ce morceau de phosphore P, l'introduire dans l'éprouvette pleine d'eau, le faire glisser jusqu'à la partie

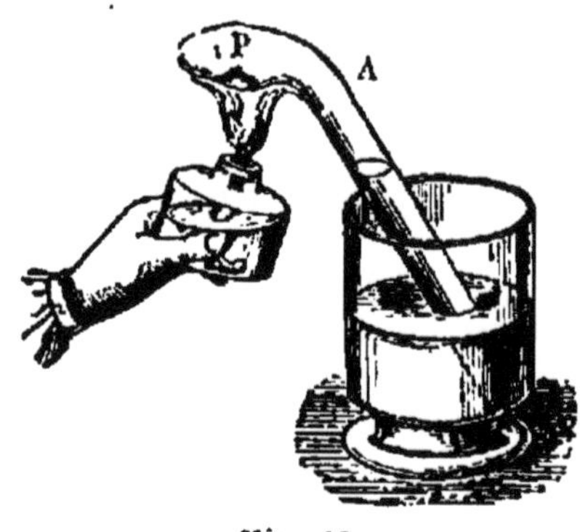

Fig. 49.

renflée, faire écouler un peu d'eau, boucher avec le pouce et placer le tout dans le cristallisoir rempli d'eau. Au moyen de la lampe à alcool, chauffer doucement le phosphore, de façon que ses vapeurs remplissent tout l'espace libre de l'éprouvette. A ce moment, donner un bon coup de feu pour enflammer le phosphore. Il reste alors un mélange d'azote, d'acide phosphorique et d'acide carbonique. Ces deux derniers gaz seront absorbés, le premier par l'eau, le second par une solution de potasse.

Pour éviter les projections du phosphore, en cas de rupture possible de l'éprouvette, il est bon de la chauffer en plaçant la lampe à esprit-de-vin sur le bout d'une longue règle de bois dont on tient l'autre bout à la main.

PRÉPARATION DE L'AZOTE PAR LE CHLORE

144. Instruments et corps nécessaires : 1° un tube de verre de 0m,90 de long, fermé à l'une de ses extrémités ; 2° de l'eau chlorée, obtenue en faisant passer du chlore dans de l'eau ; 3° une solution d'ammoniaque ; 4° un cristallisoir ou une cuvette remplie d'eau.

Verser de l'eau chlorée dans le tube jusqu'à 8 centimètres environ de son orifice. Achever de le remplir avec la solution ammoniacale, en boucher vivement l'orifice avec le pouce, puis le redresser verticalement et le plonger dans la cuvette remplie d'eau ; on peut enlever le pouce : des bulles d'azote traversent bientôt le liquide et se rendent à la partie supérieure de l'éprouvette.

COMBUSTION

145. La *combustion* est le phénomène résultant de la combinaison de deux corps avec dégagement de chaleur seulement ou avec dégagement de chaleur et de lumière.

CONDITIONS FAVORABLES

146. Nous avons vu plus haut (n° 109) que, si dans un flacon plein d'oxygène pur on introduit une tige de fer en ignition, cette tige brûle jusqu'au bout et qu'il se forme un oxyde de fer. Lorsque les combustions ont lieu dans l'air, l'oxygène seul est absorbé; il se combine avec le corps combustible, et l'azote reste libre; d'où il résulte que les produits de la combustion sont impropres à la combustion et que, si la provision d'oxygène est épuisée, la combustion s'arrêtera; de là, la nécessité de renouveler l'air qui vient l'entretenir, grâce à son oxygène; de là, la nécessité du *tirage* pour les cheminées. Par un *tirage* convenable, l'air en contact avec le bois se renouvelle suffisamment pour que la provision d'oxygène ne s'épuise pas, et le *feu marche;* sinon *il fume*, et l'appartement devient inhabitable.

Il est évident aussi que la combustion est d'autant plus rapide que le combustible reçoit une plus grande quantité d'air dans un temps donné. C'est ce qui explique l'emploi des *soufflets ordinaires* et des *soufflets de forge.*

On doit également, pour favoriser la combustion, diviser le corps combustible. Plus les parties seront petites et plus l'action de l'oxygène sera sensible. Ainsi, certains corps qui ne brûlent qu'à une température assez élevée, tels que le charbon, le fer, etc., brûlent à la température ordinaire, si leur état de division est suffisamment grand. Les corps qui présentent ce phénomène sont dits *pyrophoriques.*

CONDITIONS DÉFAVORABLES

147. Si le corps en ignition éprouve un grand refroidissement, la combustion cesse, parce qu'il ne peut plus se combiner avec l'oxygène. Un courant d'air très rapide passant

sur une bougie allumée abaisse suffisamment la température
de la flamme pour que la combustion s'arrête, c'est-à-dire
pour que la bougie s'éteigne. De même, une toile métallique à mailles très serrées, introduite dans une flamme, la
refroidit assez pour que la flamme ne puisse la traverser.
En effet, cette toile métallique, corps bon conducteur de la
chaleur, absorbe celle de la flamme et l'empêche de
chauffer les gaz ambiants.

LAMPE DE DAVY

148. C'est sur ce principe qu'est basée la *lampe de sûreté*
inventée par Davy. Dans cette lampe (fig. 50 et 51) la flamme

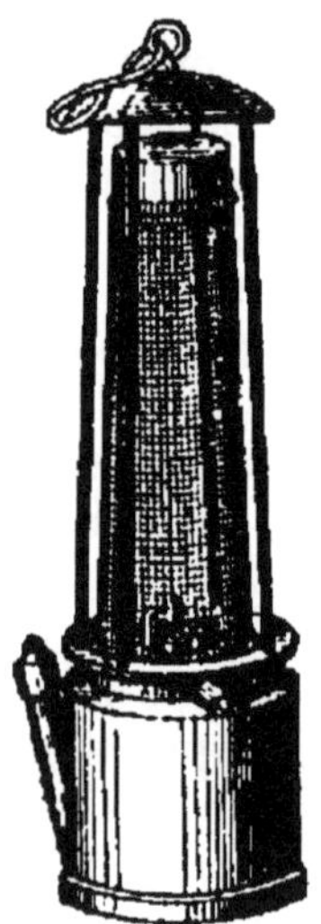

Fig. 50.

Fig. 51.

est entourée d'une toile métallique et traversée par un fil de
platine. Dès que le gaz explosible des mines se mêle à l'air,
la flamme de la lampe augmente et le mineur se trouve
ainsi averti. Si l'air renferme 1/9 de son volume de gaz
inflammable, l'explosion se produit dans l'intérieur de la
lampe et la flamme s'éteint sans que cette explosion se
communique à l'air vicié de l'extérieur ; mais le fil de platine incandescent donne assez de lumière pour guider le
mineur dans l'obscurité.

La lampe de Davy a l'inconvénient de donner peu de lumière, l'éclat se trouvant affaibli par la toile métallique. Elle a été perfectionnée par M. Combes, qui a entouré la flamme d'un verre tubulaire de cristal, surmonté d'une enveloppe de toile métallique (fig. 52). Des ouvertures couvertes de toiles métalliques permettent à l'air de pénétrer un peu au-dessous de la mèche, pour activer la flamme et en augmenter l'éclat. Grâce à cette perfection, la lumière est suffisante et les explosions sont prévenues comme avec la lampe de Davy.

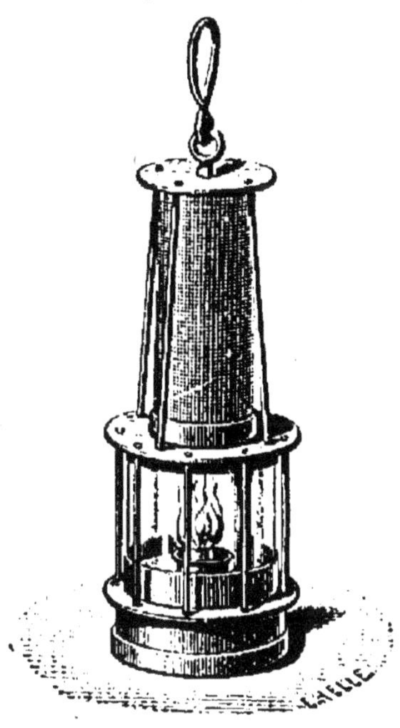

Fig. 52.

CONSTITUTION DE LA FLAMME

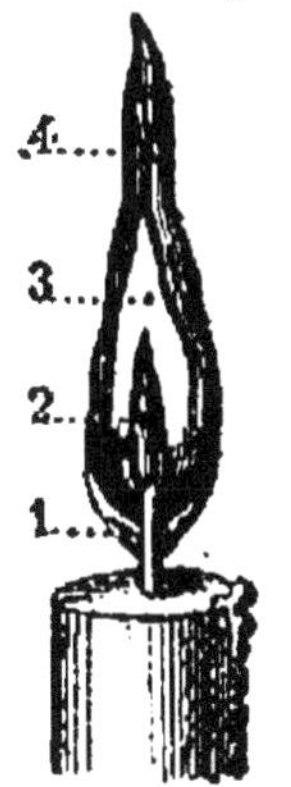

149. Il y a dans la flamme quatre parties bien distinctes (fig. 53) : 1° tout à fait à l'extérieur (4), une enveloppe peu lumineuse dont la température est très élevée et où la combustion est complète ; 2° au-dessous (3), une partie que rend très éclatante un dépôt de charbon échauffé par la combustion ; 3° un cône intérieur (2) qui ne brûle pas, puisqu'il est privé d'oxygène ; 4° à la base (1), une partie bleu foncé formée par des vapeurs qui ne sont pas à une température assez élevée pour pouvoir brûler facilement.

Fig. 53.

OXYDES DE L'AZOTE — AMMONIAQUE

150. Ainsi que nous l'avons vu (n° 37), l'azote forme avec l'oxygène cinq composés : 1° le protoxyde d'azote (AzO) ; 2° le bioxyde d'azote (AzO^2) ; 3° l'acide azoteux ou acide *nitreux* (AzO^3) ; 4° l'acide hypoazotique (AzO^4) ; 5° l'acide azotique ou acide *nitrique* (AzO^5). Il forme en outre avec l'hydrogène un composé très important, l'*azoture d'hydrogène*, plus connu sous le nom d'*ammoniaque*.

ACIDE AZOTIQUE (AzO^5, HO)

(Équivalent en poids = 54.)

HISTORIQUE

151. L'*acide azotique hydraté*, mentionné pour la première fois par Geber, étudié plus tard par Albert Le Grand et Raymond Lulle, porta successivement les noms d'*esprit de nitre*, d'*eau-forte*, qui lui ont été conservés dans le commerce, et d'*acide nitrique*. En 1784, Cavendish en détermina exactement la nature et les propriétés et lui appliqua son véritable nom scientifique.

PROPRIÉTÉS PHYSIQUES

152. L'acide azotique se présente sous deux formes : *anhydre* ou *hydraté*.

L'*acide azotique anhydre* (AzO^5), isolé pour la première fois par Henri Sainte-Claire-Deville, est solide, blanc, fond à 30° et bout à 47° ; à une température plus élevée, il se décompose en oxygène et en acide hypoazotique. — L'*acide azotique hydraté* peut se présenter sous deux formes : avec un seul équivalent d'eau (AzO^5, HO) ou avec quatre équivalents d'eau (AzO^5, 4HO). L'acide azotique *monohydraté* est un liquide incolore. Sa densité est 1,52. Il bout à 86°. L'acide azotique *quadrihydraté*, celui qu'on trouve dans le commerce, est un liquide incolore. Sa densité est 1,42. Il est soluble dans l'eau et bout à 123°.

PROPRIÉTÉS CHIMIQUES

153. L'acide azotique est un des acides les plus énergiques, mais il est facilement décomposé par la lumière et la chaleur, ainsi que par tous les métalloïdes combustibles. C'est un corps oxydant; avec quatre équivalents d'eau, il n'est pas altéré par la lumière.

ACTION DE L'IODE

154. L'*iode* décompose l'acide azotique, s'oxyde et donne de l'acide iodique (IO^5).

ACTION DU SOUFRE, DU SÉLÉNIUM ET DU TELLURE

155. Le *soufre* est violemment oxydé par l'acide azotique; si on les fait bouillir ensemble, il y a production d'acide sulfurique : $AzO^5, HO + S = SO^3, HO + AzO^2$.

Avec le *sélénium* et le *tellure* l'oxydation est plus faible qu'avec le soufre; il se produit seulement des acides sélénieux et tellureux.

ACTION DU PHOSPHORE ET DE L'ARSENIC

156. Le *phosphore* et l'*arsenic* forment des acides phosphorique et arsénique avec l'oxygène de l'acide azotique. Cette oxydation est tellement énergique avec le phosphore qu'il y a explosion, si l'on n'a pas pris la précaution de diluer fortement l'acide azotique.

ACTION DU CARBONE, DU BORE ET DU SILICIUM

157. Le *carbone*, le *bore* et le *silicium* rendus incandescents brûlent avec l'acide azotique. Il n'est même pas nécessaire pour cela que le charbon soit porté au rouge, il suffit qu'il soit très sec et divisé : c'est ainsi que s'enflamme du noir de fumée desséché sur lequel on verse quelques gouttes d'acide azotique. Le charbon emprunte de l'oxygène à l'acide azotique, qui passe à l'état d'acide hypoazotique :

$$C + 2 AzO^5, HO = CO^2 + 2 AzO^4 + 2 HO.$$

ACTION DES MÉTAUX — PASSIVITÉ

158. L'acide azotique attaque à peu près tous les métaux, mais avec d'autant plus d'énergie qu'il est plus étendu. Cela tient à ce que les azotates sont peu solubles dans l'acide azotique concentré. Si donc on plonge une tige de fer dans l'acide azotique monohydraté (AzO^5, HO), elle restera intacte; en outre, elle ne sera plus attaquée par de l'acide dilué. Cette propriété ainsi acquise par le fer de résister à l'acide azotique dilué est dite *passivité du fer;* elle est due probablement à une mince pellicule d'oxyde de fer et de bioxyde d'azote qui entoure la tige et la recouvre comme ferait un vernis protecteur. Cette passivité cesse dès qu'on touche avec du cuivre le fer plongé dans l'acide azotique ou quand on a enlevé, en la grattant, la gaine protectrice.

ACTION SUR LES MATIÈRES ORGANIQUES

159. L'acide azotique oxyde plus ou moins complètement un grand nombre de matières organiques.

Au contact de l'acide azotique, l'*épiderme* de la peau et la *soie* se colorent en jaune.

La *benzine* versée dans de l'acide azotique y forme la *nitrobenzine* ou *essence de mirbane*, corps azoté qui possède une odeur pénétrante d'amandes amères.

Le *phénol* traité par l'acide azotique donne l'*acide picrique*, corps jaune employé en teinture.

L'acide nitrique chauffé avec l'*alcool de vin* donne de l'*éther nitrique*, composé détonant.

La *glycérine* traitée par l'acide azotique produit la redoutable *nitroglycérine*, qui, absorbée par une matière poreuse, forme la *dynamite*.

De l'alcool, de l'acide nitrique, du mercure et de l'argent produisent des *fulminates*, substances très dangereuses par suite de leurs propriétés explosives.

ÉTAT NATUREL

160. L'acide azotique existe dans l'air à l'état complètement libre. On le trouve dans le sol à l'état d'azotates.

PRÉPARATION

PRÉPARATION DANS LES LABORATOIRES

161. On remplit à moitié une cornue de verre A (fig. 54) d'un mélange composé de poids égaux d'azotate de potasse et d'acide sulfurique concentré, puis on engage le col de la cornue dans un ballon de verre B, ballon constamment

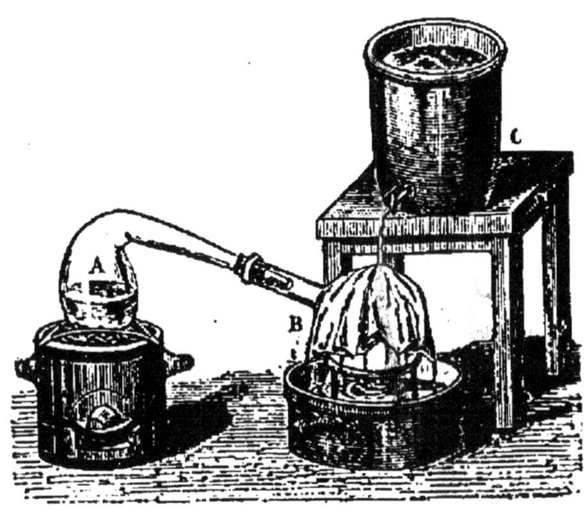

Fig. 54.

refroidi par un courant d'eau. Sous l'action de la chaleur, l'acide sulfurique s'empare de la potasse de l'azotate pour former un sulfate de potasse, qui reste dans la cornue, tandis que l'acide azotique distillé va dans le ballon B, où on le recueille dès que l'opération est terminée :

$$KO, AzO^5 + 2SO^3, HO = AzO^5, HO + KO, 2SO^3, HO.$$

Afin qu'aucune goutte de l'acide sulfurique ne mouille les parois de la cornue, il faut y verser cet acide avec un entonnoir très long.

PRÉPARATION DANS L'INDUSTRIE

162. Dans l'industrie, on se sert d'acide sulfurique moins concentré, par conséquent moins coûteux que le précédent, et l'on remplace l'azotate de potasse par l'azotate de soude, qui est également moins cher et, à proportions égales, donne plus d'acide azotique.

5.

Dans une chaudière de fonte A (fig. 55), on introduit environ 300 kilogrammes d'azotate de soude avec environ 400 kilogrammes d'acide sulfurique non concentré ; puis on chauffe

Fig. 55.

le mélange au moyen du foyer F, après avoir fait en sorte que le couvercle C ferme hermétiquement : les vapeurs d'acide azotique sortent par le conduit B, formé d'un tube de grès inattaquable par l'acide, et se rendent dans des bouteilles également de grès, dites *bonbonnes*, où elles se liquéfient facilement, si l'on a placé d'avance un peu d'eau dans ces bonbonnes. La réaction s'opère comme dans le cas précédent.

USAGES

163. On se sert de l'acide azotique pour préparer les azotates de plomb, de cuivre, d'argent et de mercure, l'acide sulfurique, l'acide oxalique ; pour décaper le cuivre, le bronze et le laiton ; pour purifier l'argent et l'or ; pour la gravure sur cuivre ; pour la fabrication du coton-poudre, de la nitroglycérine, de l'eau régale, etc. Il s'en consomme annuellement environ 6 millions de kilogrammes en France seulement.

ACIDE HYPOAZOTIQUE (AzO^4)

(Équivalent en poids = 46 ; — en volume = 4.)

HISTORIQUE

164. L'*acide hypoazotique*, qu'on a appelé *vapeurs rutilantes, vapeurs nitreuses, peroxyde d'azote*, et qu'on désigne aussi aujourd'hui sous le nom d'*hypoazotide*, a été découvert par Raymond Lulle (1235-1315) ; mais c'est seulement depuis 1816 que, grâce aux travaux de Gay-Lussac, il est complétement connu.

PROPRIÉTÉS PHYSIQUES

165. L'acide hypoazotique est un liquide dont la couleur varie selon la température : jaune à 0°, il tire sur le rouge à 20°, bout à 22° et produit une vapeur rouge brun dite *rutilante*. Il se solidifie à 9° au-dessous de 0°, mais on peut l'amener à rester liquide jusqu'à — 23° : c'est le phénomène de surfusion. Sa densité est 1,45.

Les cristaux d'acide hypoazotique sont prismatiques et incolores.

PROPRIÉTÉS CHIMIQUES

166. L'électricité décompose l'acide hypoazotique ; la chaleur ne le décompose qu'au rouge vif. Il ne se combine ni avec l'eau ni avec les bases, mais les alcalis le décomposent. Lorsqu'il se trouve en présence d'une petite quantité d'eau, il se décompose en acide azotique et en acide azoteux. Ses vapeurs sont suffocantes et très toxiques.

Ce qu'on appelle *acide hypoazotique* est un *peroxyde d'azote* et non un acide ; car, comme on vient de le voir, les bases ne se combinent pas avec ce corps, mais en changent la constitution ; aussi l'appelle-t-on quelquefois *hypoazotide* ; par contre, il agit comme oxydant énergique lorsqu'on le chauffe avec certaines substances, ainsi qu'on va le voir. On le désigne encore sous le nom d'*anhydride hypoazotique*, parce qu'il ne contient pas d'eau.

ACTION DE L'HYDROGÈNE, DE L'HYDROGÈNE SULFURÉ, DU CARBONE ET DU PHOSPHORE

167. L'*hydrogène* chauffé dans un tube de porcelaine avec de l'acide hypoazotique donne de l'eau et de l'azote :

$$AzO^4 + 4H = Az + 4HO.$$

L'*hydrogène sulfuré* chauffé dans les mêmes conditions peut donner du bioxyde d'azote, de l'eau et du soufre, s'il n'y a pas d'excès d'acide sulfhydrique :

$$2HS + 2AzO^3 = AzO^2 + 2S + 2HO;$$

dans le cas contraire, on aurait du protoxyde d'azote, du soufre et de l'eau.

Un *charbon* allumé brûle avec énergie dans l'acide hypoazotique. Le *phosphore* fait de même en produisant de l'acide phosphorique.

ACTION SUR LES CARBURES D'HYDROGÈNE

168. Les carbures d'hydrogène non saturés, tels que l'essence de térébenthine et la benzine, s'oxydent au contact de l'acide hypoazotique. La réaction est vive et violente avec la térébenthine, tandis qu'avec la benzine, elle exige l'intervention de la chaleur.

Les carbures saturés, tels que les essences légères de pétrole, ne donnent pas lieu à une combinaison à froid. A chaud, la combinaison se fait en produisant une magnifique flamme.

Cette oxydation des essences minérales peut atteindre une énergie considérable, si l'inflammation primitive du mélange s'effectue par la *déflagration* d'un fulminate.

Des volumes égaux d'essence minérale et d'acide hypoazotique liquide mélangés forment ce redoutable explosif, la *panclastite*, qui ne peut éclater que si on fait déflagrer un corps dans sa masse, et qui brûle tranquillement si on l'allume d'une autre manière. La puissance brisante de ce nouvel explosif est plus considérable encore que celle de la dynamite, et son maniement est moins dangereux.

ÉTAT NATUREL

169. On ne trouve pas l'acide hypoazotique dans la nature à l'état libre. Il se forme parfois dans l'air sous l'influence de l'électricité.

PRÉPARATION

170. Pour obtenir l'acide hypoazotique, on décompose l'azo-tate de plomb.

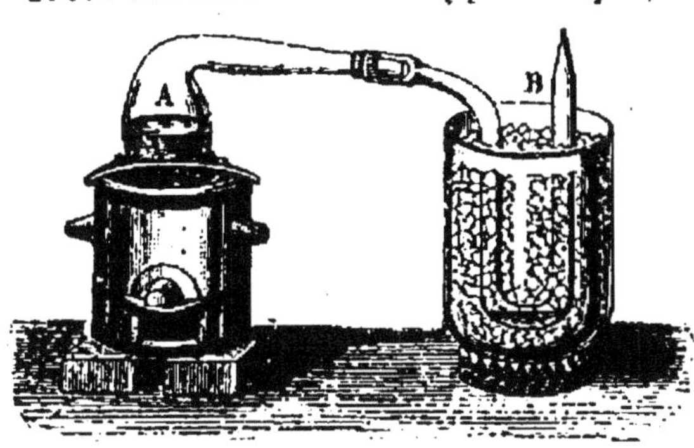

A cet effet, on réduit d'abord ce sel en poudre et on le sèche en le faisant chauf-fer dans une capsule jusqu'à ce qu'il déga-ge des vapeurs rutilantes. On introduit cette

Fig. 56.

poudre dans une cornue de verre vert A (fig. 56), dont le col aboutit dans un tube en U, le tube B, qu'on a luté à la lampe et entouré de glace, puis on chauffe : sous l'action de la chaleur, le sel se décompose ; l'acide hypoazotique se condense dans le tube en U, tandis que l'oxygène s'échappe par l'extrémité de ce tube et que l'oxyde de plomb reste dans la cornue :

$$PbO, AzO^5 = PbO + AzO^4 + O.$$

USAGES

171. L'acide hypoazotique sert à préparer la *panclastite*. Il joue un rôle considérable dans la préparation de l'acide sulfurique.

ACIDE AZOTEUX (AzO^3, HO)

(Équivalent en poids = 38 ; — en volume = 0.)

172. La composition de *l'acide azoteux* a été établie par Gay-Lussac ; mais jusqu'ici on n'est pas parvenu à l'isoler et on ne le connaît que combiné avec d'autres corps. On peut cependant l'obtenir assez pur en faisant passer dans un tube refroidi un mélange de 4 volumes de bioxyde d'azote et d'un volume d'oxygène : on a ainsi un liquide de couleur indigo, instable, soluble dans l'eau froide et bouillant à une tem-pérature un peu inférieure à 0°.

On obtient un azotite en décomposant incomplètement un azotate ou en faisant réagir le bioxyde d'azote sur le bioxyde de baryum : $BaO^2 + AzO^4 = BaO, AzO^3$.

Comme les autres oxydes d'azote, l'acide azoteux est un oxydant énergique, qui réduit les sels d'or et de mercure, ainsi que le permanganate de potasse.

BIOXYDE D'AZOTE (AzO^2)

(Équivalent en poids = 30 ; — en volume = 4.)

HISTORIQUE

173. Le *bioxyde d'azote* a été découvert par Hales en 1772 ; Gay-Lussac et Priestley en ont fait connaître les propriétés. Il a été appelé successivement *gaz nitreux, oxyde nitreux, oxyde nitrique, oxyde d'azote.*

PROPRIÉTÉS PHYSIQUES

174. Le bioxyde d'azote est un gaz incolore, peu soluble dans l'eau. M. Cailletet l'a liquéfié par refroidissement, pression et détente. Sa densité est 1,039 ; par conséquent, 1 litre pèse $1,293 \times 1,039 = 1^g,343$.

PROPRIÉTÉS CHIMIQUES

175. Le bioxyde d'azote peut être décomposé par la chaleur et l'électricité. Dès qu'il est exposé au contact de l'air, il donne des vapeurs rutilantes et se transforme en acide hypoazotique et acide azoteux. Pur, il est sans action sur la teinture de tournesol ; mais il la rougit, dès qu'on le met en contact avec de l'air dans une cloche contenant de cette teinture. Il entretient la combustion.

ACTION DE L'OXYGÈNE

176. L'*oxygène* en présence du bioxyde d'azote donne différents produits, suivant qu'il est sec ou humide : l'oxygène sec en excès et le bioxyde d'azote donnent de l'acide

azoteux et de l'acide hypoazotique; avec le bioxyde d'azote
en excès et l'oxygène sec, la température étant de — 40°,
on obtient seulement de l'acide azoteux ; avec l'oxygène en
excès, le bioxyde d'azote et une grande quantité d'eau, il y
a production d'acide azotique. La réaction caractéristique
du bioxyde d'azote est celle où il y a production de vapeurs
rutilantes :

$$AzO^2 + 2O = AzO^4.$$

ACTION DES AUTRES MÉTALLOÏDES

177. Les *charbons* incandescents brûlent aussi bien dans
le bioxyde d'azote que dans l'oxygène et donnent de l'acide
carbonique.

Le *phosphore* enflammé continue sa combustion dans
le bioxyde d'azote, ainsi que le *soufre;* cependant ce dernier
corps y brûle plus difficilement qu'à l'air libre.

Les propriétés oxydantes du bioxyde d'azote se manifes-
tent aussi avec le *sulfure de carbone*, qui y donne une
flamme violette fort riche en rayons photochimiques.

POUVOIR RÉDUCTEUR

178. A sa propriété oxydante le bioxyde d'azote joint
celle d'absorber l'oxygène fixé sur d'autres corps. Ainsi un
courant de bioxyde d'azote passant dans de l'acide azotique monohydraté (AzO^5, HO) forme de l'acide hypoazotique.

L'hypoazotide lui-même (AzO^4) est réduit par le bioxyde
d'azote, avec production d'acide azoteux :

$$AzO^4 + AzO^2 = 2 AzO^3.$$

ÉTAT NATUREL

179. On ne trouve pas le bioxyde d'azote dans la nature.

PRÉPARATION

180. Dans un flacon A à deux tubulures (fig. 57), à moitié
rempli d'eau et communiquant par un tube de dégagement *t*

avec une éprouvette C placée sur une cuve à eau, on met de la tournure de cuivre, et par l'entonnoir *m* on verse de l'acide azotique ordinaire. Cet acide se décompose : une partie de son oxygène oxyde le cuivre, et il se forme, par suite, du bioxyde d'azote, qui se dégage et va sous l'éprouvette C ; l'acide azotique n'étant pas complètement décomposé, ce qui en reste s'unit à l'oxyde de cuivre pour former un azotate d'oxyde

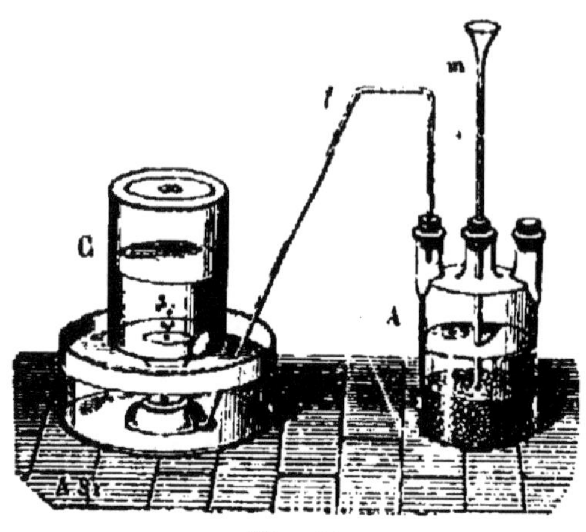

Fig. 57.

de cuivre soluble, que dissout l'eau du flacon :

$$3Cu + 4AzO^5, HO = AzO^2 + 3 (CuO, AzO^3) + 4HO.$$

MANIPULATION

PRÉPARATION DU BIOXYDE D'AZOTE PAR LE CUIVRE

181. Prendre : 1° un flacon à 2 tubulures ; 2° une cuve à eau ; 3° une éprouvette ; 4° de la tournure de cuivre ; 5° de l'acide azotique.

Après avoir placé des tubes dans le flacon à deux tubulures, de la manière indiquée par la figure 57, on introduit dans ce flacon 60 grammes de tournure de cuivre et 150 grammes d'eau ; puis, au moyen du tube à entonnoir, 100 grammes d'acide azotique par petites fractions, de manière à éviter une réaction trop vive.

On doit empêcher l'élévation de température en arrosant de temps en temps le flacon avec de l'eau froide, précaution sans laquelle on risquerait d'avoir de l'azote et du protoxyde d'azote.

Il y a d'abord formation de vapeurs rutilantes ; car le bioxyde d'azote, au contact de l'air du flacon, s'y oxyde et forme de l'acide hypoazotique. On laissera donc se dégager le gaz jusqu'à ce que l'atmosphère du flacon soit de nouveau devenue incolore ; à partir de ce moment on pourra recueillir du bioxyde d'azote dans l'éprouvette, que l'on placera à l'extrémité du tube à dégagement, après l'avoir rempli d'eau : peu à peu les bulles de bioxyde d'azote prendront la place de l'eau de l'éprouvette, qui se remplira de gaz.

Pour enlever l'éprouvette sans en laisser perdre le contenu, on la soulève légèrement et *verticalement*, puis on glisse dessous une soucoupe de porcelaine qui en ferme l'orifice. Il suffit alors de retirer verticalement le tout de l'eau, en ayant soin d'appuyer l'éprouvette contre le fond de la soucoupe, où une certaine quantité d'eau restante assure une fermeture hermétique.

Cette façon de procéder pour obtenir des éprouvettes pleines de gaz s'applique à tous les cas analogues.

Pour s'assurer de la nature du gaz recueilli, il suffit de faire passer un fragment de sulfate de fer sous l'éprouvette, en la soulevant légèrement, et d'agiter le tout pendant quelque temps : si le gaz est bien du bioxyde d'azote, il doit être absorbé en totalité par le sel introduit.

USAGES

182. On se sert du bioxyde d'azote pour la fabrication industrielle de l'acide sulfurique.

PROTOXYDE D'AZOTE (AzO)

(Équivalent en poids = 22; — en volume = 2.)

HISTORIQUE

183. Le *protoxyde d'azote*, découvert en 1776 par Priestley, a porté successivement les noms de *gaz nitreux déphlogistiqué*, *d'oxyde nitreux* et de *gaz hilarant*.

PROPRIÉTÉS PHYSIQUES

184. Le protoxyde d'azote est un gaz incolore, inodore, d'une saveur un peu sucrée. Il produit sur certaines personnes les effets de l'ivresse. On peut le liquéfier facilement. Sa densité est 1,527; par conséquent, 1 litre de ce gaz pèse $1,293 \times 1,527 = 1^g,975$.

PROPRIÉTÉS CHIMIQUES

185. Le protoxyde d'azote se décompose à une température élevée, en donnant la chaleur qu'il avait absorbée lors de sa formation. Il n'entretient pas la respiration et possède les propriétés du chloroforme. On ne doit s'en servir comme anesthésique[1] qu'avec les plus grandes précautions, car il renferme toujours des traces d'acide hypoazotique. Sa propriété caractéristique est d'être un oxydant, c'est-à-dire d'entretenir la combustion : comme l'oxygène, il rallume une allumette présentant encore quelques points en ignition. Le soufre bien allumé y brûle vivement, ainsi que le phosphore.

ÉTAT NATUREL

186. Le protoxyde d'azote ne se trouve pas dans la nature.

PRÉPARATION

187. Dans une petite cornue de verre A (fig. 58), communiquant par un tube abducteur avec une éprouvette B placée

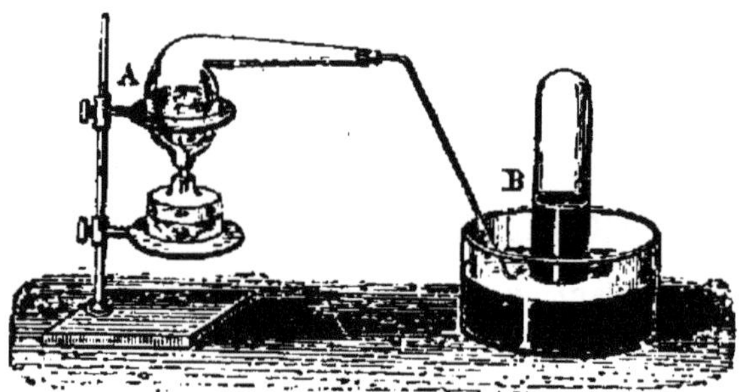

Fig. 58.

sur une cuve à mercure ou à eau, on introduit de l'azotate d'ammoniaque : sous l'influence de la chaleur, ce gaz se décompose en eau et en protoxyde d'azote, qui se rend sous l'éprouvette ; il ne reste rien dans la cornue :

$$AzH^4O, AzO^5 = 2AzO + 4HO.$$

---

1. Un *anesthésique* est une substance jouissant de la propriété d'abolir la sensibilité chez les animaux, sans arrêter les fonctions de circulation du sang et de respiration. L'éther, le chloroforme, l'opium sont des anesthésiques.

MANIPULATION

PRÉPARATION DU PROTOXYDE D'AZOTE

188. Prendre : 1° une cornue de verre; 2° un tube abducteur coudé; 3° une éprouvette; 4° une cuve à mercure ou à eau; 5° de l'azotate d'ammoniaque.

On introduit 50 à 100 grammes d'azotate d'ammoniaque dans la cornue et l'on dispose le tube comme le montre la figure 58; puis on chauffe lentement, jusqu'au moment où l'on a obtenu la fusion complète du sel; à ce moment seulement on élève graduellement la température : l'azotate se décompose. On laisse perdre les premières bulles, qui contiennent de l'air ; puis on recueille le gaz, sur lequel on peut faire la réaction de l'allumette présentant encore quelques points en ignition : elle s'y rallumera. Pour obtenir facilement ce résultat, il suffit de verser le gaz sur l'allumette en inclinant peu à peu l'éprouvette.

Dès qu'on cesse de recueillir le protoxyde d'azote, il ne faut pas oublier de retirer le tube à dégagement de la cuve, pour empêcher l'absorption de ce liquide qui, arrivant dans la cornue chaude, la ferait éclater.

GAZ AMMONIAC (AzH^3)

(Équivalent en poids $= 17$; — en volume $= 1$.)

HISTORIQUE

189. Le *gaz ammoniac* ou *azoture d'hydrogène*, découvert en 1612 par Kunckel, fut étudié par Priestley et Scheele; mais c'est Berthollet qui, en 1785, a fait connaître la nature de ses éléments.

PROPRIÉTÉS PHYSIQUES

190. Le gaz ammoniac est incolore; il a une saveur âcre et une odeur suffocante qui provoque les larmes. Sa densité est de 0,596 ; le poids d'un litre est donc de $1,293 \times 0,596 = 0^g,770$. Il est très soluble dans l'eau, qui en dissout environ 1100 fois son volume à 0°. Il est également absorbé par le charbon et le chlorure de calcium. Dissous dans l'eau, il prend le nom d'*ammoniaque* ou d'*alcali volatil*. Il peut être liquéfié à — 40°.

PROPRIÉTÉS CHIMIQUES

191. La chaleur et l'électricité décomposent partiellement le gaz ammoniac en ses éléments : hydrogène et azote.

ACTION DU CHLORE, DU BROME ET DE L'IODE

192. Le *chlore*, le *brome* et l'*iode* se combinent directement avec le gaz ammoniac pour produire des composés salins : chlorure, bromure et iodure d'ammoniaque.

Si le chlore est en excès, il peut se produire en outre de l'azote et un chlorure d'azote, composé détonant.

Le chlore arrache l'hydrogène du gaz ammoniac et donne de l'acide chlorhydrique, qui se combine avec le gaz ammoniac en excès, et de l'azote reste libre :

$$4AzH^3 + 3Cl = Az + 3AzH^3,HCl.$$

ACTION DE L'OXYGÈNE ET DU CARBONE

193. L'*oxygène* réagit sur le gaz ammoniac, qui y brûle avec une flamme livide et production d'eau, d'azote et même d'acide azotique. On peut faire aussi l'oxydation du gaz ammoniac en versant une dissolution ammoniacale sur des copeaux de cuivre : il se forme une liqueur bleue appelée *eau céleste*, qui a la propriété de dissoudre la cellulose (V. n° 832).

Le *carbone* incandescent, chauffé avec du gaz ammoniac, donne du cyanhydrate d'ammoniaque (AzH^3,HC^2Az).

ACTION DES MÉTAUX

194. Le *potassium* donne un composé de la formule $AzH^2K + H$, appelé azoture ammoniacal de potassium.

Avec le *cuivre* il y a production d'azote et d'hydrogène; de plus, le métal devient cassant.

Un amalgame de potassium, que l'on agite avec du chlorhydrate d'ammoniaque, se boursoufle et forme un composé d'une nature encore mal déterminée, dit *amalgame d'ammonium* ($HgAzH^4$). Ce corps, d'une consistance molle et onctueuse, se décompose de lui-même en gaz ammoniac (AzH^3), hydrogène (H) et mercure (Hg).

Le *fer* décompose le gaz ammoniac en azote et hydrogène en devenant cassant.

ACTION SUR LES CORPS COMPOSÉS

195. Le gaz ammoniac se combine facilement avec les acides et déplace les oxydes dans les sels. Cette dernière propriété est souvent utilisée dans l'analyse chimique pour précipiter les métaux de leurs solutions.

Le gaz ammoniac bleuit le tournesol et verdit le sirop de violette.

ÉTAT NATUREL

196. Le gaz ammoniac est produit en grande quantité par la décomposition des matières organiques et aussi par la décomposition de la houille sous l'influence de la chaleur. Il se trouve dans l'air à l'état d'azotate et de carbonate. L'urine en fournit par fermentation. L'eau des mers en contient une certaine quantité.

PRÉPARATION

PRÉPARATION DANS L'INDUSTRIE

197. Dans l'industrie, on extrait le gaz ammoniac des eaux-vannes des urines putréfiées, que l'on traite par la chaux vive.

PRÉPARATION DANS LES LABORATOIRES

198. Dans un flacon A (fig. 59) on met parties égales de

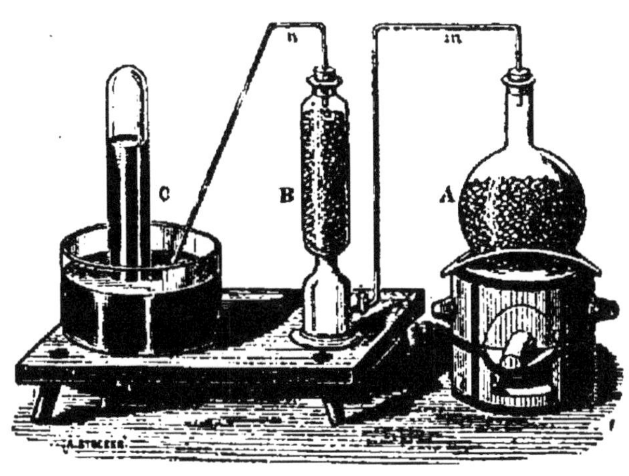

Fig. 59.

chlorhydrate d'ammoniaque (ou de tout autre sel d'ammoniaque) et de chaux vive préalablement broyés et mélangés intimement. Ce mélange doit occuper environ un tiers ou au plus la moitié du flacon, qu'on achève de remplir avec de la chaux vive. Ce flacon est relié par un tube à dégagement à une éprouvette B remplie de potasse caustique, destinée à retenir l'eau, quand le gaz se rendra sous l'éprouvette C, placée sur une cuve à mercure. La réaction commence à froid, mais il faut bientôt l'activer en chauffant le ballon. La chaux, décomposant le chlorhydrate, met en liberté le gaz ammoniac et donne, avec l'acide chlorhydrique, du chlorure de calcium et de l'eau :

$$AzH^3,HCl + CaO = CaCl + HO + AzH^3.$$

MANIPULATION

PRÉPARATION DE L'AMMONIAQUE A L'ÉTAT DE DISSOLUTION

199. Prendre : 1° un ballon de verre A; 2° plusieurs flacons à 3 tubulures; 3° des tubes coudés; 4° une petite éprouvette E; 5° du chlorhydrate d'ammoniaque; 6° de la chaux.

On fait un mélange intime de chaux éteinte et de chlor-

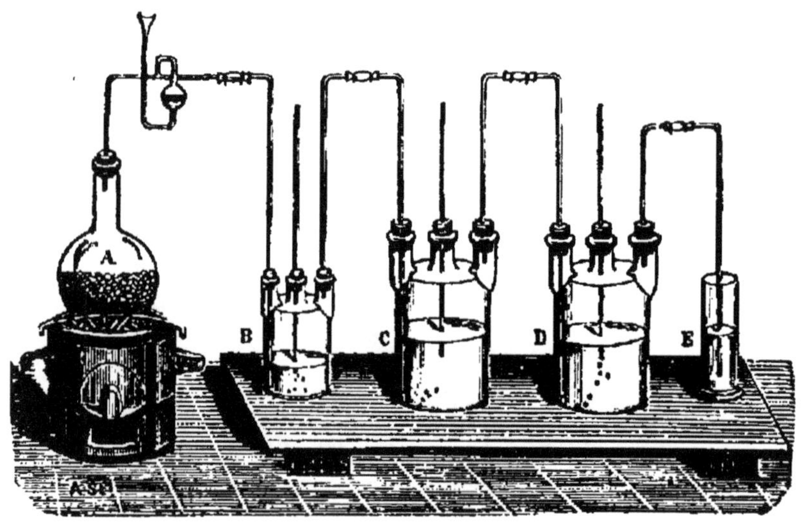

Fig. 60.

hydrate d'ammoniaque, en les pilant dans un mortier, puis on introduit ce mélange dans le ballon de verre A.

Les tubes sont agencés comme le montre la figure 60

et reliés entre eux par de petits embouts de caoutchouc. Le premier flacon, dit *laveur*, ne reçoit qu'une petite quantité d'eau, tandis que les deux autres, dits *flacons à dissolution*, en contiennent au moins moitié de leur capacité.

L'éprouvette E, destinée à arrêter l'excès de gaz ammoniac, est aussi remplie d'eau.

Les tubes qui amènent le gaz dans les différents flacons doivent plonger jusqu'au fond de l'eau, parce que la densité de la solution ammoniacale est très faible.

Si l'on vient à chauffer le ballon A, on voit le gaz ammoniac se dégager et se dissoudre. La réaction peut durer vingt minutes.

Au lieu de chlorhydrate d'ammoniaque, on prend quelquefois du sulfate d'ammoniaque, parce qu'il est moins cher. Dans ce dernier cas, il faut mettre dans le flacon laveur une dissolution de potasse destinée à retenir l'acide carbonique, car le sulfate d'ammoniaque contient aussi des carbonates.

USAGES

200. L'ammoniaque est un des réactifs dont on fait le plus fréquemment usage dans les laboratoires. Dans l'industrie, on emploie l'ammoniaque pour fabriquer de fausses perles, dissoudre le carmin, aviver certaines couleurs, dégraisser la laine ; en médecine, pour guérir les piqûres d'insectes et, dans certains cas, pour détruire les effets de l'ivresse : quelques gouttes dans un verre d'eau forment une boisson propre à cet effet; enfin, on l'utilise pour produire de grands froids par évaporation, notamment pour obtenir de la glace au moyen des appareils Carré.

COMBINAISONS CHIMIQUES

DÉFINITIONS

201. On dit que deux corps *se combinent* quand, en les unissant, on obtient un troisième corps ayant un caractère propre et différent de celui des deux premiers corps : ainsi l'eau est un produit de la combinaison de l'hydrogène et de l'oxygène. Dans un *mélange*, au contraire, chaque corps conserve ses qualités particulières, et le corps nouveau ne présente aucune qualité différente de celles des corps qui l'ont formé : ainsi, en mêlant du soufre à de la limaille de cuivre, nous n'obtenons qu'un mélange ; le corps nouveau n'a aucune propriété particulière et il nous suffira de le jeter dans un vase plein d'eau pour que les parties mélangées se séparent : la limaille de cuivre ira au fond du vase, tandis que la fleur de soufre restera à la surface (V. n° 20).

CONDITIONS NÉCESSAIRES POUR LES COMBINAISONS

202. *Voici les conditions nécessaires pour que les combinaisons aient lieu, et les causes qui influent sur elles.*

Le *contact* immédiat des corps à combiner est une condition indispensable.

Les corps dissous dans l'eau sont divisés en parties très petites, ce qui favorise le contact dont nous venons de parler ; la combinaison s'opère donc plus facilement par la *dissolution*.

La *chaleur* dilate les molécules, diminue la cohésion et, par suite, favorise souvent les combinaisons.

L'*électricité* a des propriétés analogues à celles de la chaleur et produit les mêmes effets : comme nous l'avons vu, une série d'étincelles dans l'eudiomètre provoque la combinaison de l'hydrogène et de l'oxygène.

La *lumière* favorise certaines combinaisons, telles que celle du chlore et de l'hydrogène.

Deux corps ne se combinent parfois qu'au moment où l'un et l'autre sont à l'*état naissant*, c'est-à-dire sortent, *naissent* de la décomposition d'un corps dans lequel ils étaient à l'état de composants.

La *présence* d'un corps suffit quelquefois pour produire une combinaison. Ainsi l'éponge de platine, par sa seule présence, provoque la combinaison de l'hydrogène et de l'oxygène. Il y a là une action mécanique de condensation subite des gaz dans les pores du platine, condensation qui provoque de la chaleur.

LOIS DES COMBINAISONS CHIMIQUES

203. Les combinaisons ne se font pas au hasard ; elles sont soumises à des lois qui portent en chimie le nom de *lois des combinaisons.*

LOI DES POIDS

204. *Le poids d'un corps composé est égal à la somme des poids des corps composants.* C'est Lavoisier qui a établi cette loi, qui n'est du reste qu'une variante du principe fondamental de la chimie : *rien ne se perd, rien ne se crée.*

LOI DES PROPORTIONS DÉFINIES OU LOI DE PROUST

205. *Deux corps, pour former un même composé, s'unissent toujours dans des proportions invariables.* Si dans un vase on met 2 volumes d'oxygène et 2 volumes d'hydrogène et qu'on fasse passer une étincelle à travers, 1 volume d'oxygène s'unira à 2 volumes d'hydrogène pour former de l'eau et il y aura 1 volume d'oxygène en liberté. Quelle que soit la quantité d'hydrogène mise en présence d'un volume d'oxygène, la combinaison de ce volume d'oxygène s'effectuera toujours avec deux volumes d'hydrogène seulement.

Cette loi est vraie aussi pour les poids des corps en présence.

LOI DES PROPORTIONS MULTIPLES OU LOI DE DALTON

206. Deux corps peuvent, en se combinant dans des proportions différentes, donner naissance à plusieurs composés. *Il y a toujours un rapport simple entre les différentes quantités de l'un des corps qui se combinent avec un même poids de l'autre.* L'exemple le plus généralement proposé à l'appui de cette loi est celui de l'azote et de l'oxygène, qui, comme on l'a vu (n° 37), donnent naissance à cinq composés dans lesquels

14 parties	8 ou 1 fois 8 parties d'oxygène (AzO).
d'azote sont	16 ou 2 — — (AzO²)
combinées	24 ou 3 — — (AzO³).
avec	32 ou 4 — — (AzO⁴).
	40 ou 5 — — (AzO⁵).

Les différentes quantités d'oxygène qui s'unissent avec 14 parties d'azote sont donc dans le rapport des nombres 1, 2, 3, 4, 5. Wollaston a étendu cette loi aux composés *ternaires.*

LOIS DES VOLUMES OU LOIS DE GAY-LUSSAC

207. Gay-Lussac a découvert quatre lois qui régissent les volumes entrant dans une combinaison :

1° *Quand deux gaz se combinent, les volumes des gaz qui entrent en combinaison sont toujours en rapport simple.*

Exemple : Un volume de chlore se combine avec un volume d'hydrogène et forme deux volumes de gaz acide chlorhydrique : rapport simple de 1 à 1.

2° *Le volume du composé considéré à l'état gazeux est toujours aussi en rapport simple avec les volumes des composants* (1).

Exemple : Le volume de l'acide chlorhydrique est aux volumes d'hydrogène et de chlore qui le composent dans le rapport simple de 2 à 1.

3° *Quand les gaz se combinent à volumes égaux, il n'y a généralement pas de contraction, c'est-à-dire que le volume du composé est généralement égal à la somme des volumes des composants.*

Exemple : Un volume de chlore combiné avec un volume d'hydrogène produit deux volumes de gaz acide chlorhydrique.

4° *Il y a toujours contraction quand les volumes des gaz qui se combinent sont inégaux* (2).

Exemple : Deux volumes d'hydrogène et un volume d'oxygène se combinent pour former deux volumes de vapeur d'eau.

---

1. Le volume du composé n'est jamais supérieur à la somme des volumes des composants.

2. Cette contraction est d'un tiers quand les corps se combinent dans le rapport de 2 à 1 ; de la moitié quand ils se combinent dans le rapport de 3 à 1. Elle peut être plus grande encore.

CHLORE ET COMPOSÉS

CHLORE (Cl)

(Équivalent en poids = 35,5 ; — en volume = 2.)

HISTORIQUE

208. En 1774, Scheele découvrit le *chlore*, qu'il prit d'abord pour un corps composé et qu'il nomma *acide marin* ou *muriatique déphlogistiqué*. Berthollet et Lavoisier partagèrent cette erreur. C'est seulement vers 1809 que Gay-Lussac et Thénard en France et Davy en Angleterre reconnurent que c'est un corps simple.

PROPRIÉTÉS PHYSIQUES

209. Le chlore est un gaz jaune verdâtre, dont l'odeur, très désagréable, provoque la toux. Il est liquéfiable, peut être solidifié, est soluble dans l'eau. Sa densité est de 2,44 ; par suite, 1 litre de ce gaz pèse $1,293 \times 2,44 = 3^g,15$. Non seulement il est impropre à la respiration, mais il exerce une action nuisible sur l'appareil respiratoire, dont il irrite les organes.

PROPRIÉTÉS CHIMIQUES

210. Le chlore est comburant par rapport à certains corps, mais n'entretient pas la combustion proprement dite : une bougie allumée plongée dans le chlore s'éteint presque immédiatement. S'il a peu d'affinité pour l'oxygène, il en a, au contraire, une très grande pour l'hydrogène : la combinaison de ces deux corps se produit instantanément et avec détonation, à la lumière du soleil ; à la lumière diffuse, elle n'a lieu qu'au bout de quelques jours.

Le chlore se combine d'ailleurs directement avec une foule de corps, métalloïdes et métaux. Ces combinaisons ont toujours lieu avec un dégagement remarquable de chaleur et parfois de lumière. Ce sont de véritables combustions.

Le chlore est, après l'oxygène, le corps le plus électro-négatif, c'est-à-dire qu'il se porte énergiquement au pôle positif, lors de la décomposition d'un chlorure par l'électricité.

ACTION DES MÉTALLOÏDES

211. L'*hydrogène* donne directement avec le chlore de l'acide chlorhydrique : $H + Cl = HCl$.

Le *brome* et l'*iode* forment avec le chlore des composés peu stables.

L'*oxygène* ne se combine pas directement avec le chlore, qui, par contre, attaque énergiquement le *soufre* et donne des chlorures.

L'*azote*, comme l'oxygène, ne donne pas de composés avec le chlore, si ce n'est d'une façon indirecte, et alors il y a production d'un trichlorure d'azote ($AzCl^3$), corps très explosif.

Le *phosphore* et l'*arsenic* se combinent d'une façon tellement violente avec le chlore qu'il en résulte de la lumière.

Le *carbone* ne peut être attaqué par le chlore, qui, au contraire, forme facilement des chlorures avec le *bore* et le *silicium*.

ACTION DES MÉTAUX

212. Presque tous les métaux se combinent avec le chlore, et d'une façon plus énergique encore que les métalloïdes.

Ainsi l'*antimoine* et l'*étain* mis dans des flacons pleins de chlore y produisent des gerbes d'étincelles en donnant des chlorures.

ACTION DES CORPS COMPOSÉS

213. La solution de chlore dans l'eau se décompose à la longue sous l'influence de la lumière : l'hydrogène se porte sur le chlore pour former de l'acide chlorhydrique. Cette réaction est plus prompte si la dissolution chlorée contient un corps avide d'oxygène : les éléments de l'eau se séparent alors facilement. Ainsi, de l'acide sulfureux et de l'eau chlorée donnent naissance à de l'acide chlorhydrique et à de l'acide sulfurique.

Le chlore se combine avec l'eau et forme un hydrate de chlore ($Cl + 10\,HO$). Pour obtenir cette combinaison, il suffit de plonger dans la glace un flacon contenant une solution saturée de chlore.

Les oxydes sont à peu près tous attaqués par le chlore avec formation de chlorures.

ACTION DES MATIÈRES ORGANIQUES

214. Les matières organiques sont vivement attaquées par le chlore, qui leur enlève de l'hydrogène ; d'où la destruction des matières colorantes organiques : l'indigo, l'encre, le vin sont décolorés par le chlore.

L'*essence de térébenthine* agit violemment : un papier imbibé de ce corps prend feu dans un flacon de chlore.

ÉTAT NATUREL

215. Le chlore se rencontre dans la nature, mais toujours combiné avec d'autres corps, parmi lesquels les plus nombreux sont le chlorure de sodium, appelé aussi *sel gemme* ou *sel marin*, le chlorure de plomb et le chlorure d'argent.

PRÉPARATION

PROCÉDÉ SCHEELE

216. Si dans un flacon A (fig. 61) nous mettons de l'acide chlorhydrique et du bioxyde de manganèse, nous obtiendrons

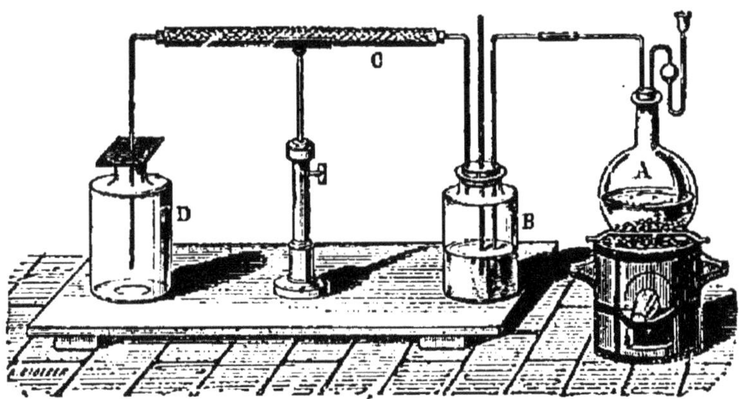

Fig. 61.

du chlore, qui, après avoir traversé le flacon laveur B contenant de l'eau, où il abandonnera l'acide chlorhydrique qu'il a pu entraîner, passera dans le tube C rempli de chlorure de calcium et ira se répandre sec dans le flacon D. En effet, le chlore de l'acide chlorhydrique prendra deux directions différentes : une partie s'unira au manganèse

6.

pour former du *chlorure de manganèse*, l'autre deviendra libre et se rendra dans le flacon D. Quant à l'oxygène du bioxyde de manganèse et à l'hydrogène de l'acide chlorhydrique, ils s'uniront pour former de l'eau. Vers la fin de l'opération, pour faciliter le dégagement du chlore, il faut chauffer légèrement la cornue.

$$MnO^2 + 2HCl = Cl + MnCl + 2HO$$

PROCÉDÉ WELDON

247. Le procédé que nous venons de décrire a servi pendant longtemps à la fabrication du chlore ; mais les grandes usines, produisant par ce fait des résidus encombrants et insalubres de chlorure de manganèse, etc., cherchèrent à les utiliser. De plus, le prix du bioxyde de manganèse, haussant de plus en plus par suite de son emploi dans la métallurgie du fer, nécessitait une solution économique du problème. Ce fut Weldon, un journaliste, qui trouva la réaction cherchée.

Par le procédé Weldon, on parvient à régénérer le manganèse à l'état de manganite de chaux (CaO, MnO^2), qui peut servir indéfiniment à la production du chlore. Cette transformation du chlorure de manganèse s'effectue au moyen de diverses opérations dont les principales sont le déferrage, la clarification et l'oxydation.

Le résidu des opérations précédentes contient, outre le manganèse, du fer à l'état de sesquichlorure (Fe^2Cl^3). On le précipite par de la craie : il y a formation d'une sorte de bouillie contenant la craie en excès, du sesquioxyde de fer (Fe^2O^3) et d'autres oxydes, du chlorure de calcium $(CaCl)$, puis le chlorure de manganèse. Cette bouillie est mise à déposer dans des appareils dits clarificateurs : les précipités se séparent du liquide qui, décanté, ne contient plus que du chlorure de manganèse et du chlorure de calcium.

Ce liquide passe dans un *oxydeur*, où doit se faire la partie capitale de la réaction, c'est-à-dire la régénération du manganèse à l'état d'oxyde. Pour cela, on ajoute de la chaux éteinte dans le liquide et l'on brasse le tout en le chauffant à 55°, tandis qu'un courant d'air passe dans la masse : la chaux précipite le chlorure de manganèse à l'état de protoxyde, qui s'oxyde à l'air et forme en définitive du man-

ganite de chaux. C'est ce corps qui, traité par l'acide chlorhydrique, donnera du chlore.

Le bioxyde de manganèse primitif sert ainsi très longtemps ; toutefois, comme il y a toujours perte de manganèse
dans la série des opérations précédentes, on la répare en
ajoutant de temps en temps une petite quantité de bioxyde
de manganèse pur.

Ce procédé de fabrication du chlore est maintenant d'un
usage général.

MANIPULATION

PRÉPARATION DU CHLORE PAR L'ACIDE CHLORHYDRIQUE

218. Prendre : 1° un ballon de verre ; 2° des tubes abduc-
teurs ; 3° un flacon laveur ; 4° un flacon à chlore ; 5° du
bioxyde de manganèse ; 6° de l'acide chlorhydrique.

Les tubes et les flacons sont agencés comme on le voit sur
la figure 61, à l'exception du tube C qui se trouve supprimé.

On met dans le flacon A 25 à 30 grammes de bioxyde
de manganèse que l'on a broyé au préalable. Il faut procéder à cette opération sans mouvements brusques et en
introduisant le bioxyde par petites portions, pour éviter
la rupture du ballon de verre, qui est toujours très mince.

On adapte les tubes au ballon, dans lequel on verse de
l'acide chlorhydrique, de façon à recouvrir complètement
le bioxyde : la réaction commence d'elle-même ; on l'avive
en chauffant légèrement, surtout à la fin.

Les bouchons des tubulures doivent être soigneusement
taillés et fermer hermétiquement ; sans quoi, il se produit
des fuites de chlore qui se répandent dans l'air de la salle
où l'on opère et le rendent irrespirable.

Le chlore formé traverse le flacon laveur, puis se rend
dans le récipient D, dont il déplace l'air ; car, par suite de
sa grande densité, il va d'abord au fond de ce récipient.

Si l'on désirait une solution de chlore dans l'eau, il
suffirait, avant la réaction, de mettre de l'eau dans le
récipient D.

EXPÉRIENCES AVEC LE CHLORE

219. On démontre généralement les propriétés énergiques
du chlore dans le cours de cette manipulation par les
expériences suivantes :

1° Dans un flacon rempli de chlore d'après la méthode précédente, on fait tomber de l'antimoine que l'on a eu soin de pulvériser : la poussière, projetée par petites portions, donne lieu à de brillantes étincelles suivies d'abondantes fumées blanches.

2° On substitue au flacon à chlore une éprouvette très haute contenant de la fleur de soufre et l'on fait plonger au fond de la masse le tube abducteur du chlore : peu à peu le soufre se liquéfie au contact du chlore, par suite de sa transformation en chlorure de soufre.

3° Si l'on fait arriver un courant lent de chlore dans une dissolution concentrée de potasse ou de soude, il se produit une combinaison qui est de l'hypochlorite de potasse ou de soude, combinaison vulgairement appelée eau de javelle. La réaction continuant, le liquide s'échauffe et l'on arrive à produire du chlorate de potasse, qui se dépose peu à peu au fond de l'éprouvette. Le chlore doit être amené par un tube assez large.

USAGES

220. Le chlore est employé pour le blanchiment des tissus de laine et de coton. On utilise son pouvoir décolorant pour enlever certaines taches, surtout celles qui sont faites par une teinture végétale.

Le *chlorure de chaux* sert à nettoyer les chiffons destinés à la fabrication du papier. Il permet de désinfecter les habitations et détruit les miasmes provenant des fosses d'aisances en décomposant l'acide sulfhydrique et le sulfhydrate d'ammoniaque.

Le chlore, comme nous l'avons dit, entre dans la composition de l'eau de javelle.

Les propriétés décolorantes et désinfectantes du chlore tiennent à sa grande affinité pour l'hydrogène, qu'il enlève en partie aux matières colorantes, aux miasmes et aux exhalaisons putrides, dont il opère ainsi la décomposition et change la nature.

COMPOSÉS DU CHLORE

221. Le chlore forme avec l'oxygène cinq composés qui, presque tous, se décomposent très facilement par la chaleur ; ce sont : l'*acide perchlorique* (ClO^7), l'*acide chlorique*

(ClO⁵), l'*acide hypochlorique* (ClO⁴), l'*acide chloreux* (ClO³), l'*acide hypochloreux* (ClO). Nous n'avons pas à étudier ces composés, peu en usage en dehors des laboratoires.

Le chlore forme avec l'hydrogène un composé très important, l'*acide chlorhydrique*, dont nous allons parler. Il existe aussi un grand nombre de chlorures (v. nᵒˢ 236 à 245).

ACIDE CHLORHYDRIQUE (HCl)

(Équivalent en poids = 36,5; — en volume = 1).

HISTORIQUE

222. L'acide chlorhydrique, connu depuis fort longtemps, portait primitivement les noms d'*esprit de sel*, d'*acide marin*, d'*acide muriatique;* jusqu'aux travaux de Gay-Lussac, de Thénard et de Davy, la véritable nature de ce corps est restée ignorée.

PROPRIÉTÉS PHYSIQUES

223. L'acide chlorhydrique est un gaz incolore, d'une odeur piquante et suffocante. L'eau en dissout 464 fois son volume à 15° : si l'on soulève dans l'eau une éprouvette remplie d'acide chlorhydrique, ce gaz est absorbé instantanément, et l'eau monte avec une telle rapidité dans l'éprouvette que souvent elle se brise. La densité de l'acide chlorhydrique est de 1,247 ; un litre de ce gaz pèse donc 1,293 × 1,247 = 1ᵍ,612. Il se liquéfie à la pression ordinaire et à la température de — 80°, ou à la température de 10° et sous une pression de 40 atmosphères. Il se solidifie vers — 115°.

PROPRIÉTÉS CHIMIQUES

224. L'acide chlorhydrique est impropre à la combustion. C'est un corrosif qui attaque les poumons. Si on le laisse en contact avec l'air, il se produit des fumées très denses résultant de la combinaison de ce gaz avec la vapeur d'eau contenue dans l'air. Il a une grande affinité pour la plupart des métaux, qui, à son contact, se transforment en chlorures.

Une température de 1400 degrés décompose partiellement l'acide chlorhydrique en hydrogène et en chlore :

$$HCl = H + Cl.$$

ACTION DE L'OXYGÈNE

225. A haute température, l'*oxygène* décompose assez
facilement l'acide chlorhydrique, avec formation d'eau :

$$HCl + O = Cl + HO.$$

ACTION SUR LE CHLORE ET LE SILICIUM

226. L'acide chlorhydrique concentré dissout le *chlore* et
donne du perchlorure d'hydrogène (HCl^3), qui ne peut exister qu'avec un excès d'acide.

Le *silicium* est facilement attaqué par l'acide chlorhydrique et donne deux composés : le chlorure de silicium
($Si\,Cl^2$) et le bichlorure de silicium (Si^2Cl^4).

ACTION SUR LES OXYDES ET LES SELS

227. De l'action de l'acide chlorhydrique sur les *oxydes*
résultent de l'eau et des chlorures : telle est la réaction qui
donne le chlore.

L'acide chlorhydrique dissout certains *sels* et en particulier les phosphates. Cette propriété est mise à profit de la
façon suivante : on plonge dans de l'acide chlorhydrique
dilué des os ou des rognures d'os; les sels calcaires,
phosphates et carbonates, de ces os sont absorbés après
macération, et il ne reste plus que la matière organique
dite *osséine*.

La propriété caractéristique de l'acide chlorhydrique est
de donner des fumées blanches de chlorhydrate d'ammoniaque (AzH^3,HCl) en présence d'une solution ammoniacale.

ÉTAT NATUREL

228. On rencontre l'acide chlorhydrique dans tous les petits cours d'eau dont la source est située dans une montagne
volcanique ; ainsi, M. Boussingault a trouvé dans le *Rio Vi-
nagre* (Amérique du Sud) $18^{gr},217$ d'acide chlorhydrique par

litre, et le débit de cette rivière étant de 34 785 mètres cubes par jour, le produit quotidien est de 42 150 kilogrammes d'acide chlorhydrique. Il en existe dans les roches poreuses d'anciens volcans, telles que la domite du Puy de Sarcouy, en Auvergne; on a même reconnu sa présence dans les gaz rejetés par les volcans en éruption.

PRÉPARATION

PRÉPARATION DANS LES LABORATOIRES

229. Dans un ballon A (fig. 62) on met du sel marin ou chlorure de sodium fondu, sur lequel on verse peu à

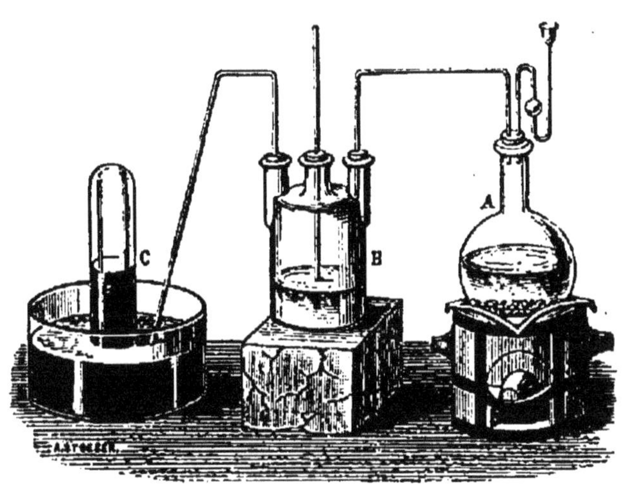

Fig. 62.

peu de l'acide sulfurique étendu : la réaction commence à froid; mais peu à peu on est obligé de l'entretenir en chauffant légèrement : il se forme du bisulfate de soude; alors, en chauffant fortement, on décompose ce bisulfate de soude; celui-ci abandonne un peu de son acide, qui va décomposer une nouvelle quantité de chlorure de sodium, et l'hydrogène de l'eau de l'acide sulfurique s'unit au chlore du chlorure de sodium. Le gaz, en sortant du ballon A, passe dans un flacon laveur B contenant de l'acide chlorhydrique du commerce, où il abandonne l'acide sulfurique entraîné, et se rend sous une éprouvette C placée sur une cuve à mercure D. La réaction produite peut s'exprimer ainsi :

$$NaCl + SO^3, HO = HCl + NaO, SO^3$$

Il se forme donc de l'acide chlorhydrique et du sulfate neutre de soude, qui reste dans la cornue.

230. L'acide chlorhydrique ne peut être employé qu'à l'état de dissolution : on l'obtient pur en cet état en se servant de l'appareil de Woolf (fig. 63). Après avoir mis de l'acide chlor-

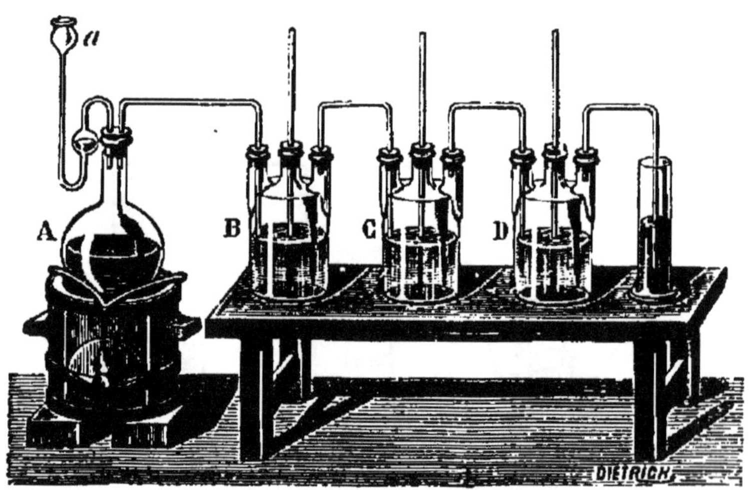

Fig. 63.

hydrique du commerce dans le ballon A, on y verse par le tube *a* de l'acide sulfurique qui s'unit à l'eau et fait dégager l'acide chlorhydrique ; celui-ci, en sortant du ballon A, passe dans les flacons laveurs B, C, D, le premier contenant de l'acide chlorhydrique du commerce et les deux autres de l'eau distillée. On remarquera que pendant l'opération l'eau des flacons s'échauffe et augmente de volume.

PRÉPARATION INDUSTRIELLE

231. Dans l'industrie, on prépare en grand l'acide chlorhydrique, qui sert ensuite à la fabrication de la soude arti-

ficielle. On emploie, à cet effet, un four à moufles (fig. 64).
Dans la cuvette A on place le sel marin, sur lequel on verse
une quantité suffisante d'acide sulfurique, et l'on ferme
l'ouverture par où ont été introduites ces matières. La réac-

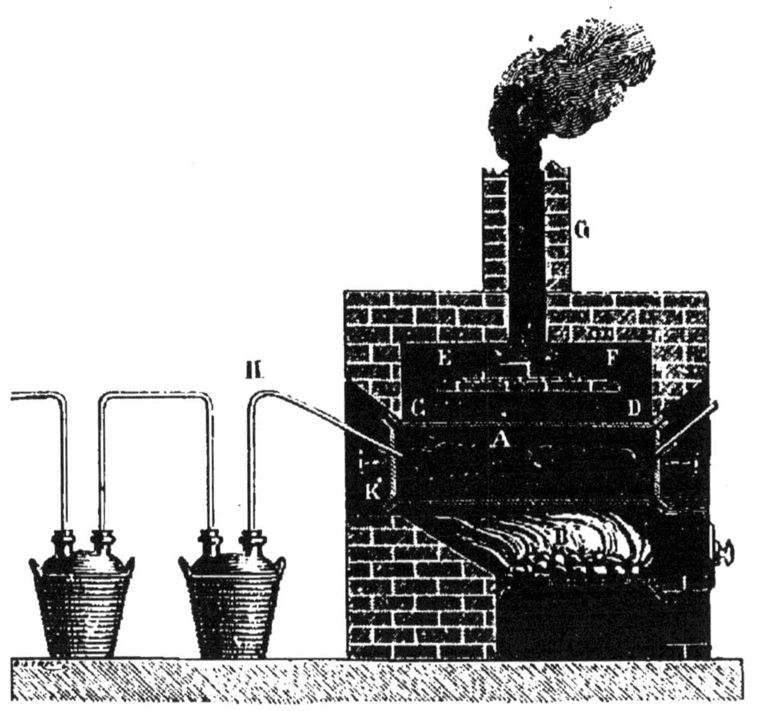

Fig. 64.

tion, qui commence à froid, est entretenue par la flamme du
foyer B, laquelle passe sur la voûte du four CD, puis en
E et en F, avant de sortir par la cheminée G. L'acide
chlorhydrique se dégage par le tube H et va se dissoudre
dans des bonbonnes de grès à moitié pleines d'eau. Quand
le dégagement est terminé, on rejette en K le sel marin qui
a servi et l'on en met une nouvelle quantité en A, ainsi
qu'une nouvelle quantité d'acide sulfurique. Comme la température est très élevée en K, la réaction s'y termine pendant qu'elle recommence en A.

On se servait auparavant et l'on se sert encore souvent de
la méthode des cylindres. Elle a l'inconvénient de nécessiter

l'emploi de l'acide sulfurique concentré, tandis que le four à moufles permet l'emploi de l'acide sulfurique non purifié, c'est-à-dire tel qu'il sort des chambres de plomb.

PURIFICATION

232. L'acide obtenu par le procédé que nous venons de décrire n'est pas pur; il est légèrement coloré en jaune par du chlorure de fer provenant de l'action de l'acide sulfurique et de l'acide chlorhydrique sur la fonte chauffée à haute température, si l'on s'est servi de la méthode des cylindres, et contient toujours de l'acide sulfurique et un peu d'acide sulfureux; de plus, des sels contenus dans l'eau employée à le condenser et enfin un peu de chlorure d'arsenic, si l'on s'est servi de pyrites. Pour le purifier, on y ajoute un peu de bioxyde de manganèse, qui produit du chlore, lequel sert à l'oxydation de l'acide sulfureux. On précipite ensuite l'acide sulfurique et l'arsenic à l'aide du sulfure de baryum. Le reste du chlore se combine avec le chlorure de fer. Le liquide doit être enfin décanté et distillé.

MANIPULATION

PRÉPARATION DE L'ACIDE CHLORHYDRIQUE GAZEUX

233. Prendre : 1° un ballon; 2° un flacon laveur à 3 tubulures; 3° quatre tubes : 1 droit, 2 coudés, 1 en S; 4° une éprouvette; 5° une cuve à mercure; 6° du sel calciné; 7° de l'acide sulfurique.

Mettre avec précaution dans le flacon A (fig. 65) 50 à 60 grammes de sel calciné, puis verser dessus goutte à goutte, de façon à bien imbiber ce sel, de l'acide sulfurique que l'on aura eu soin d'étendre. Il faut attendre, pour chauffer, que cette imbibition soit complète. Le flacon laveur reçoit de l'acide chlorhydrique, mais en petite quantité. Le gaz s'échappe dans une éprouvette que l'on a remplie de mercure et non d'eau, car il y aurait dissolution. L'opération dure environ une heure.

Si l'on désire obtenir une solution d'acide chlorhydrique, on remplace l'éprouvette et la cuve à mercure par des

flacons à dissolution, que l'on met en communication avec
le flacon laveur au moyen de tubes, comme pour la dissolution ammoniacale. Seulement ici, les tubes amenant le gaz

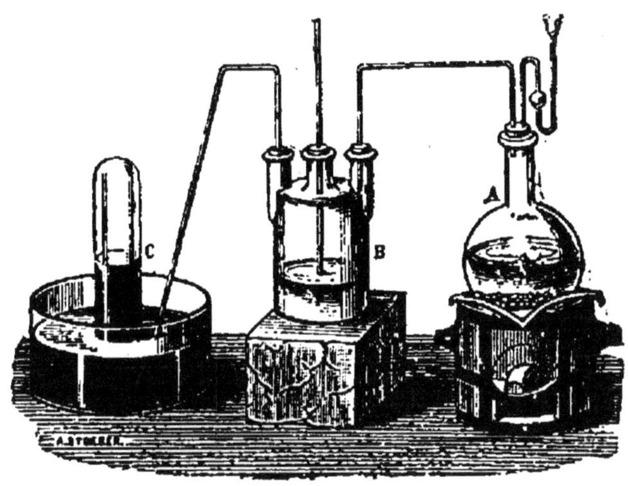

Fig. 65.

ne plongeront pas jusqu'au fond du flacon ; ils seront,
au contraire, maintenus près de la surface de l'eau. La
densité de la dissolution l'entraînera vers le bas.

USAGES

234. On se sert de l'acide chlorhydrique pour la fabrication
du chlore et des eaux décolorantes, telle que l'*eau de
javelle;* pour isoler la gélatine des os ; pour enlever la patine
noire qui couvre les vieux édifices ; enfin pour la composition
de l'eau régale.

EAU RÉGALE

235. L'*eau régale* doit son nom à la propriété qu'elle a de
dissoudre l'*or*. Elle ne se trouve pas à l'état naturel. C'est un
produit artificiel consistant en un *mélange* d'acide chlorhydrique et d'acide azotique dans les proportions suivantes,
qu'on peut du reste varier selon les cas : 1 partie d'acide

azotique à 35° Baumé avec 4 parties d'acide chlorhydrique à 22°.

L'eau régale est un liquide transparent jaunâtre, ayant un peu l'odeur du chlore, à densité variable. Elle a la propriété de dissoudre tous les métaux ; le *rhodium* et l'*iridium* sont les seuls qui jusqu'ici aient résisté à son action.

Dans les laboratoires, l'eau régale sert à analyser les minéraux ; dans l'industrie, à préparer les dissolutions d'or dont on a besoin dans les fabriques de porcelaine.

CHLORURES

ÉTAT NATUREL

236. Un grand nombre de chlorures existent dans la nature ; tels sont le *chlorure de sodium*, le *chlorure de magnésium*, les *chlorures de mercure*, etc.

PROPRIÉTÉS PHYSIQUES

237. Les chlorures sont solides à la température ordinaire, sauf quelques-uns, comme le *bichlorure d'étain*, qui est liquide ; mais ils fondent à une température peu élevée, comme le *beurre d'antimoine* et plus généralement les *beurres métalliques*. Ils sont très volatils et se dissolvent tous très facilement dans l'eau, à l'exception du *chlorure d'argent*, des *sous-chlorures de cuivre* et du *sous-chlorure de mercure* ou *calomel*.

PROPRIÉTÉS CHIMIQUES

238. La chaleur décompose la plupart des chlorures. L'électricité les décompose tous. La lumière décompose le chlorure d'argent, propriété sur laquelle est basée la photographie. L'oxygène et l'hydrogène décomposent un certain nombre de chlorures, le premier en agissant sur les métaux, le second en agissant sur le chlore. Enfin, le soufre et le phosphore en décomposent un certain nombre pour former un sulfure ou un phosphure métallique en même temps qu'un chlorure de soufre ou de phosphore.

CHLORURE DE BORE

239. Le *chlorure de bore* ($BoCl^3$) est un liquide transparent très mobile. L'eau le décompose. Sa densité est de 1,39, à 0°; il est très réfringent. Il entre en ébullition à 17° sous la pression ordinaire. On peut l'obtenir : 1° en faisant agir directement le chlore sur le bore : la combinaison se fait avec incandescence; 2° en faisant passer un courant de chlore sur un mélange de charbon et d'acide borique.

CHLORURES DE SOUFRE

240. Il y trois *chlorures de soufre :* le *protochlorure* (S^2Cl), le *bichlorure* (SCl) et le *chlorure intermédiaire* (S^4Cl^3); ce sont des composés liquides, que l'on obtient en faisant agir directement le chlore sur le soufre. Ils sont caractérisés par leur odeur nauséabonde.

Le protochlorure de soufre sert à vulcaniser le caoutchouc. En médecine, on l'emploie en dissolution contre certaines plaies.

CHLORURES DE PHOSPHORE

241. Le *protochlorure* ou *trichlorure de phosphore* ($PhCl^3$) est un liquide incolore, dont la densité est 1,61, qui bout à 78° et se solidifie à — 113°; il dissout le phosphore, mais est lui-même dissous par la benzine et le sulfure de carbone; à l'air, il répand des fumées blanches; l'eau le décompose très facilement; on l'obtient en faisant passer un courant de chlore sec sur du phosphore.

Le *perchlorure* ou *pentachlorure de phosphore* ($PhCl^5$) est un corps solide, blanc jaunâtre, que l'eau décompose facilement avec un grand dégagement de chaleur. On l'obtient en soumettant le phosphore à l'action directe d'un excès de chlore ou encore en faisant passer un courant de chlore sec sur du protochlorure ou trichlorure de phosphore.

CHLORURE D'ARSENIC

242. Le *chlorure d'arsenic* ($AsCl^3$) est un liquide incolore qui a la consistance de l'huile; sa densité à 0° est 2,05; il bout à 134°. On l'obtient en faisant passer un courant de chlore sec sur de l'arsenic.

CHLORURE D'AZOTE (AzCl³)

243. Le *chlorure d'azote* est un liquide jaune, oléagineux et d'une odeur suffocante; il bout vers 93°; à 96° ou 100°, il détone bruyamment en brisant tout ce qui l'entoure. C'est un corps très dangereux à préparer : une goutte placée sur un morceau de carton que l'on chauffe légèrement produit une explosion violente.

CHLORURES DE CARBONE

244. Les *chlorures de carbone* sont des corps solides. L'eau ne les décompose pas. En voici la liste : *sous-chlorure de carbone* (C⁴Cl²), *protochlorure de carbone* (C⁴Cl⁴), *sesquichlorure de carbone* (C⁴Cl⁶), *perchlorure de carbone* (C²Cl⁴), *chlorure dérivé de la naphtaline* (C²⁰Cl⁸). Nous retrouverons ces corps quand nous étudierons la chimie organique.

Le chlore et le carbone ne pouvant s'unir directement, ce n'est qu'en employant des voies indirectes qu'on a obtenu les chlorures de carbone.

CHLORURE DE SILICIUM (SiCl³).

245. Le *chlorure de silicium* est un corps liquide pouvant être facilement décomposé par l'eau. On l'obtient en soumettant un mélange de charbon et de silice à l'action du chlore sec. Il sert à la production de l'éther silicique.

NOTA. — Nous parlerons plus loin du *chlorure de potassium* (nᵒˢ 500 à 502) et du *chlorure de sodium* (nᵒˢ 503 à 506).

BROME ET IODE

BROME (Br.)

(Équivalent en poids = 80; — en volume = 2).

HISTORIQUE

246. M. Balard a extrait le brome des eaux mères des marais salants vers 1826.

ÉTAT NATUREL

247. On trouve le brome en petites quantités dans les eaux de la mer ; on l'obtient plus facilement par l'incinération de certaines plantes marines, telles que le varech ; il existe en assez grande abondance sous la forme de *bromure de magnésium* ; certaines mines du Mexique contiennent du *bromure d'argent* ; enfin, il est en assez grande quantité dans les eaux de la mer Morte.

PROPRIÉTÉS PHYSIQUES

248. Le brome est un liquide rouge brun d'une odeur suffocante. Sa densité est de 2,97. Il bout à 63°, se dissout assez bien dans l'alcool et en abondance dans l'éther, le chloroforme et le sulfure de carbone ; à 15° il se dissout dans un assez grand volume d'eau. A — 24° il se solidifie.

PROPRIÉTÉS CHIMIQUES

249. Les corps qui brûlent dans un flacon plein de chlore brûlent également dans un flacon rempli de vapeurs de brome. Ce corps a beaucoup d'affinité pour l'hydrogène et détruit les matières colorantes comme le chlore. C'est un poison énergique, par suite de l'effet qu'il produit sur les organes de l'appareil respiratoire. Il se combine directement avec le phosphore, le soufre, le bore, le silicium, le tellure et le sélénium, en produisant de la chaleur ; il ne se combine pas directement avec l'oxygène ni avec le carbone. Il agit sur les métaux et sur l'ammoniaque comme le chlore.

PRÉPARATION

250. On retire le brome des eaux mères de marais salants, dans lesquelles il se trouve à l'état de bromure, en les soumettant à l'action du chlore, qui le chasse de sa combinaison : devenu libre, il se dissout dans ces eaux, qui prennent aussitôt une coloration jaune. On les agite alors avec de l'éther, qui dissout le brome impur. Cette dissolution, mise en présence de la *potasse*, donne du *bromure de potassium*. On soumet celui-ci à l'influence d'un mélange d'acide sulfurique et de bioxyde de manganèse : il se forme alors des sulfates de manganèse et de potasse, et le brome se dégage :

$$2SO^3, HO + MnO^2 + KBr = KO, SO^3 + MnO, SO^3 + 2HO + Br.$$

Pour la dernière partie de l'opération, on se sert de l'appareil représenté par la figure 66 et l'on chauffe la cornue C,

Fig. 66.

qui contient le mélange, au bain-marie, pour faciliter et régulariser la réaction.

MANIPULATION

251. Prendre : 1° un tube à analyse ; 2° du bromure de potassium ; 3° de l'eau de chlore ; 4° de l'éther.

On verse dans le tube à analyse, jusqu'à la moitié de sa

hauteur, par exemple, une solution de bromure de potassium et sur celle-ci de l'eau chlorée fraîchement préparée ; puis on bouche le tube avec le pouce et l'on agite légèrement : le chlore déplace le brome, que l'on rassemble à la partie supérieure du tube en y versant de l'éther, qui dissout le brome après agitation. L'éther chargé de brome surnage dans le mélange et se montre coloré en brun ; il suffit de décanter cette portion et de la distiller, si l'on tient à recueillir du brome.

On peut vérifier la présence du brome dans le liquide obtenu en en laissant tomber quelques gouttes dans du sulfate d'indigo, qui se décolore. Si l'on remplace l'indigo par de l'empois d'amidon, celui-ci brunira.

USAGES

252. On se sert du brome dans les laboratoires et en photographie ; on l'emploie en médecine pour combattre le croup, les angines couenneuses et, à l'état de bromure, contre les affections nerveuses.

IODE (Io)

(Équivalent en poids = 127 ; — en volume = 2).

HISTORIQUE

253. Courtois a découvert l'*iode* dans les cendres de varech, en 1811. C'est Gay-Lussac qui en a fait connaître les principales propriétés.

ÉTAT NATUREL

254. On trouve l'iode dans la nature, mais toujours combiné avec d'autres corps, notamment la potasse, la soude et la magnésie ; les plantes marines, le foie de la morue en renferment, ainsi qu'un grand nombre de sources minérales ; on a signalé sa présence dans la houille de Commentry.

PROPRIÉTÉS PHYSIQUES

255. L'iode est un corps solide, gris bleu, ayant un éclat miroitant et une odeur *sui generis*. Sa densité est

7.

de 4,95. Il fond vers 107° et à 175° forme des vapeurs violettes sans avoir donné de liquide. Il est peu soluble dans l'eau, mais très soluble dans le sulfure de carbone, dans le chloroforme et surtout dans l'alcool.

PROPRIÉTÉS CHIMIQUES

256. L'iode a une grande affinité pour les métaux et l'hydrogène. Il se combine directement avec le soufre, le sélénium, le tellure et surtout avec le bore et le silicium; mais non avec l'oxygène, l'azote, le carbone; le phosphore, l'arsenic, l'antimoine et le potassium brûlent dans la vapeur d'iode. En dissolution dans l'eau, il joue le rôle de corps oxydant et passe à l'état d'acide iodhydrique. Comme le chlore et le brome, il produit la combustion de certains corps. C'est un poison dangereux, car il irrite violemment les organes de l'appareil respiratoire, comme le chlore et le brome, et amène des crachements de sang. Il tache en jaune la peau et le papier. Mis en contact avec l'amidon, il donne un *iodure d'amidon*, qui est bleu, quelque légère que soit la quantité d'iode. L'amidon permet donc de reconnaître facilement la présence de l'iode dans une combinaison et réciproquement.

PRÉPARATION

257. On retire l'iode de l'*iodure de potassium*, traité par un mélange d'acide sulfurique et de bioxyde de manganèse, de la même manière que le bromure de potassium dont on veut extraire le brome.

MANIPULATION

258. Prendre : 1° une cornue de verre à une tubulure fermée par un bouchon rodé; 2° une allonge (ballon de verre à une tubulure et muni d'un col long et large); 3° une cuvette à eau (réfrigérant); 4° un tube droit placé dans la tubulure de l'allonge, pour égaliser la pression; 5° de l'iodure de potassium; 6° du bioxyde de manganèse; 7° de l'acide sulfurique huileux.

Emmancher l'extrémité de la cornue dans le col de l'allonge et plonger la partie renflée de cette dernière dans une cuve remplie d'eau. Broyer environ 10 grammes d'iodure de potassium avec une pareille quantité de bioxyde de manganèse, introduire ce mélange dans la cornue, puis verser par la tubulure de celle-ci 15 grammes d'acide sulfurique huileux, en l'y faisant arriver goutte à goutte : la réaction commence immédiatement. Chauffer lentement la cornue de façon à faire passer les vapeurs violettes d'iode dans l'allonge, où elles arrivent au bout d'environ une demi-heure.

Si l'on désire alors obtenir l'iode en beaux cristaux, il suffit de chauffer légèrement l'allonge, après en avoir placé le col sous un entonnoir de verre et bouché cet entonnoir au moyen du doigt : les vapeurs d'iode, en se condensant sur les parois froides de l'entonnoir, produisent un précipité cristallin.

USAGES

259. L'iode sert dans les laboratoires, et en photographie, parce que l'iodure d'argent, comme le chlorure et le bromure d'argent, est attaquable par la lumière et soluble dans l'hyposulfite de soude ; en médecine, contre le goître et les maladies scrofuleuses. On l'emploie à l'état de *teinture d'iode*, dissolution alcoolique, et à l'état d'*iodure de potassium*, en dissolution ou en pommade. L'huile de foie de morue doit ses bons effets médicaux aux propriétés de l'iode.

REMARQUE

260. Les combinaisons du chlore, du brome et de l'iode avec les métaux se faisant avec production de chaleur, nous donnons ci-dessous le tableau des calories développées dans ces réactions ; on y voit que l'affinité chimique diminue peu à peu du premier au dernier de ces corps.

MÉTAUX.	CHLORURE.	BROMURE.	IODURE.
Potassium............	105 calories.	100 calories.	85 calories.
Sodium...............	97 —	90 —	74 —
Manganèse............	56 —	70 —	54 —
Fer	41 —	35 —	19 --
Zinc.................	48 —	43 —	30 —
Plomb................	46 —	42 —	27 —
Cuivre...............	33 --	30 --	21 —
Mercure..............	31 —	30 ---	22 —

SOUFRE ET COMPOSÉS

SOUFRE (S)

(Équivalent en poids = 16 ; — en volume = 1).

HISTORIQUE

261. Le *soufre* était connu des anciens, qui l'employaient en médecine. Ils s'en servaient aussi pour blanchir les étoffes de laine.

PROPRIÉTÉS PHYSIQUES

262. Le soufre est un corps solide, jaune citron, inodore et insipide, mauvais conducteur de l'électricité ; par le frottement, il s'électrise négativement et acquiert une odeur particulière.

Un morceau de soufre tenu dans la main pendant quelque temps fait entendre des craquements appelés *cri du soufre* et peu après se rompt ; ce phénomène provient, d'un côté, de ce que, le soufre étant mauvais conducteur de la chaleur, les molécules extérieures se dilatent sous l'influence de celle-ci avant que les molécules intérieures en aient ressenti les effets et, d'un autre côté, de la structure cristalline du soufre, dont les cristaux sont très peu adhérents.

Le soufre fond à 112°, en gardant sa couleur jaune ; à 160°, il s'épaissit et prend une couleur brune ; si, à ce moment, on le plonge dans l'eau froide, il reste visqueux, conserve quelque temps sa couleur brune et peut s'étirer en fils, qui sont élastiques ; c'est alors ce qu'on désigne généralement sous le nom de *soufre mou* ; à 200°, il est pâteux et presque noir ; à 440°, il entre en ébullition, après être revenu à l'état de liquide rouge brun.

263. Peu soluble dans l'alcool et l'éther, le soufre se dissout en partie dans la benzine et surtout dans le sulfure de carbone ; la partie non dissoute est appelée *soufre insoluble amorphe*.

100 grammes de sulfure de carbone dissolvent :			
24 grammes de soufre à			0°
37	—	—	15°
94	—	—	38°
146	—	—	48°
181	—	—	55°

Quand on laisse s'évaporer lentement une dissolution de sulfure de carbone et de soufre, celui-ci cristallise sous la forme octaédrique (fig. 67), celle qu'il a dans la nature ; sa densité est alors de 2,05.

Par voie de fusion, il cris-

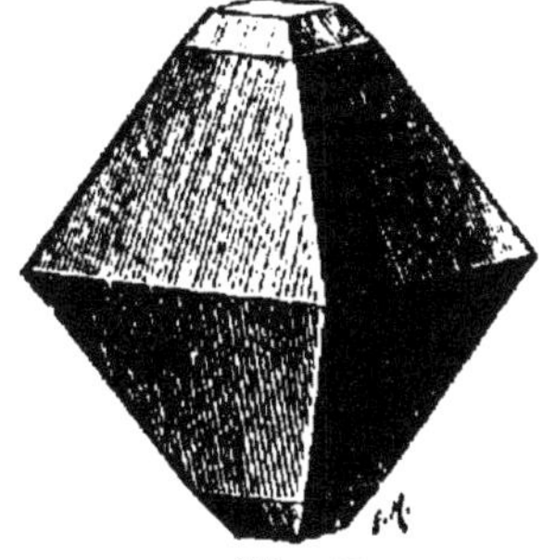

Fig. 67.

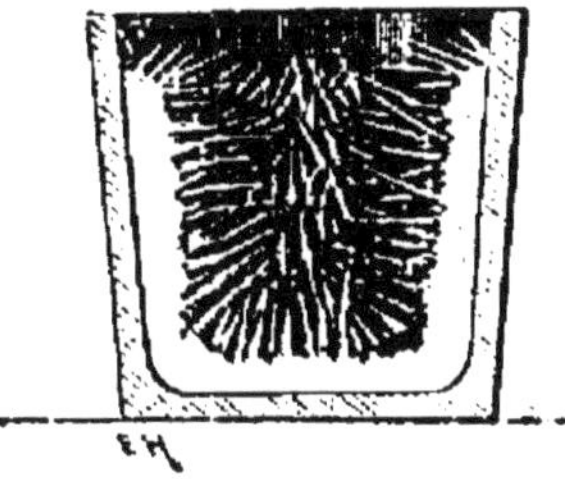

Fig. 68.

tallise sous la forme prismatique (fig. 68) ; sa densité est alors de 1,97 et il dégage, en brûlant, plus de chaleur que sous la première forme.

La température de solidification du soufre varie entre 112° et 117°,4 : cependant, en refroidissant très lentement du soufre fondu dans des tubes très fins, on arrive à l'amener à la température de 100° avant qu'il se solidifie ; c'est là un phénomène de surfusion.

264. Outre le soufre *cristallisé* et le soufre *mou*, on connaît le soufre *amorphe*, découvert par Charles Sainte-Claire Deville : c'est, comme on l'a vu, la partie insoluble du soufre ordinaire que l'on fait dissoudre dans le sulfure de carbone. On le produit aussi par le refroidissement brusque du soufre chauffé à 170°. Le soufre amorphe longtemps chauffé à 100° redevient soluble.

PROPRIÉTÉS CHIMIQUES

ACTION DES MÉTALLOÏDES

265. Le *chlore*, le *brome* et l'*iode* forment avec le soufre des combinaisons qui s'effectuent avec dégagement de chaleur.

L'affinité du soufre pour l'*oxygène* est considérable ; nous avons vu, en effet, qu'un morceau de soufre brûle avec lumière dans l'oxygène en formant des vapeurs d'acide sulfureux : $S + O^2 = SO^2$. Dans l'air, il s'enflamme à 250°.

Entre tous les métalloïdes, c'est le *phosphore* qui produit avec le soufre la combinaison la plus énergique : elle se fait avec explosion.

Le *carbone*, lui aussi, s'empare directement du soufre pour donner des sulfures de carbone : $C + 2S = CS^2$.

ACTION DES MÉTAUX

266. Comme l'oxygène, le soufre produit directement des composés avec les *métaux*. Son action sur ces corps a toujours lieu avec dégagement de nombreuses calories ; ainsi, le sulfure de potassium, en se formant, dégage 51 calories.

—	sodium	—	44	—
—	zinc	—	21	—
—	fer	—	11	—
—	mercure	—	9	—

ÉTAT NATUREL

267. Le soufre existe en grandes quantités dans la nature ; on le trouve abondamment à l'état natif, surtout près des volcans en activité ou près des anciens volcans, dans des terres appelées *terres à soufre* ou *solfatares*. On le rencontre aussi mélangé avec des matières bitumineuses, de la terre, etc.

Le soufre n'est pas moins répandu à l'état de combinaison : avec les métaux, il forme de nombreux sulfures, notamment les sulfures de fer (parmi lesquels la *pyrite*), les sulfures de plomb (parmi lesquels la *galène*), les sulfures de cuivre, d'argent, d'antimoine, les sulfures de mercure (parmi lesquels le *cinabre*) ; avec les oxydes, il forme les sulfates de chaux, de soude, de magnésie, etc. ; c'est la base des eaux sulfureuses de Barèges, d'Enghien, etc ; il entre dans la composition de certaines substances organiques : la fibrine, l'albumine, la caséine, la bile, la laine, les cheveux, les ongles, dans le règne animal ; le radis, le raifort, le cresson, l'oignon, l'ail, l'essence de moutarde, dans le règne végétal.

EXTRACTION

268. Pour séparer le soufre des matières terreuses qui l'accompagnent, on emploie trois procédés.

EXTRACTON PAR MEULES

269. On construit, en un plan très incliné, des espèces de meules de minerai terminées en forme de dôme. A la base, avec de gros morceaux, on établit une sorte de canal aboutissant à une ouverture destinée à laisser couler le soufre en fusion, ouverture qu'on nomme la *morte;* puis on entasse au-dessus des morceaux de minerai moins gros, en ayant soin de ménager au centre une espèce de cheminée. Par cette cheminée on introduit dans la meule des herbes sèches enflammées qui mettent le feu au soufre, dont une partie est consumée, tandis que l'autre se fond et se rend dans de grands baquets remplis d'eau en passant par la morte. Chaque meule est formée de 200 à 250 mètres cubes de minerai et il se consume environ 30 pour 100 de soufre.

EXTRACTION PAR DISTILLATION

270. Dans un fourneau *à galère* B (fig. 69) on place des pots d'argile A, A, qui communiquent, au moyen de tubes

Fig. 69.

inclinés *n*, avec des pots de même nature et de même dimension terminés à leur partie inférieure par une tubulure *m*, qui les fait communiquer chacun avec un baquet D. On introduit dans les vases A, par leur partie supérieure, qu'on referme ensuite soigneusement, les terres sulfureuses et l'on allume du bois dans l'espèce de canal situé en E : le soufre contenu dans les vases A est distillé et se rend dans les baquets D. Les vases A contiennent environ 25 kilogrammes de minerai et l'on obtient 8 kilogrammes de soufre.

EXTRACTION PAR LA VAPEUR

271. On extrait le soufre par fusion au moyen de la vapeur d'eau sous une pression de 4 atmosphères.

RAFFINAGE

272. Le soufre obtenu par les procédés que nous venons de décrire n'est pas pur; il est d'une couleur jaune verdâtre et contient 4 à 10 pour 100 de matières étrangères: c'est ce qu'on nomme le *soufre brut* du commerce, qu'il est indispensable de soumettre au *raffinage*. On se sert à cet effet de l'appareil représenté par la figure 70. Cet appareil se compose

Fig. 70.

d'une chaudière A, communiquant au moyen d'un conduit recourbé avec une grande chambre de maçonnerie. Un obturateur E, qu'on peut mouvoir au moyen de la chaîne à contre-poids r, permet d'ouvrir ou de fermer le conduit. A la partie supérieure de cette chambre se trouve une ouverture C fermée au moyen d'une soupape n, destinée à laisser échapper l'air et l'acide sulfureux. Une ouverture O met cette chambre en communication avec un récipient H, chauffé par un foyer I.

Une porte P permet d'entrer dans la chambre. Un foyer D chauffe directement la chaudière A, et la chaleur dégagée de la fumée qui se rend dans la cheminée G chauffe une chaudière F, communiquant au moyen d'un tube à robinet *mn* avec la chaudière A.

On met le soufre brut dans la chaudière F ; dès qu'il est en fusion, on ouvre le robinet et il pénètre par le tube *mn* dans la chaudière A ; là il est transformé en vapeur et se rend sous cette forme dans la chambre de maçonnerie, où, suivant la durée de l'opération et la chaleur donnée, on obtient de la *fleur de soufre*, que l'on recueille en pénétrant par la porte P, ou du soufre liquide, qu'on fait couler, en ouvrant le passage O, dans un récipient H convenablement chauffé par le foyer I, afin que le soufre ne puisse se solidifier. On prend ensuite ce soufre liquide et on le verse dans des moules de bois où il prend la forme cylindrique sous laquelle il est vendu.

La *fleur de soufre* est le soufre sous forme pulvérulente ; elle est due à la solidification brusque des vapeurs de soufre au contact des murs froids de la grande chambre. Le *soufre en canon* est le soufre sous forme de petits bâtons de 2 à 3 centimètres de diamètre.

USAGES

273. Le soufre sert à confectionner des allumettes soufrées ; à fabriquer la poudre de guerre ou de chasse, où il se trouve mélangé au salpêtre et au charbon ; à sceller le fer dans la pierre ; à prendre les empreintes des médailles ; à confectionner le caoutchouc vulcanisé ; à combattre certaines maladies de la peau, certaines maladies qui frappent la vigne (oïdium), les pommes de terre, le blé, etc.; enfin à fabriquer l'acide sulfurique et l'acide sulfureux.

COMPOSÉS DU SOUFRE

274. Le soufre forme avec l'oxygène sept combinaisons : L'acide *hyposulfureux* (S^2O^2, HO); l'acide *hydrosulfureux* (S^2O^2, 2 HO); l'acide *sulfureux* (S^2O^4 ou SO^2); l'acide *sulfurique* (S^2O^6 ou SO^3); l'acide *hyposulfurique* (S^2O^5); l'acide *persulfurique* (S^2O^7); l'acide *trithionique* ou *hyposulfurique monosulfuré* (S^3O^5); l'acide *tétrathionique* ou *hyposulfurique* *bisulfuré* (S^4O^5); *l'acide pentathionique* ou *hyposulfurique trisulfuré* (S^5O^5).

Nous n'étudierons que les deux plus importants : l'acide sulfureux et l'acide sulfurique.

275. Le soufre forme, avec l'hydrogène, *l'acide sulfhydrique* (H^2S^2 ou HS).

ACIDE SULFUREUX (SO^2)

(Équivalent en poids = 32 ; — en volume = 2.)

HISTORIQUE — ÉTAT NATUREL

276. *L'acide sulfureux* se produit chaque fois qu'on brûle du soufre. On le rencontre toujours pur, jamais à l'état de combinaison. Il existe en assez grande abondance autour des volcans en activité et dans les solfatares. Il a été connu de tout temps, mais ce n'est que vers le milieu du 17° siècle que ses propriétés commencèrent à entrer dans le domaine scientifique.

PROPRIÉTÉS PHYSIQUES

277. L'acide sulfureux est un gaz incolore, d'une odeur désagréable et provoquant la toux : cette odeur est celle qui se dégage lorsqu'on enflamme une allumette soufrée. Sa densité est de 2,23 ; par suite, 1 litre de ce gaz pèse $1,293 \times 2,23 = 2^g,88$. Un litre d'eau dissout 80 litres d'acide sulfureux. On peut le liquéfier sous la pression ordinaire en le soumettant au refroidissement produit par un mélange de glace et de sel ordinaire. Le liquide ainsi obtenu bout à — 10° ; en se vaporisant, il produit un froid capable de congeler le mercure ; à — 75° il se solidifie dans un mélange d'acide carbonique et d'éther.

PROPRIÉTÉS CHIMIQUES

278. L'acide sulfureux ne peut être respiré ; il éteint les corps en combustion, est difficilement décomposable par la chaleur. Si on le fait traverser par une étincelle électrique, il se décompose en soufre et en oxygène. C'est un acide énergique ; il rougit fortement la teinture de tournesol.

ACTION DE L'HYDROGÈNE

279. *L'hydrogène* ne peut agir sur l'acide sulfureux sans l'intervention de la chaleur. Cependant, si l'on verse de l'acide sulfureux dans un appareil à hydrogène, cet acide est décomposé et il y a formation d'acide sulfhydrique : $3H + SO^2 = 2HO + HS$. Cette action tient au grand dégagement de chaleur produite par la mise en liberté de l'hydrogène.

ACTION DE L'OXYGÈNE

280. *L'oxygène sec* mis en présence de l'acide sulfureux au moyen de la mousse de platine donne naissance à de l'acide sulfurique anhydre. Si *l'oxygène* est *humide*, cette oxydation se fait encore plus facilement, ce qui explique la présence de l'acide sulfurique dans les flacons mal bouchés qui contiennent une dissolution de gaz sulfureux avec l'oxygène de l'air : $SO^2 + O + nHO = SO^3, nHO$.

Cette affinité de l'acide sulfureux pour l'oxygène est assez grande pour décomposer parfois les oxydes. Ainsi il réduit facilement l'acide chromique (CrO^3) à l'état de sesquioxyde de chrome (Cr^2O^3) ; il décompose également le chlorure d'or, ainsi que nombre de matières colorantes végétales : les violettes deviennent blanches dans l'acide sulfureux.

ACTION DE L'ACIDE AZOTIQUE

281. *L'acide azotique* (AzO^5) est attaqué par l'acide sulfureux : il y a production d'acide hypoazotique, puis réaction de ce dernier corps sur l'acide sulfureux et enfin formation d'un précipité cristallin (S^2AzO^9) appelé *cristaux des chambres de plomb;* car il se forme dans la préparation industrielle de l'acide sulfurique:

$$AzO^5, HO + SO^2 = SO^3, HO + AzO^4$$
$$2 AzO^4 + 2 SO^2 = AzO^3 + S^2AzO^9.$$

PRÉPARATION

282. Dans un ballon de verre A (fig. 71), qui communique, au moyen d'un tube à dégagement, avec un flacon laveur B communiquant lui-même avec une éprouvette placée sur une cuve à mercure, on introduit du mercure et de l'acide sulfurique concentré, à raison de 50 grammes du premier pour 200 grammes du second. Sous l'action de la chaleur, le

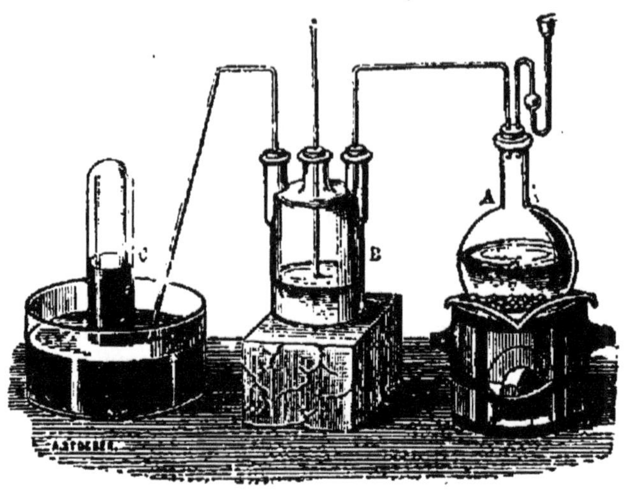

Fig. 71.

mercure s'empare d'une partie de l'oxygène de l'acide sulfurique pour former de l'oxyde de mercure, et l'acide sulfureux se rend par le tube B sous l'éprouvette, où on le recueille. L'oxyde de mercure se combine avec l'acide sulfurique en excès :

$$Hg + 2SO^3,HO = SO^2 + HgO,SO^3 + 2HO.$$

Dans cette préparation, on peut remplacer le mercure par du cuivre ; on a alors :

$$Cu + 2SO^3,HO = SO^2 + CuO,SO^3 + 2HO.$$

On ne pourrait pas employer de métaux plus oxydables, le zinc, par exemple, car il décomposerait l'eau et il se dégagerait de l'hydrogène, qui réduit l'acide sulfureux.

Il est une autre préparation à laquelle on a quelquefois recours : la décomposition de l'acide sulfurique par le charbon, dans laquelle on a de l'acide carbonique qui est retenu par de la potasse :

$$C + 2SO^3,HO = CO^2, + 2HO + 2SO^2.$$

MANIPULATION

DISSOLUTION DE L'ACIDE SULFUREUX

283. Prendre : 1° un ballon de verre; 2° un flacon laveur à tubulures; 3° un flacon ordinaire; 4° du cuivre; 5° de l'acide sulfurique huileux.

Le ballon de verre communique avec le flacon laveur contenant de l'eau et ce dernier avec un flacon ordinaire analogue à celui qui a été employé dans la manipulation du chlore ; on le remplit d'eau, on introduit dans le ballon de verre 50 à 60 grammes de rognures de. cuivre, sur lesquelles on verse 25 centimètres cubes d'acide sulfurique huileux. On chauffe le ballon très légèrement jusqu'à ce que la masse devienne noir brun et ressemble à du café qui bout. Le gaz sulfureux dégagé se rend dans le flacon à dissolution, où l'on constate sa présence en y plongeant des fleurs, qui doivent s'y décolorer. Le flacon à dissolution ne sera pas fermé.

USAGES

284. L'acide sulfureux sert au blanchiment de la laine, de la soie, des plumes, de la paille, des éponges, de la colle de poisson, de certaines membranes, telles que la baudruche; on l'utilise pour prévenir la fermentation dans les tonneaux; il permet d'enlever les taches de vin ou de fruit: il suffit pour cela de brûler un peu de soufre au-dessous de ces taches (fig. 72); on l'emploie sous forme de fumigation contre certaines maladies de la peau, pour assainir les lazarets ou désinfecter les vêtements, le linge et autres objets de personnes malades; enfin, on peut éteindre un feu de cheminée en jetant de la fleur de soufre sur le foyer et

Fig. 72.

en fermant l'ouverture avec des draps mouillés : le soufre, en brûlant, forme, avec l'oxygène de l'air, de l'acide sulfureux, qui, étant impropre à la combustion, éteint la suie enflammée.

Toutes les applications de l'acide sulfureux se rattachent à son affinité pour l'oxygène.

—————— ——————

ACIDE SULFURIQUE (SO³)

(Équivalent en poids = 80 ; — en volume = 4)

285. L'*acide sulfurique* a été découvert au quinzième siècle par Basile Valentin, moine bénédictin, alchimiste d'Erfurth ; mais c'est Lavoisier qui le premier en a fait connaître la nature et les propriétés.

286. L'acide sulfurique existe à l'état *anhydre* et à l'état *hydraté;* sous cette dernière forme, il prend le nom d'*acide normal*.

L'acide sulfurique anhydre (SO³), dissous dans l'acide sulfurique normal, donne naissance à l'acide sulfurique de *Nordhausen.*

L'acide sulfurique anhydre (SO³) et l'acide sulfurique de Nordhausen (SO³ + SO³,HO) n'ont qu'un intérêt purement scientifique et sortent, par conséquent, du cadre de cet ouvrage. Nous n'étudierons donc que l'acide sulfurique normal. Nous devons cependant dire que l'acide sulfurique de Nordhausen sert, en teinture, à dissoudre l'indigo ; on le préfère, pour cet usage, à l'acide sulfurique hydraté.

—————— ——————

ACIDE SULFURIQUE HYDRATÉ (SO³,HO)

HISTORIQUE

287. C'est seulement, comme nous l'avons vu, depuis Lavoisier que l'*acide sulfurique hydraté* est parfaitement connu. Comme il a été retiré du sulfate de fer appelé *vitriol vert*, on lui a également donné les noms d'*huile de vitriol* et d'*acide vitriolique*.

ÉTAT NATUREL

288. L'acide sulfurique hydraté se trouve en grandes quantités dans la nature, mais toujours à l'état de combinaison, par exemple, dans le sulfate de fer, le sulfate de chaux, le sulfate de magnésie, etc.

PROPRIÉTÉS PHYSIQUES

289. L'acide sulfurique hydraté est un liquide incolore et inodore, quand il est pur; son aspect oléagineux lui a fait donner le nom d'*huile de vitriol*. Sa densité est 1,84. Il se congèle à — 34° et entre en ébullition à + 325° avec des soubresauts, que l'on évite en mettant du sable ou des fils de platine dans les vases où on le chauffe.

PROPRIÉTÉS CHIMIQUES

290. L'acide sulfurique hydraté est un des acides les plus puissants : étendu de 1 000 fois son volume d'eau, il rougit fortement la teinture de tournesol. Il a une telle affinité pour l'eau que cette affinité suffit pour amener la fusion de la glace, sur laquelle son action est remarquable : dans un mélange formé, par exemple, d'une partie d'acide sulfurique hydraté et de 4 parties de glace, un thermomètre peut descendre au-dessous de 0°; si, au contraire, il y a 1 partie de glace et 4 parties d'acide sulfurique hydraté, c'est-à-dire si ce dernier est en excès, on peut observer une température de 50 à 60°; dans le premier cas, il y a dissolution; dans le second cas, hydratation, c'est-à-dire combinaison avec l'eau. Exposé à l'air humide, l'acide sulfurique hydraté absorbe jusqu'à 15 fois son poids d'eau. Il est réduit à l'état de gaz sulfureux par le soufre, le charbon et certains métaux, cuivre, mercure, etc. Il donne facilement des sels avec les oxydes. Il décompose presque toutes les matières organiques en leur enlevant de l'eau.

PRÉPARATION

PRÉPARATION DANS LES CHAMBRES DE PLOMB

291. La préparation industrielle la plus usitée, dite fabrication dans les *chambres de plomb*, s'effectue dans de grandes chambres B, C, D, E (fig. 73), garnies de lames de plomb soudées au chalumeau sans adjonction de métal étranger. G et I sont deux fourneaux dans lesquels on brûle du soufre brut sur des plaques de fonte. Une petite porte permet de faire pénétrer l'air atmosphérique dans chacun d'eux, en l'ouvrant plus ou moins, suivant les besoins, puis de charger de soufre les plaques de fonte ou d'enlever les résidus.

La chaleur qui se dégage de la combustion du soufre brut est employée à transformer en vapeur l'eau contenue dans deux chaudières placées chacune dans un des fourneaux. Un système de tuyaux p, n lance cette vapeur dans les différentes chambres. L'acide sulfureux formé par la combustion du soufre se rend, par le tube V, dans le tambour de tête A,

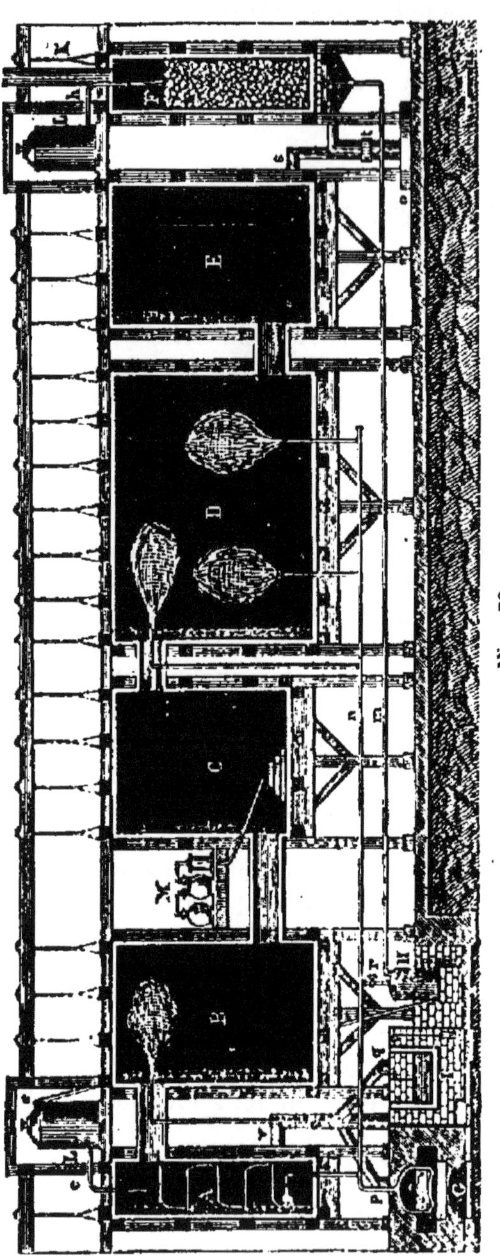

Fig. 73.

qui est également de plomb et dans lequel sont étagées des tablettes sur lesquelles coule de l'acide sulfurique. Les réactions commencent là. Les gaz se rendent alors dans le second *tambour de tête* B appelé *dénitrificateur*, puis dans la chambre C, où coule en nappe mince de l'acide azotique, enfin dans la grande chambre D, qui reçoit plusieurs jets de vapeur d'eau. C'est là que s'accomplit définitivement la réaction et que se forme une grande partie de l'acide sulfurique.

Les réactions se terminent dans la chambre E, l'un des tambours de queue. Pour arrêter les vapeurs nitreuses échappées à la condensation, on fait passer le gaz dans le tambour de queue F, rempli de coke, sur lequel tombe un léger filet d'acide sulfurique venant du réservoir L par *h*.

L'appareil a environ 1 500 mètres cubes et la chambre D, à elle seule, environ 1 000 mètres cubes. On brûle, par jour, 1000 kilogrammes de soufre. On emploie 45 kilogrammes d'acide azotique et 2 100 kilogrammes d'eau. De plus, près de 6 000 mètres cubes d'air doivent intervenir. On obtient ainsi 2 500 à 3 000 kilogrammes d'acide sulfurique.

292. Voici la série de réactions qui produisent l'acide sulfurique.

En brûlant, le soufre se combine avec l'oxygène de l'air introduit dans les fourneaux par les portes dont nous avons parlé et forme de l'acide sulfureux ; cet acide passe, en entraînant de l'air atmosphérique, dans le conduit V et arrive dans le tambour A, où nous savons qu'il y a de l'acide sulfurique ; cet acide est chargé de produits nitreux, dont nous verrons l'origine à la fin de l'opération ; nous avons donc en présence de l'acide sulfureux, de l'air, des produits nitreux et de la vapeur d'eau, et nous obtenons un peu d'acide sulfurique, car les vapeurs nitreuses sont oxydantes.

Le surplus des produits nitreux se rend dans le tambour B, qu'on nomme, ainsi que nous l'avons vu, *dénitrificateur*. Il se forme là une nouvelle quantité d'acide sulfurique.

Les gaz en excès passent dans la chambre C, où coule l'*acide azotique*. Au contact de l'acide sulfureux, l'acide azotique se décompose et il se forme de l'acide sulfurique, qui revient dans la chambre B où il se débarrasse de l'excès d'acide azotique qu'il entraîne en le mettant en contact avec l'acide sulfureux qui arrive en B.

L'acide sulfureux, l'air, l'acide hypoazotique provenant de la décomposition de l'acide azotique sont portés, au moyen d'un fort tirage, dans la grande chambre D. C'est là que se forme la plus grande partie de l'acide sulfurique; c'est là également que se rend celui qui existe dans le tambour B.

Comme dans la chambre D la température est très élevée, l'acide sulfurique ne peut pas s'y condenser et passe à l'état de vapeur dans une dernière chambre E, où il se condense en partie ; le surplus se rend par le tuyau S dans le réfrigérant O entouré d'eau, et y complète sa condensation.

Quant aux vapeurs nitreuses, elles pénètrent par le tuyau t dans le tambour F, où le coke, imbibé d'acide sulfurique, retient le gaz hypoazotique; l'azote et le protoxyde d'azote s'échappent par la cheminée K. L'acide sulfurique passe à travers le coke et, tout chargé de produits nitreux, se rend par le tube m dans le réservoir H. La vapeur provenant des chaudières exerce sur ce réservoir une pression suffisante pour faire remonter cet acide sulfurique dans le réservoir L, d'où il tombe dans le tambour A.

Il y a aujourd'hui une tendance à expliquer autrement les réactions qui forment l'acide sulfurique et à considérer les cristaux des chambres de plomb (S^2AzO^9) comme le pivot des oxydations.

On sait que l'acide sulfureux avec l'acide azotique donne de l'acide sulfurique, puis de l'acide hypoazotique, qui forme les cristaux des chambres de plomb, enfin de l'acide azoteux :

$$SO^2 + AzO^5,HO = SO^3,HO + AzO^4$$
$$2SO^2 + 2AzO^4 = S^2AzO^9 + AzO^3.$$

Or les cristaux des chambres de plomb, au contact de l'eau, se dédoublent en acide sulfurique hydraté et acide azoteux :

$$S^2AzO^9 + 2HO = 2SO^3,HO + AzO^3.$$

Cet acide azoteux, rencontrant de l'acide sulfureux, l'oxyde en fournissant du bioxyde d'azote, que l'air peut transformer en vapeurs nitreuses :

$$SO^2 + AzO^3 = SO^3 + AzO^2$$
$$AzO^2 + O^2 = AzO^4.$$

En dernier lieu, cet acide hypoazotique reforme des cristaux des chambres de plomb et la série des réactions recommence.

293. L'acide sulfurique obtenu de la manière que nous venons d'analyser n'a pas un degré assez élevé pour être livré au commerce ; il ne marque que 50 à 52°. Pour obtenir le *degré de concentration* convenable, on place l'acide sulfurique dans de grands bassins de plomb P (fig. 74), où on le

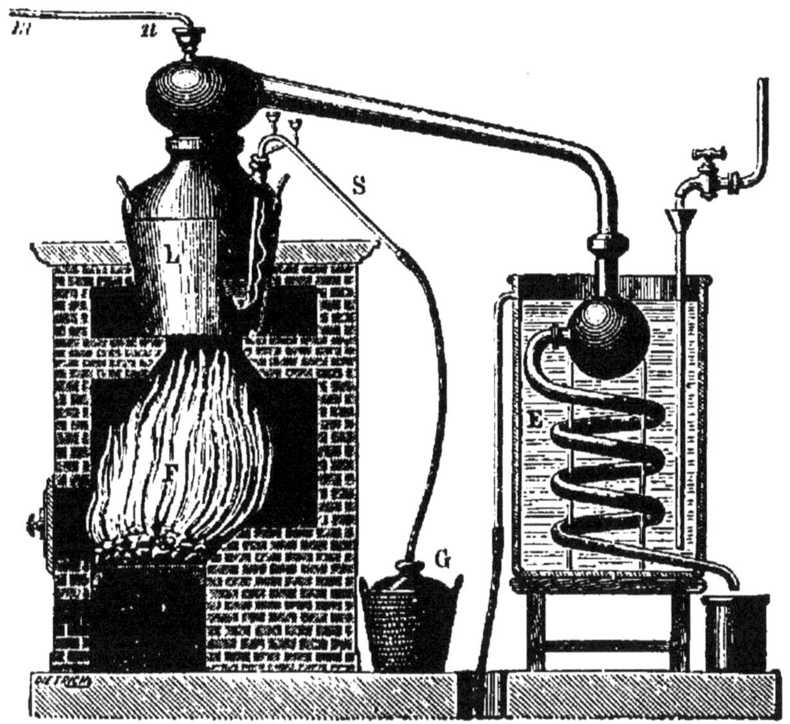

Fig. 74.

laisse s'évaporer jusqu'à ce qu'il marque 60° au plus, car au-dessus de ce degré il attaque le plomb. Alors, au moyen du petit siphon *mn*, on le conduit dans une chaudière de platine L [1], où, sous l'action de la chaleur émanant du foyer F, il continue à se concentrer. Lorsqu'il marque 66°, on le retire au moyen du siphon S*r*, qui se refroidit au contact du courant d'eau établi dans la cuve E, puis on le

---

1. Cette chaudière pèse ordinairement, chapiteau compris, 81 kilogrammes et permet une distillation journalière de 4000 kilogrammes.

verse dans des vases de grès. C'est dans cet état qu'il est
livré au commerce.

PROCÉDÉ THYSS

294. M. Thyss, ayant remarqué que les réactions générales
de l'acide sulfurique se font surtout dans les grandes
chambres et que, de plus, elles sont très lentes, a diminué
le volume de ces chambres. Les deux premières restent
intactes, mais les autres sont réduites et donnent place à
des colonnes de plomb destinées à mettre en contact plus
intime les produits de la réaction. Ces colonnes, au nombre
de six par chambre, sont reliées entre elles par de larges
cadres de plomb placés les uns au-dessus des autres et per-
cés d'une multitude de petits trous d'un centimètre de
diamètre. Le mélange des produits arrivant par la partie
supérieure doit passer par ces cribles, et l'on a ainsi le
mélange intime nécessaire à une bonne opération. De cette
manière un mètre cube de chambre produit près de
300 kilogrammes d'acide sulfurique.

PURIFICATION

295. Pour débarrasser l'acide sulfurique des impuretés
qu'il peut contenir, produits azotés, sulfate de plomb et,
lorsqu'on a employé des pyrites pour sa fabrication, des
acides arsénieux et arsénique, on l'étend d'abord de son
poids d'eau, mais en prenant quelques précautions, car si ce
mélange, qui se fait toujours avec un grand dégagement de
chaleur, a lieu trop brusquement, il en résulte une espèce
d'explosion. On fait ensuite passer sur ce mélange un courant d'acide sulfhydrique, qui précipite le plomb et l'arsenic, s'il y a lieu. En ajoutant à l'acide sulfurique un peu
de sulfate d'ammoniaque et le chauffant ensuite légèrement,
on le débarrasse des produits azotés.

Pour terminer la purification, on distille l'acide sulfurique
dans une cornue de verre A (fig. 75) communiquant avec un
ballon de verre B plongé dans l'eau. La viscosité du liquide
et son adhérence au verre provoquant, sous l'action de
la chaleur, des soubresauts qui peuvent amener la rupture
de la cornue, il est nécessaire d'agir prudemment à l'égard de

celle-ci : on en garnit le fond de fils de platine, qui facilitent et régularisent l'ébullition ; on la place sur une grille annu-

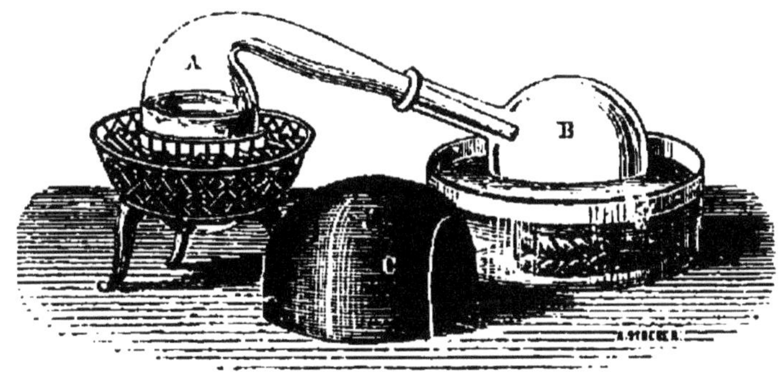

Fig. 75.

laire et on l'entoure de charbons disposés de manière à chauffer ses côtés ; enfin, pour empêcher les vapeurs de se condenser dans le haut de la cornue, on la recouvre d'un dôme de toile C.

PRÉPARATION DANS LES LABORATOIRES

296. Dans les laboratoires, on oxyde l'acide sulfureux par des composés oxygénés de l'azote. A cet effet, dans un ballon rempli d'air et contenant de l'eau, on fait arriver du bioxyde d'azote.

1° En présence de l'oxygène de l'air, le bioxyde d'azote donne de l'acide hypoazotique :

$$AzO^2 + 2O = AzO^4.$$

2° En présence de l'eau du ballon, l'acide hypoazotique, comme on le sait, se dédouble en acide azotique et acide azoteux, qui restent dissous :

$$2AzO^4 + 2HO = AzO^5,HO + AzO^3,HO.$$

3° A ce moment, on fait arriver l'acide sulfureux, qui se dissout et réduit l'acide azotique, ainsi que l'acide azoteux :

$$SO^2 + AzO^5,HO =: SO^3,HO + AzO^4$$
$$SO^2 + AzO^3,HO = SO^3,HO + AzO^2.$$

8.

4° L'acide hypoazotique et le bioxyde d'azote provenant de cette réduction nous font retomber sur les deux premières réactions, de sorte que le même cycle d'opérations continue au fur et à mesure qu'arrive le gaz sulfureux.

MANIPULATION

PRODUCTION DE L'ACIDE SULFURIQUE

297. Prendre : 1° un ballon ; 2° un flacon à deux tubulures ; 3° un petit ballon de verre ; 4° des tubes ; 5° du

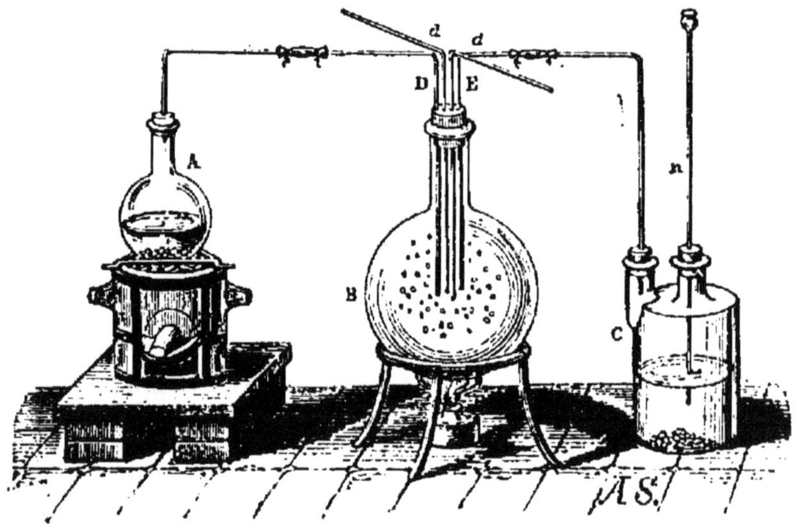

Fig. 76.

cuivre ; 6° de l'acide azotique ; 7° de l'acide sulfurique ; 8° un grand ballon de verre.

Les différentes pièces sont agencées comme on le voit dans la figure 76.

Le bouchon du grand ballon B est percé de quatre trous qui laissent passer à frottement dur quatre tubes, dont deux libres et les deux autres communiquant, le tube D avec le ballon A, le tube E avec le flacon C.

Le ballon A est l'appareil producteur de l'acide sulfureux. On y introduit du cuivre et de l'acide sulfurique dans les proportions indiquées pour la manipulation précédente (n° 283). Dans le flacon C, qui doit produire le bioxyde d'azote, on met du cuivre et de l'acide azotique dilué.

Avant de boucher le ballon B, on y verse un peu d'eau, ce qui suffit pour alimenter la réaction. Ce ballon doit être posé sur un toron de paille ou sur un trépied.

Le bioxyde d'azote se rend dans le ballon B, où l'on insuffle de l'air par un des tubes libres, en prenant bien garde d'inspirer le contenu de ce ballon : immédiatement des vapeurs rutilantes le remplissent; on fait alors arriver lentement l'acide sulfureux. L'opération continue seule ; on n'a qu'à insuffler de l'air dans le grand ballon, lorsqu'on voit que son contenu se décolore.

Si l'on ne refroidit pas le ballon B, on aperçoit bientôt ses parois tapissées des jolis cristaux dits des chambres de plomb (S^2AzO^9). L'opération dure à peu près une demi-heure. On recueille l'acide sulfurique dissous dans l'eau du ballon. Pour en constater la présence, verser dans cette eau une solution d'azotate de baryte : immédiatement il se produira un précipité de sulfate de baryte insoluble.

PRÉPARATION DE L'ACIDE DE NORDHAUSEN
(ACIDE SULFURIQUE)

298. Prendre : 1° une cornue de grès ; 2° une allonge: 3° une cuve à eau ; 4° un fourneau à réverbère ordinaire ; 5° du sulfate de fer; 6° une capsule plate de terre; 7° une spatule de fer ; 8° un mortier.

Broyer le sulfate de fer dans le mortier, puis le chauffer dans la capsule de terre, pour lui faire perdre ses 7 équivalents d'eau : de verdâtre qu'il était, le sulfate de fer devient blanchâtre. Il se forme une pâte que l'on doit constamment remuer au moyen d'une spatule de fer, jusqu'à ce que la masse soit réduite en une poudre blanche. On porte alors cette poudre dans la cornue de grès, que l'on adapte à l'allonge et que l'on chauffe dans le fourneau à réverbère: l'acide fumant distille dans l'allonge, qui baigne dans l'eau.

USAGES

299. On se sert beaucoup de l'acide sulfurique dans les laboratoires pour la préparation de certains acides, comme nous l'avons vu pour l'acide chlorhydrique. L'Angleterre en fournit 500 000 tonnes; la France, 150 000 ; l'Allemagne, 85 000 ; l'Autriche, 40 000 ; la Belgique, 30 000.

L'acide sulfurique est employé pour la galvanoplastie, les piles électriques et la fabrication de la soude, de l'alun, de l'éther, des bougies, du cirage, du coton-poudre, etc.

ACIDE SULFHYDRIQUE (HS)

(Équivalent en poids = 17; — en volume = 2.)

HISTORIQUE

300. *L'acide sulfhydrique*, découvert par Rouelle en 1773, reçut d'abord le nom d'*air puant;* on l'appela ensuite *hydrogène sulfuré, acide hydrosulfurique;* Thénard, Gay-Lussac et Davy en déterminèrent la nature.

PROPRIÉTÉS PHYSIQUES

301. L'acide sulfhydrique est un gaz incolore, d'une odeur semblable à celle des œufs pourris et qui justifie son ancien nom. Sa densité est de 1,1912; donc 1 litre de ce gaz pèse $1,293 \times 1,1912 = 1^g,540$. Peu soluble dans l'eau, il est très soluble dans l'alcool. Il se liquéfie à 0° sous la pression de 10 à 15 atmosphères. Il se solidifie à — 85° dans un mélange d'éther et d'acide carbonique solide.

PROPRIÉTÉS CHIMIQUES

302. L'acide sulfhydrique est un acide faible et un poison violent; il rougit la teinture de tournesol, mais en lui donnant un aspect vineux. Il se décompose facilement en hydrogène et soufre sous l'influence de la chaleur ou de l'électricité. Il est impropre à la combustion et à la respiration. C'est à son action délétère que sont dues les asphyxies auxquelles sont exposés les vidangeurs dans les fosses d'aisances, où il existe en combinaison avec l'ammoniaque à l'état de sulfhydrate d'ammoniaque, aussi dangereux que lui; pour le combattre, il faut faire respirer au malade une dissolution de chlorure de chaux. On peut, du reste, prévenir ces accidents en jetant dans les fosses d'aisances une dissolution de sulfate de fer mêlée d'un peu de chaux. Les chlorures et les sulfates de zinc sont encore plus efficaces que le sulfate de fer.

L'acide sulfhydrique brûle au contact de l'air en formant de l'eau et de l'acide sulfureux : $3\,O + HS = HO + SO^2$.

L'acide sulfureux et l'acide sulfhydrique se décomposent réciproquement : $2 HS + SO^2 = 3 S + 2 HO$.

L'acide sulfhydrique est décomposé par certains métalloïdes, tels que le chlore, le brome, etc, qui s'emparent de l'hydrogène et mettent le soufre en liberté. Il réagit également sur les corps oxygénés, ainsi que sur les métaux, qu'il précipite de leur dissolution à l'état de sulfures souvent colorés. Il noircit les peintures à bases de plomb.

ÉTAT NATUREL

303. Les eaux minérales sulfureuses, telles que celles d'Enghien, de Barèges, d'Aix (Savoie), qui contiennent en dissolution des sulfures alcalins, dégagent presque continuellement de l'acide sulfhydrique. On en rencontre auprès des volcans et des solfatares, ainsi que dans les fosses d'aisances, dans la vase des marais, partout enfin où il y a un dépôt d'immondices.

PRÉPARATION

PRÉPARATION PAR LE SULFURE D'ANTIMOINE ET L'ACIDE CHLORHYDRIQUE

304. Dans un ballon A (fig. 77), contenant du sulfure

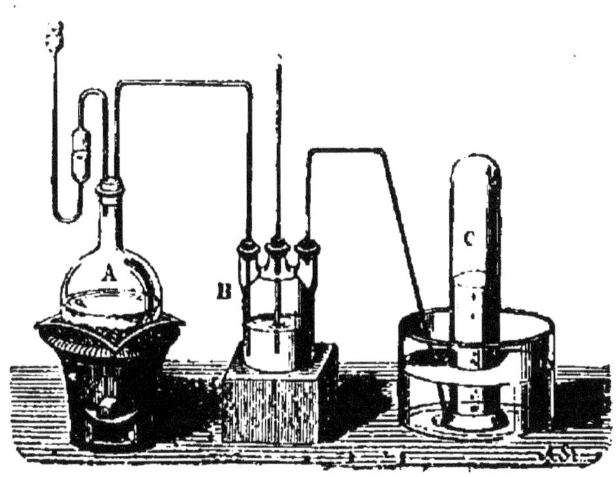

Fig. 77.

d'antimoine réduit en poudre, on verse par le tube *mn* de l'acide chlorhydrique concentré, puis on chauffe légèrement, pour faciliter la réaction : l'hydrogène de l'acide chlorhydrique forme, en se combinant avec le soufre, de l'acide sulfhydrique; celui-ci se rend, en passant par le flacon laveur B, qui retient l'acide chlorhydrique qu'il peut entraîner, dans l'éprouvette C, placée sur une cuve à eau, tandis que dans le ballon il reste du protochlorure d'antimoine :

$$SbS^3 + 3HCl = 3HS + SbCl^3.$$

PRÉPARATION PAR LE SULFURE DE FER ET L'ACIDE SULFURIQUE ÉTENDU D'EAU

305. On met des fragments de sulfure de fer dans un flacon A à deux tubulures (fig. 78) et rempli d'eau aux deux tiers; on y verse ensuite de l'acide sulfurique par le tube n : il se dégage de l'acide sulfhydrique, qui se rend dans l'éprouvette B, placée sur la cuve à eau, et il reste dans

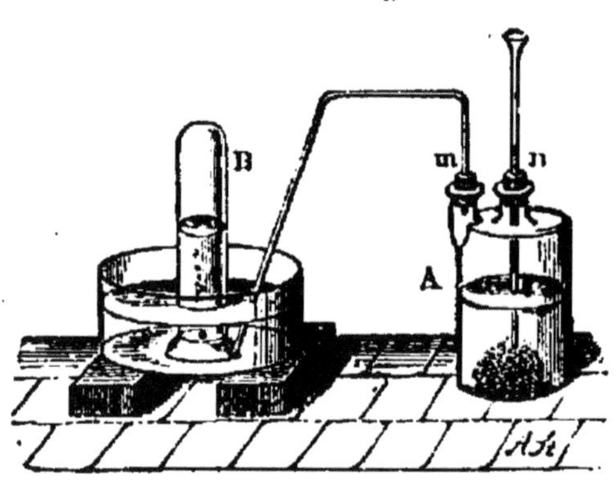

Fig. 78.

le flacon A du sulfate de fer :

$$FeS + SO^3,HO = FeO,SO^3 + HS.$$

USAGES

306. Dans les laboratoires, l'acide sulfhydrique sert à l'analyse des dissolutions métalliques; en médecine, au traitement de certaines maladies de peau. Les eaux minérales employées pour guérir les maladies de la peau et les affections du larynx doivent leurs propriétés à la présence de cet acide.

PHOSPHORE ET ARSENIC

PHOSPHORE (Ph)

(Équivalent en poids = 31 ; — en volume = 1.)

HISTORIQUE

307. En 1669, Brandt, de Hambourg, retira le phosphore de l'urine ; mais c'est seulement un siècle plus tard qu'il fut définitivement connu et que Scheele trouva le moyen d'extraction encore employé aujourd'hui.

PROPRIÉTÉS PHYSIQUES

308. Corps solide à la température ordinaire, le phosphore est d'abord incolore, mais devient peu à peu ambré sous l'influence de la lumière, même quand elle est diffuse. Il est insipide et doué d'une odeur comparable à celle de l'ail. Si on le manie sous l'eau, on s'aperçoit qu'il est très flexible et que l'ongle l'entame facilement. Sa température de fusion est de 44°, mais on peut l'amener à 30° avant qu'il se solidifie : ici, comme pour le soufre, il y a surfusion.

Le phosphore ordinaire passe en vapeurs vers 290°. Il peut cristalliser dans le vide. Son dissolvant est le sulfure de carbone ; l'alcool et l'éther le dissolvent en faible quantité ; il est complètement insoluble dans l'eau, liquide dans lequel on le conserve généralement.

Une lumière vive transforme lentement le phosphore blanc en *phosphore rouge ;* cette modification, qui ne porte généralement que sur la surface du corps, est rendue complète par une température de 250° longtemps maintenue.

Le phosphore chauffé, puis brusquement refroidi, devient *noir,* ce qui arrive aussi quand on le fond avec des vapeurs de mercure. Cette coloration est due à certains phosphures métalliques disséminés dans la masse du phosphore.

PROPRIÉTÉS CHIMIQUES

309. Le phosphore a une très grande affinité pour l'*oxygène.* Exposé à l'air humide, à la température ordinaire, il répand des fumées blanches en se transformant en acide phosphorique (PhO^5) ; dans l'air sec, il se combine lentement avec l'oxygène et dégage de l'acide phosphoreux anhydre

(PhO^3). A 60° environ ou par suite d'une élévation de température résultant d'un choc ou d'un frottement, il prend feu dans l'air; aussi doit-il être manié avec prudence et sous l'eau. Les brûlures auxquelles il peut donner lieu doivent être soignées avec de l'eau dans laquelle on a délayé de la magnésie. Si l'on raye avec le phosphore une surface quelconque, cette rayure devient lumineuse dans l'obscurité; on dit qu'il produit une lueur *phosphorescente*; cette phosphorescence est attribuée à l'oxydation lente des particules de phosphore laissées sur la surface dont il s'agit. L'oxydation du phosphore peut même avoir lieu sous l'eau, en présence de l'*oxygène* ou des *alcalis*. Au-dessus de 40°, il brûle dans l'oxygène avec une lumière éblouissante en dégageant de l'acide phosphorique : $Ph + SO = PhO^5$. Cette réaction peut même se faire sous l'eau à 60°.

Le phosphore brûle spontanément avec une grande intensité dans le *chlore* :

$$Ph + 5Cl = PhCl^5$$
$$Ph + 3Cl = PhCl^3.$$

L'action du phosphore sur le *soufre* est encore plus violente : elle produit une explosion.

Les *métaux* sont attaqués par le phosphore, à l'action duquel le platine lui-même n'échappe pas : on a ainsi des phosphures.

PHOSPHORE ORDINAIRE ET PHOSPHORE ROUGE

310. Il y a entre le phosphore ordinaire et le phosphore rouge une diversité de propriétés que fera saisir le tableau suivant de M. Troost.

Phosphore ordinaire.	*Phosphore rouge.*
Couleur ambrée.	Couleur rouge.
Densité : 1,83.	Densité : 1,96.
Fond à 44°.	Ne fond pas; à 260° se transforme en phosphore ordinaire.
Cristallise à la température ordinaire.	Cristallise vers 580°.
Soluble dans le sulfure de carbone.	Insoluble dans le sulfure de carbone.
Phosphorescent.	Non phosphorescent.
S'oxyde rapidement à l'air.	S'oxyde lentement à l'air.
Inflammable à 60°.	Inflammable à 260°.
Poison violent.	Pas dangereux.

ÉTAT NATUREL

311. Le phosphore n'existe pas en liberté dans la nature. On le trouve, à l'état de phosphates de chaux, de fer, de plomb, etc., dans la plus grande partie des roches et dans le sol; à l'état de phosphates de chaux et de magnésie, dans les graines de certaines céréales qui, par conséquent, pour prospérer, demandent un terrain ou des engrais riches en phosphates; à l'état de phosphate de chaux, dans les os des mammifères et des oiseaux; à l'état de phosphates de soude et d'ammoniaque, dans l'urine; associé à la matière organique dans le système nerveux des animaux et à la laitance des poissons.

PRÉPARATION

312. On extrait le phosphore des os des animaux, lesquels os contiennent environ 33 pour 100 de matières animales, dont on les débarrasse par une première calcination à air libre. Après cette opération, il reste des *os blancs*, contenant 75 à 80 pour 100 environ de phosphate de chaux, 20 à 25 pour 100 de carbonate de chaux et environ 5 pour 100 de silicates et aluminates; on les réduit en poudre, qu'on tamise. La *cendre d'os* ainsi obtenue est malaxée dans un cuvier de plomb avec de l'eau bouillante et de l'acide sulfurique à 52° dans les proportions d'un poids égal d'acide sulfurique et de cendre d'os et cinq fois ce poids d'eau bouillante : il y a dégagement d'acide carbonique, par suite de la combinaison de l'acide sulfurique et de la chaux enlevée au carbonate. En outre, l'acide sulfurique attaque le phosphate, lui enlève de la chaux et le fait passer à l'état de phosphate acide :

$$CaO,CO^2 + 3SO^3,HO + 3CaO,PhO^5 = CO^2 + 3CaO,SO^3 + CaO,2HO,PhO^5 + HO.$$

On agite de temps à autre le mélange avec une spatule de platine, ce qui le rend plus intime. Après l'avoir laissé reposer, on le décante, en laissant au fond du vase le sulfate de chaux, qui est précipité; on évapore dans la bassine C (fig. 79) le liquide décanté, qui ne contient que du phosphate de chaux imbibé d'eau et d'acide sulfurique; on décante de nouveau ou l'on fait passer le mélange à travers un filtre, et l'on ajoute à la matière du charbon de bois, préalablement réduit en poudre très fine. On place ensuite le mélange dans une chaudière de fonte que l'on chauffe jusqu'au rouge sombre, de manière à faire évaporer l'eau et l'acide sulfureux résultant de la décomposition par le charbon de l'acide sulfurique en excès, qui n'a pas servi dans les réactions précédentes et qui imbibe la masse de phosphate de chaux : on obtient ainsi une masse desséchée qui, pulvérisée puis additionnée de charbon, est introduite dans des cornues de grès B, soumises à l'action d'un foyer A, dont la flamme vient les envelopper. Le col de chaque cornue s'engage dans la tubulure relevée d'un récipient de cuivre R, en partie rempli d'eau et muni d'un tube à dégagement c. Tous ces récipients sont contenus dans une

Fig. 79.

auge pleine d'eau maintenue à 45°, afin que le phosphore ne puisse, en se solidifiant, obstruer l'ouverture du récipient. Cette opération dure environ trois jours.

Dans la première partie de la réaction, nous avons :

$$3\,CaO,\,PhO^5 + 2\,SO^3,\,HO = 2\,CaO,\,SO^3 + CaO,\,2\,HO,\,PhO^5.$$

Nous avons vu qu'en décantant, le sulfate de chaux restait au fond du cuvier de plomb ; on n'a donc mis dans la bassine C que du phosphate de chaux acide soluble. Sous l'action de la chaleur et du charbon, dans la seconde opération, ce phosphate est décomposé après avoir perdu son eau :

$$3\,(CaO,PhO^5) + 10\,C = 10\,CO + 3\,CaO,PhO^5 + 2\,Ph.$$

Le phosphore se condense dans l'eau, tandis que les gaz s'échappent par la tubulure *e*. Il reste du triphosphate.

En résumé, la préparation du phosphore comporte trois opérations : 1° passage du triphosphate à l'état de phosphate acide; 2° élimination de l'eau du phosphate acide par le charbon; 3° décomposition du monophosphate par le charbon.

PURIFICATION

313. Le phosphore obtenu de la manière que nous venons d'indiquer n'est pas pur; il contient surtout du charbon divisé. Pour le purifier, on le filtre dans l'eau chaude à travers une peau de chamois, puis on le fait pénétrer dans de petits tubes de verre qu'on refroidit brusquement : on obtient ainsi de petits bâtons de phosphore, forme sous laquelle il est livré au commerce.

USAGES — ALLUMETTES CHIMIQUES

314. Le phosphore est surtout employé pour la fabrication des allumettes. On sait que ce sont de petites bûches de *bois blanc* dont une des extrémités est garnie d'une préparation capable de s'enflammer par le frottement. Cette préparation varie suivant qu'elles contiennent du soufre, comme les allumettes ordinaires, ou qu'elles n'en contiennent pas.

315. Les *allumettes ordinaires* sont d'abord plongées dans du soufre en fusion sur une longueur de 4 à 5 millimètres, puis garnies, sur une longueur de 1 ou 2 millimètres, d'une préparation contenant, sur 10 parties, 3 parties de phosphore, 3 de gomme du Sénégal, 2 de bioxyde de plomb, 2 de sable fin et smalt.

316. Pour préparer les *allumettes ordinaires sans soufre*, on en plonge l'extrémité dans un bain d'*acide stéarique*, puis on garnit cette extrémité d'une pâte composée comme la précédente, en y ajoutant un peu de chlorate de potasse, qui donne l'oxygène nécessaire à la combustion vive.

317. Les *allumettes à phosphore rouge* ont l'avantage de ne pouvoir s'enflammer que si elles sont frottées sur un corps enduit d'une préparation spéciale. Leur extrémité est garnie d'une pâte qui, sur 160 parties, en contient 100 de chlorate de potasse, 40 de sulfure d'antimoine, 20 de colle-forte.

Le frottoir doit être enduit d'une préparation contenant, sur 230 parties, 100 parties de phosphore rouge, 80 de sulfure d'antimoine, 50 de colle-forte.

318. Dans les *allumettes-bougies*, le bois est remplacé par de petites mèches de coton qu'on a passées dans un bain de cire fondue.

319. D'après M. Hochstetter, la pâte des *allumettes sans phosphore*, sur 117 parties, en contient 28 de chlorate de potasse, 8 de chromate de potasse, 18 de bioxyde de plomb, 7 de sulfure d'antimoine, 12 de verre pilé, 8 de gomme, 36 d'eau.

COMPOSÉS OXYGÉNÉS DU PHOSPHORE

320. Le phosphore forme avec l'oxygène trois composés : *l'acide phosphorique* (PhO^5), *l'acide phosphoreux* (PhO^3), *l'acide hypophosphoreux* (PhO). Nous n'avons à étudier que le premier.

COMPOSÉS HYDROGÉNÉS DU PHOSPHORE

321. En 1793, Gengembre découvrit le gaz hydrogène phosphoré, qui s'enflamme spontanément. Les travaux ultérieures de Davy, de Rose et de Thénard établirent qu'il existe trois combinaisons de phosphore et d'hydrogène : un *phosphure liquide* (PhH^2), un *phosphure solide* (Ph^2H), un *phosphure gazeux* (PhH^3). Ce dernier est celui qu'on désigne sous le nom d'*hydrogène phosphoré* et le seul que nous ayons à étudier.

ACIDE PHOSPHORIQUE (PhO^5)

(Équivalent en poids = 71).

HISTORIQUE

322. C'est Margraff qui a découvert *l'acide phosphorique*. Berzélius et Gay-Lussac en ont étudié les propriétés, mais elles ne sont bien connues que depuis les travaux de Graham. Il peut se présenter sous deux formes : *anhydre* ou *hydraté*.

ACIDE PHOSPHORIQUE ANHYDRE

PROPRIÉTÉS

323. L'acide phosphorique anhydre est un corps solide, blanc, pulvérulent, inodore et d'une saveur acide. Il fond au rouge et se volatilise au rouge blanc. Il est très avide d'eau, et quand on l'y projette, il fait entendre un sifflement semblable à celui qu'y produirait un fer rouge ; on utilise cette propriété pour dessécher certains gaz. Sous l'influence de la chaleur et du charbon, il se décompose.

PRÉPARATION

324. Dans un ballon A à trois tubulures (fig. 80) on fait pénétrer, par l'ouverture supérieure *m*, un tube de porcelaine à l'extrémité duquel est suspendu un creuset également de porcelaine et contenant un morceau de phosphore ; ce ballon communique par l'ouverture O avec un flacon C contenant du chlorure de calcium et par l'ouverture *n* avec un flacon B. Au moyen d'une tige de fil de fer rougie, on enflamme le phosphore placé dans le creuset : l'air qui arrive par le tube E, après s'être desséché au contact du chlorure de calcium, cède son oxygène au phosphore, et l'on voit l'acide phosphorique retomber en flocons blancs au fond du ballon A ; une partie est entraînée par le courant d'air et va se déposer au fond du flacon B. Un appareil aspirateur placé en E établit

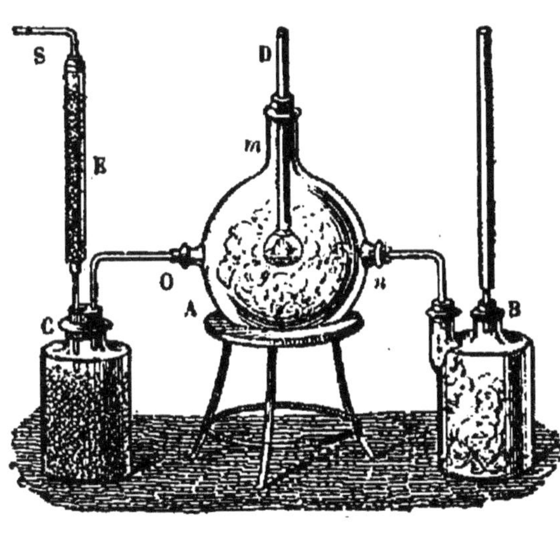

Fig. 80.

tie est entraînée par le courant d'air et va se déposer au fond du flacon B. Un appareil aspirateur placé en E établit un courant d'air constant; d'un autre côté, par le tube de porcelaine on fait passer des morceaux de phosphore, lorsque celui qui brûle est sur le point d'être complètement consumé. On peut préparer ainsi de l'acide phosphorique anhydre d'une manière continue.

ACIDE PHOSPHORIQUE HYDRATÉ

325. L'acide phosphorique se combine avec l'eau dans des proportions variables et donne naissance à trois composés : *l'acide métaphosphorique*, PhO^5,HO (monobasique); *l'acide pyrophosphorique*, $PhO^5,2HO$ (bibasique); *l'acide phosphorique ordinaire*, $PhO^5,3HO$ (tribasique).

Quoique nous n'ayons à nous occuper que du dernier, nous devons faire connaître les caractères qui permettent de distinguer ces acides les uns des autres.

L'acide métaphosphorique précipite l'albumine, donne un précipité blanc avec l'azotate d'argent et le chlorure de baryum.

L'acide pyrophosphorique dissout l'albumine, donne un précipité blanc avec l'azotate d'argent et pas de précipité avec le chlorure de baryum.

L'acide phosphorique ordinaire dissout l'albumine, donne un précipité jaune avec l'azotate d'argent et pas de précipité avec le chlorure de baryum.

ACIDE PHOSPHORIQUE ORDINAIRE ($PhO^5,3HO$)

PROPRIÉTÉS — ÉTAT NATUREL

326. *L'acide phosphorique ordinaire* est solide, inodore et doué d'une saveur franchement acide. Il peut cristalliser; chauffé, il entre en fusion et forme alors une masse vitreuse. Il attaque le verre. On le trouve à l'état de phosphate dans les trois règnes de la nature.

PRÉPARATION

PRÉPARATION PAR LE PHOSPHORE ET L'ACIDE AZOTIQUE

327. Dans une cornue de verre A (fig. 81) on introduit du phosphore avec environ 8 fois son poids d'acide azotique étendu d'eau (30 grammes de phosphore et 200 grammes d'acide azotique à 20°): il se produit de l'acide phosphorique, qui reste dans la cornue, et du bioxyde d'azote, qui, avec les

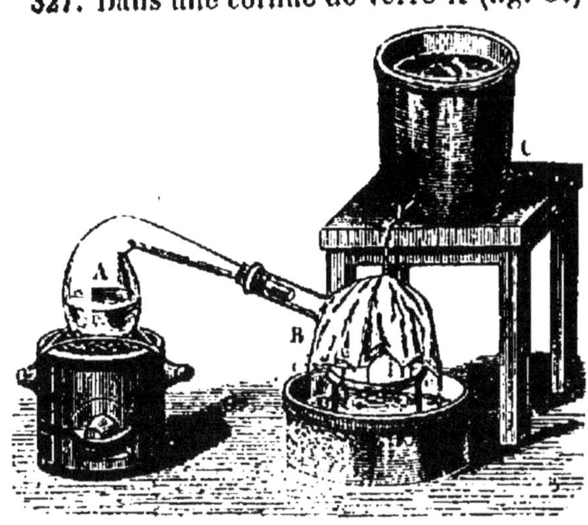

Fig. 81.

vapeurs d'acide azotique, se rend dans le matras B, continuellement refroidi par un courant d'eau, tandis que la cornue est chauffée jusqu'à ce qu'il n'y reste plus de phosphore. Cette réaction peut s'exprimer de la manière suivante :

$$3Ph + 5AzO^5 + nHO = 3PhO^5,3HO + 5AzO^2 + nHO.$$

L'eau facilite la réaction sans se modifier.

PRÉPARATION PAR LES OS

328. On peut obtenir l'acide phosphorique ordinaire én traitant la cendre des os par de l'acide azotique. Si l'on vient à ajouter au mélange de l'acétate de plomb, il y a production d'azotate, d'acétate et de phosphate de chaux. Ce mélange, traité par l'acide sulfurique, donne de l'acide phosphorique contenant des traces de plomb, par suite de la présence de l'acétate de plomb. En traitant la dissolution par un courant d'hydrogène sulfuré, celui-ci précipite ce plomb à l'état de sulfure.

DOSAGE DE L'ACIDE PHOSPHORIQUE

329. Pour doser l'acide phosphorique, on verse dans la dissolution dont nous venons de parler un mélange d'une dissolution de sulfate de magnésie et de chlorhydrate d'ammoniaque, mélange auquel on ajoute en même temps de l'ammoniaque en excès, puis on remue le tout avec une baguette de verre : peu après il se forme au fond du vase un précipité de phosphate ammoniaco-magnésien ou phosphate double d'ammoniaque et de magnésie.

MANIPULATION
PRODUCTION DE L'ACIDE PHOSPHORIQUE ANHYDRE

Fig. 82.

330. Prendre : 1° une grande cloche de verre munie d'un bouton (fig. 82); 2° une assiette assez grande; 3° une petite coupelle; 4° du phosphore.

Au moyen d'une pince de bois, on retire un fragment de phosphore de l'eau où il se trouve. On l'essuie vivement avec du papier à filtre, en prenant bien garde de ne point l'écraser avec les doigts; car, autrement, on en provoquerait l'inflammation. On le dépose alors dans la petite coupelle placée dans l'assiette. Après avoir enflammé le phosphore au moyen d'une tige rougie au feu, on le recouvre rapidement de la cloche, qui se tapisse bientôt de cristaux d'acide phosphorique. Pour réussir, on dessèche l'air de la cloche par de la chaux vive.

USAGES

331. On se sert de l'acide phosphorique ordinaire dans les laboratoires, en médecine et dans les arts.

HYDROGÈNE PHOSPHORÉ (PhH³.)
(Équivalent en poids = 34; — en volume = 4.)

PROPRIÉTÉS PHYSIQUES

332. L'hydrogène phosphoré, ou *phosphure d'hydrogène gazeux*, est un gaz incolore, d'une odeur *sui generis* rappelant celle de l'ail. Peu soluble dans l'eau, il l'est plus dans l'alcool. Sa densité est 1,585.

PROPRIÉTÉS CHIMIQUES

333. Le phosphure d'hydrogène gazeux est décomposable par la chaleur et par l'électricité en phosphore rouge et en hydrogène. Dans l'oxygène pur, il brûle avec une flamme très vive. Quand il est mélangé au phosphure d'hydrogène liquide, qu'il contient presque toujours en faible quantité, il s'enflamme spontanément dans l'air : $PhH^3 + 8O = PhO^5, 3HO$; quand il est complètement pur, il ne s'y enflamme qu'à 100°.

On peut considérer le phosphure d'hydrogène gazeux comme l'analogue de l'ammoniaque, mais avec des propriétés basiques moins marquées. Comme l'ammoniaque, il peut donner des combinaisons avec les composés organiques tels que les alcools. Le chlore, le brome et l'iode, ainsi que les hydracides agissent sur ce gaz avec une grande facilité. C'est un corps tout à fait vénéneux qui, au contact de l'air en repos, se transforme en acide phosphorique anhydre.

ÉTAT NATUREL

334. L'hydrogène phosphoré prend naissance dans les marais, dans les cimetières humides, partout enfin où se trouvent des matières animales en décomposition; c'est sa combustion spontanée dans ces divers lieux qui produit les *feux follets*.

PRÉPARATION

335. On prépare l'hydrogène phosphoré en faisant chauffer du phosphore avec une dissolution concentrée de potasse ou de soude ou de chaux : il y a production d'un phosphure et d'un hypophosphite qui se décomposent par l'eau et donnent un mélange des trois phosphures d'hydrogène où domine le phosphure gazeux. Chaque bulle d'hydrogène se dégageant à l'air produit

Fig. 83.

une couronne d'acide phosphorique (fig. 83).

9.

MANIPULATION

PRÉPARATION DU PHOSPHURE D'HYDROGÈNE

336. Prendre : 1° un ballon de verre assez petit ; 2° un tube coudé ; 3° du phosphore ; 4° un réchaud ; 5° de la chaux ; 6° une cuvette à eau.

On dispose l'appareil comme on le voit dans la figure 83.

Faire une bouillie avec de l'eau et de la chaux et la mettre dans le ballon, qui doit en contenir à peu près les quatre cinquièmes de son volume, pour qu'il ne donne pas place à une trop grande quantité d'air. Cette bouillie ainsi préparée, on y introduit, au moyen de la pince de bois, deux fragments de phosphore de la grosseur d'un petit dé à jouer et l'on chauffe le ballon avec le réchaud.

La manipulation se divise alors en deux parties.

1° Le ballon est d'abord chauffé très lentement au moyen de quelques charbons allumés, placés dans le fond du réchaud ; de temps à autre de petites lueurs éclatent dans le col du ballon : c'est l'hydrogène phosphoré dégagé qui s'enflamme dans l'air.

2° Dès que le gaz apparaît et se dégage sous la forme d'un brouillard, on bouche l'appareil sans trop enfoncer le bouchon et l'on fait arriver le tube abducteur dans la cuvette à eau. On chauffe un peu plus fort, et chaque bulle qui crève à la surface de l'eau s'enflamme. Dès que la masse contenue dans le ballon s'élève par le bouillonnement, on enlève le bouchon, et une partie de la bouillie de chaux s'écoule au dehors.

Avoir soin de ne pas trop chauffer.

USAGES

337. L'hydrogène phosphoré n'a pas d'application.

ARSENIC (As).

(Équivalent en poids = 75 ; — en volume = 1.)

PROPRIÉTÉS PHYSIQUES

338. Jusqu'en 1825, les propriétés physiques de l'arsenic l'ont fait regarder comme un métal. C'est un corps solide, opaque, insoluble, d'un gris d'acier, d'une densité de

5,7. A l'air libre, il ne se liquéfie pas sous l'influence de la chaleur, mais se transforme totalement en vapeurs à une température de 360°, sans passer par un état intermédiaire. Celles de ces vapeurs qui se déposent dans les parties encore chaudes de la cornue employée pour l'opération sont cristallisées ; celles qui sont précipitées sur les parois froides forment une poudre amorphe. Si l'on chauffe fortement l'arsenic en vase clos et résistant, la température, aidée de la pression de ses propres vapeurs, permet de le liquéfier.

PROPRIÉTÉS CHIMIQUES

339. Les propriétés chimiques de l'arsenic l'éloignent sensiblement des métaux et le rapprochent du phosphore et de l'azote.

L'oxygène attaque l'arsenic à chaud et s'y combine en donnant une poudre blanche qui est de l'*acide arsénieux* (AsO^3), connu vulgairement sous le nom d'*arsenic* ou de *mort-aux-rats*. En traitant l'acide arsénieux par un mélange bouillant d'acide chlorhydrique et d'acide azotique (eau régale), on obtient l'*acide arsénique* (AsO^5).

L'acide arsénieux et l'acide arsénique sont des poisons violents, dont on peut éviter les effets en provoquant des vomissements et en absorbant de la magnésie calcinée.

L'arsenic forme avec l'hydrogène l'*hydrogène arsénié*, analogue à l'hydrogène phosphoré.

L'arsenic brûle dans le *chlore*.

Le *soufre* produit avec l'arsenic deux combinaisons : l'*orpiment* (AsS^3) et le *réalgar* (AsS^2).

Presque tous les *métaux* se combinent avec l'arsenic, qui attaque jusqu'au platine. Il ne devra donc jamais être distillé dans des creusets de platine, car il les percerait.

Comme le phosphore, l'*acide azotique* oxyde profondément l'arsenic.

Voici un tableau montrant les analogies de l'arsenic avec l'azote et le phosphore :

Produits de l'azote.	Produits du phosphore.	Produits de l'arsenic.
AzO^3	PhO^3	AsO^3
AzO^5	PhO^5	AsO^5
AzH^3	PhH^3	AsH^3
$AzCl^3$	$PhCl^3$	$AsCl^3$

ÉTAT NATUREL

340. L'arsenic se trouve en petite quantité à l'état libre; dans la majorité des cas, on le rencontre à l'état d'arséniure métallique ou en combinaison avec le soufre. Certaines eaux, telles que celles de Vichy, de Plombières et du Mont-Dore, en contiennent des traces; on le trouve à l'état natif à Sainte-Marie-aux-Mines (Alsace).

PRÉPARATION

341. On extrait l'arsenic du *mispickel*, composé de bisulfure de fer et d'arséniure ($FeAs + FeS^2$); en calcinant ce minerai dans une cornue, il se décompose en sulfure de fer, qui se dépose au fond de la cornue, et en arsenic, qui se volatilise et se condense dans les parties de la cornue que l'on a eu soin de refroidir. La réaction produite est exprimée par l'équation suivante :

$$FeAs + FeS^2 = As + 2FeS.$$

USAGES

342. L'arsenic à l'état libre n'a pas d'emploi dans l'industrie.

CARBONE ET COMPOSÉS

CARBONE (C).

(Équivalent en poids = 6; en volume = 1.)

HISTORIQUE

343. Le *carbone* est connu de toute antiquité, puisqu'il entre pour la plus grande partie dans la composition des corps vulgairement connus sous le nom de *charbons;* mais c'est Lavoisier qui, le premier, a démontré que tous ces corps renferment le carbone dans un état plus ou moins grand de pureté. Il a prouvé notamment que le *diamant* est un carbone complètement pur.

PROPRIÉTÉS PHYSIQUES

344. Le carbone est un corps solide, infusible et fixe. Ses autres propriétés varient suivant les divers états sous lesquels on le rencontre.

On divise les charbons en charbons naturels et charbons artificiels.

Les *charbons naturels* sont : le diamant, le graphite ou plombagine, l'anthracite, la houille, le lignite, la tourbe ; les *charbons artificiels* sont : le coke, le charbon de cornue, le charbon de bois, le charbon de Paris, le noir de fumée et le noir animal.

Le diamant, le graphite ou plombagine, le charbon de cornue sont cristallisés. Les autres charbons sont amorphes. Les premiers brûlent difficilement et conduisent mieux que les seconds la chaleur et l'électricité ; mais ils ne peuvent, comme ceux-ci, absorber par leurs pores et y condenser les matières colorantes ou fétides ; par suite, ils n'ont pas les propriétés de décoloration et de désinfection.

PROPRIÉTÉS CHIMIQUES

345. Le carbone a une grande affinité pour l'oxygène et pour l'hydrogène. Avec le premier il donne de l'acide carbonique $(C + 2O = CO^2)$ ou de l'oxyde de carbone $(C + O = CO)$; mais, d'une façon générale, le carbone, quel que soit son état, donne de l'acide carbonique en brûlant. Il décompose l'eau, les oxydes et les azotates. Il se combine directement avec le soufre, le chlore, l'azote et le fer. L'hydrogène et le charbon peuvent réagir directement l'un sur l'autre sous l'influence de l'électricité et former des carbures d'hydrogène.

La combustion du carbone ou du charbon dans l'air donnant lieu à des produits toxiques pour l'homme et les animaux, il est utile de savoir qu'une atmosphère est rendue mortelle par cette combustion quand, sur 100 parties, elle renferme :

oxyde de carbone............	0,54
acide carbonique	4,61
hydrogène protocarboné......	0,04
oxygène	19,19
azote	75,62
	100,00

La propriété réductrice du carbone est la base de la métallurgie.

DIAMANT

346. Le diamant, qu'on trouve, presque à la surface du sol, au Brésil, dans les royaumes de Golconde et de Visapour, en Sibérie, etc., est un carbone complètement pur cristallisé sous diverses formes, principalement en octaèdre régulier (fig. 84) et en dodécaèdre rhomboïdal à faces courbes (fig. 85). C'est le plus dur de tous les corps; il les raye tous et n'est rayé par aucun d'eux; on ne peut e polir que par sa p   poussière ou celle du bore. Sa densité varie entre 3,50 et 3,55. Il est mauvais conducteur de la chaleur et de l'électricité. Il est généralement incolore; cependant on peut en trouver de diverses couleurs.

 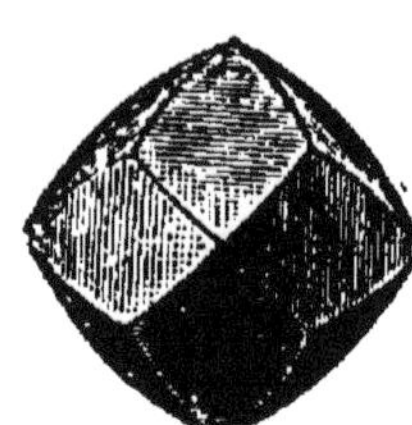

Fig. 84.   Fig. 85.

Le diamant tel qu'on le trouve est enveloppé d'une gangue terreuse et, même dépouillé de cette gangue, il n'est guère brillant. Pour le rendre tout à fait transparent, lui donner tout son éclat, toute sa réfringence, il faut lui faire subir l'opération de la *taille*, c'est-à-dire en user la surface de manière à produire des facettes scintillantes.

TAILLE DU DIAMANT.

347. Pour tailler le diamant, on le dégrossit au préalable en le frottant contre un autre, puis on lui donne des facettes de *clivage.* On l'use ensuite sur une plate-forme

Fig. 86.

d'acier saupoudrée de poussière de diamant, ou *égrisée,* et qui tourne avec une très grande vitesse. Fixé dans un support très lourd, il pèse ainsi sur la plate-forme et descend à mesure qu'il s'use (fig. 86).

Si le diamant est peu épais, le dessous (fig. 87) est plat et le dessus (fig. 88 et 89) forme un dôme de 24 facettes: le diamant est taillé *en rose.*

Si le diamant est

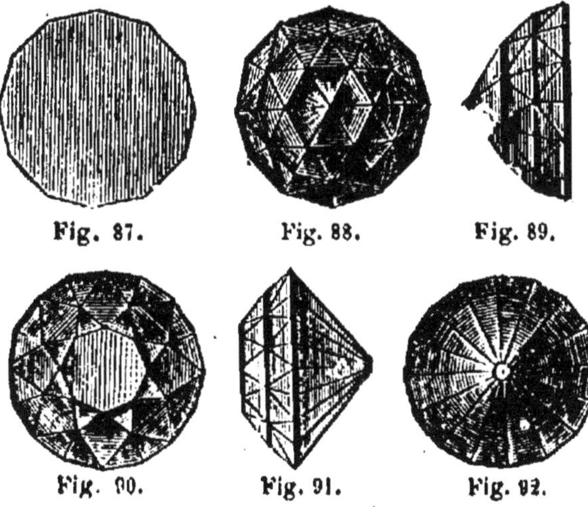

Fig. 87.   Fig. 88.   Fig. 89.

Fig. 90.   Fig. 91.   Fig. 92.

épais, la face supérieure est plane et entourée de facettes obliques (fig. 90 et 91); la partie inférieure ou *culasse* (fig. 92), formant presque la totalité du diamant, offre des facettes en regard de celles qui sont au-dessus : le diamant est taillé *en brillant*.

USAGES. — VALEUR.

348. Le diamant, en dehors de son usage bien connu comme objet de parure, est employé pour couper le verre, pour faire des pivots destinés à l'horlogerie, des pointes d'outils propres à travailler les matières très dures.

Les diamants se vendent au *carat*, qui pèse 205 milli-grammes et dont le prix varie suivant la limpidité de la pierre et la taille qu'elle a reçue. On peut l'estimer en moyenne à 250 francs. Au-dessus d'un carat, le prix aug-mente dans la même proportion que le carré du poids, c'est-à-dire qu'un diamant de 2 carats coûte $(2 \times 2) \times 250 = 1000$ francs ; un diamant de 3 carats $(3 \times 3) \times 250 = 2250$ fr., etc. Au-dessus de 8 carats, il est impossible d'en déterminer méthodiquement la valeur.

GRAPHITE OU PLOMBAGINE

349. Le *graphite*, ou *plombagine*, très connu sous le nom de *mine de plomb*, est un carbone à peu près pur. C'est un corps solide, gris d'acier, qui peut être facilement rayé par l'ongle et qui laisse une trace noire sur le papier. Sa den-sité est 2,5. Il est bon conducteur de la chaleur et de l'élec-tricité. On l'extrait des mines, dont les plus riches sont situées en Angleterre, en Bavière, en Piémont et dans les Pyrénées.

On se sert surtout de la plombagine pour la fabrication des crayons dits de mine de plomb. On l'utilise en gal-vanoplastie pour métalliser les surfaces et les rendre ainsi meilleures conductrices de l'électricité. On l'emploie pour adoucir le rouage des pièces d'horlogerie. Unie à l'argile réfractaire, elle sert à fabriquer les creusets à fondre l'acier ; délayée dans de l'huile, à noircir les tuyaux de poêle ; unie à des matières grasses, à graisser les machines.

TOURBE, HOUILLE, ANTHRACITE

350. La *tourbe* est un carbone très impur, contenant de notables quantités d'oxygène, d'hydrogène et d'azote ; elle provient de végétaux décomposés sous l'eau dans les terrains bas, végétaux qu'on retrouve très souvent avec leur configuration à peu près complète. C'est la première forme du charbon minéral. On en rencontre de grandes quantités dans les terrains marécageux, notamment sur les bords de la Somme, en France. Desséchée et comprimée, elle fournit un combustible excellent et peu coûteux.

351. La *houille*, ou *charbon de terre*, est le produit de la décomposition subie par des matières végétales sous l'action prolongée d'une pression considérable et de puissants agents physiques et chimiques. C'est, en quelque sorte, de la tourbe très ancienne qui a été soumise, hors du contact de l'air, à une chaleur très intense, qui a subi une sorte de distillation en vase clos et perdu une grande partie des gaz qu'elle retenait, oxygène, hydrogène, azote, et presque toute l'eau qui lui donnait une consistance boueuse, pour devenir solide, compacte, plus ou moins brillante. Les végétaux dont la houille est formée ont souvent laissé leurs empreintes dans les roches entre lesquelles sont comprimées les couches de houille.

La houille est abondamment répandue dans la nature ; il serait trop long d'énumérer tous les endroits où elle se trouve en grande quantité ; citons seulement, en France, Saint-Étienne, Rive-de-Gier, Valenciennes, Anzin, Montceau-les-Mines.

La houille est un combustible précieux pour l'industrie ; à poids égal, elle donne beaucoup plus de chaleur que le bois. Nous aurons l'occasion d'en reparler en nous occupant du gaz d'éclairage.

352. L'*anthracite*, nommé aussi *charbon de pierre*, est une sorte de houille dans laquelle le carbone, presque pur, contient une petite quantité de silice, d'alumine et d'oxyde de fer ; il est noir, sec au toucher et s'allume difficilement, mais donne une grande chaleur si l'on parvient à l'enflammer et à entretenir sa combustion, grâce à un courant d'air énergique. C'est avec l'anthracite pulvérisé uni à une petite quantité d'argile que sont faites les bûches économiques qu'on place au fond des cheminées.

Les principaux gisements d'anthracite en France sont dans l'Isère, les Hautes-Alpes, la Mayenne et la Sarthe. Il est répandu avec profusion dans les États-Unis de l'Amérique du Nord.

LIGNITE

353. Le *lignite* est un charbon minéral provenant de la décomposition de végétaux ligneux, arbres et arbrisseaux, qui, abattus ou entraînés par une cause quelconque, inondation, torrents, etc., et enfouis pendant des siècles sous les eaux ou dans le sein de la terre, y ont subi une carbonisation restée incomplète. Le lignite est d'une couleur rappelant celle de la tourbe. Il a retenu de l'eau et une grande quantité de gaz. Il brûle facilement, mais en donnant beaucoup moins de chaleur que la houille et l'anthracite, en produisant beaucoup de fumée et en répandant une odeur désagréable. Le *jais* ou *jayet* est une variété de lignite très compacte utilisée dans la fabrication des ornements de deuil, chaînes, broches, etc.

COKE

354. Le *coke* est un résidu qui a l'aspect poreux de la pierre ponce et qu'on obtient, soit en distillant la houille pour obtenir le gaz d'éclairage, comme nous le verrons plus loin, soit en la soumettant à une préparation spéciale *en meule* ou *dans des fours*.

Le coke s'allume difficilement, et sa combustion, pour être entretenue, demande un fort tirage; mais il brûle sans fumée, presque sans odeur, et en donnant une chaleur très élevée; c'est un combustible excellent pour les petits foyers, mais peu propre à être employé dans l'industrie. Pour le chauffage des locomotives, on se sert d'espèces de pavés noirs connus sous le nom de *houilles agglomérées* ou *pérats artificiels;* on les obtient en comprimant dans des moules 90 parties de poussière de houille et 10 parties des résidus charbonneux de la distillation des goudrons, provenant de la fabrication du gaz d'éclairage et désignés sous le nom de *brai solide.*

CHARBON DE CORNUE

355. Lorsqu'on distille la houille pour obtenir le gaz d'éclairage, il se forme sur les parois intérieures des cornues employées à cet effet un dépôt très dur, auquel on a donné le nom de *charbon de cornue.* C'est un carbone à peu près pur, dont la densité égale celle du diamant. Bon conducteur de

la chaleur et de l'électricité, il sert à former les pôles de la
pile de Bunsen, et c'est entre les extrémités de deux *crayons*
de charbon de cornue qu'on a primitivement fait jaillir la
lumière électrique. On l'emploie dans les laboratoires pour
former des tubes et des creusets infusibles.

CHARBON DE BOIS

356. Le *charbon de bois* provient de la combustion à l'abri
de l'air ou de la distillation du bois.

Sur 100 parties, le bois sec de hêtre se compose des matières suivantes :

Charbon.	39,10
Oxygène et hydrogène dans les propor- portions qui constituent l'eau	40,90
Eau	19
Cendre.	1
	100

Le charbon de bois est *dense* ou *léger*, selon qu'il provient
d'un bois plus ou moins poreux ; sa densité est donc très
variable. Il en est de même de sa conductibilité et de sa
combustibilité.

Les charbons de bois jouissent tous d'une propriété remarquable, celle d'absorber les gaz sans les altérer, propriété qu'on utilise pour purifier les eaux. Quant à leurs
autres usages, ils sont si connus qu'il est inutile de les énumérer. Il importe cependant de signaler l'application qu'on
en fait dans certaines lampes électriques dites *à incandescence*. Ces lampes sont formées d'un filament de charbon
dont les extrémités communiquent avec les pôles d'une
source électrique ; ce filament s'obtient par la carbonisation
en vase clos de fibres de certaines plantes et en particulier
du bambou. La résistance qu'il offre au passage de l'électricité en élève la température, il est bientôt porté au rouge
blanc et projette une lumière très vive.

On fabrique le charbon de bois de deux manières : par
distillation ou en vase clos et par le procédé des meules.

FABRICATION PAR DISTILLATION OU EN VASE CLOS.

357. On introduit des morceaux de bois, branches, etc.,
dans des cornues de fonte qui communiquent avec des réfri-

gérants où, lorsqu'on chauffe ces cornues, se rendent et se condensent les produits volatils (vinaigre de bois, esprit de bois, etc.). Après l'opération, on trouve dans les cornues un produit fixe qui est le charbon. On obtient, en charbon, par ce procédé, environ 27 0/0 de la matière employée.

PROCÉDÉ DES MEULES.

358. Le *procédé des meules*, beaucoup plus simple que le précédent, est employé dans les forêts où l'on prépare le charbon sur place. Autour de quatre perches verticales formant cheminée (fig. 93) on entasse par piles le bois dont

Fig. 93.

on veut faire du charbon, en ayant soin de laisser des canaux horizontaux, dits *évents*, qui aboutissent tous à la cheminée centrale. On recouvre ensuite le tout d'une couche de feuilles, de gazon et de terre, en ne laissant libres que les canaux horizontaux et la cheminée, dans laquelle on jette des morceaux de bois très secs et enflammés : le feu se propage lentement dans la masse. Lorsque la fumée qui se dégage par les évents est d'un bleu clair, on bouche toutes les ouvertures, puis on recouvre la meule de terre humide : la combustion est ainsi arrêtée. Environ 24 heures après, on peut retirer le charbon. Dans ce procédé, les produits volatils sont complètement perdus et l'on obtient à peine 18 0/0 de charbon.

CHARBON ANIMAL OU NOIR ANIMAL

359. On nomme *charbon animal* ou *noir animal* le produit obtenu en calcinant des os en vase clos ; *noir d'ivoire*, le produit de la calcination de l'ivoire ou des os de pieds de mouton bien nettoyés. Pour préparer le charbon animal, on introduit les os dans une marmite de tôle percée de trous, puis on plonge cette marmite dans l'eau bouillante : la graisse qui adhère aux os est ainsi fondue et peut en être facilement séparée. Lorsque les os sont dégraissés, on les fait sécher; puis on les concasse et on les introduit dans des marmites de fonte superposées de manière à se fermer mutuellement, la dernière seule étant munie d'un couvercle. On chauffe cet appareil, et les os sont calcinés. Les os calcinés sont enfin écrasés sous des meules.

Le noir animal a un très grand pouvoir décolorant, qu'on utilise dans l'industrie, principalement quand il s'agit de clarifier des mélasses, des sirops, des liqueurs troubles.

NOIR DE FUMÉE

360. Le *noir de fumée* est une poudre noire excessivement fine provenant de la combustion incomplète de certaines matières carbonées, telles que les résines. On le prépare en brûlant des substances résineuses ou huileuses et des graisses dans une chaudière A (fig. 94) : le noir de fumée vient se déposer sur des toiles grossières tendues le long des parois de la chambre cylindrique B. Lorsque l'opération est terminée, on fait tomber le cône C, dont la base râcle les parois de la chambre B et fait tomber le noir de fumée sur le sol où on le ramasse. Le noir de fumée sert à la préparation du noir pour la peinture, à la fabrication des encres d'imprimerie, du cirage, etc.

Fig. 94.

Le crayon à dessin dit *crayon noir* est un mélange de noir de fumée et d'argile broyée très fin, soumis à une cuisson plus ou moins prolongée, selon le degré de fermeté que doit avoir le crayon, qui est d'autant plus noir que la proportion d'argile est moins grande.

CHARBON DE PARIS

361. Le *charbon de Paris* consiste en de petits cylindres qu'on obtient en comprimant dans un moule un mélange de goudron et de poussier de charbon de bois, de bruyères et autres matières carbonées. Il se consume lentement sans fumée et en donnant une très grande chaleur.

COMPOSÉS DU CARBONE

362. Parmi les composés oxygénés du carbone, nous ne nous occuperons ici que de l'*oxyde de carbone* (CO) et de l'*acide carbonique* (CO^2), les autres appartenant à la chimie organique. Nous parlerons ensuite du *bisulfure de carbone*, du *cyanogène*, de l'acide *cyanhydrique* et des *carbures d'hydrogène*.

OXYDE DE CARBONE (CO).

(Équivalent en poids = 14; — en volume, = 2.)

HISTORIQUE

363. C'est Priestley qui a découvert l'*oxyde de carbone*, mais c'est Cruikshank qui en a déterminé la composition en 1802.

PROPRIÉTÉS PHYSIQUES

364. L'oxyde de carbone est un gaz incolore, inodore et sans saveur, qui a été considéré pendant longtemps comme permanent. M. Cailletet l'a liquéfié par pression, refroidissement et détente. Sa liquéfaction et sa solidification ont été opérées par MM. Wroblewski et Olszewski avec une pression de 100 atmosphères, à une température de 190 à 200° au-dessous de 0°. Il est peu soluble dans l'eau. Sa densité est de 0,967; un litre de ce gaz pèse donc $1,293 \times 0,967 = 1^g,25$.

PROPRIÉTÉS CHIMIQUES

365. L'oxyde de carbone est très combustible et brûle avec une belle flamme bleue, lorsqu'il est mélangé à l'air ou à l'oxygène, cas auquel il donne de l'acide carbonique : $CO + O = CO^2$. Il ne trouble pas l'eau de chaux. Il réduit, à une température élevée, un certain nombre d'oxydes métalliques, en s'emparant de leur oxygène. C'est un poison violent, d'autant plus redoutable que rien ne révèle sa présence, sinon de violents maux de tête et le vertige qu'il occasionne presque instantanément. Un centième d'oxyde de carbone dans l'air suffit pour tuer un oiseau.

Les divers modes de chauffage des appartements produisant une plus ou moins grande quantité d'oxyde de carbone, on ne saurait prendre trop de précautions dans l'emploi des calorifères sans tuyaux, des réchauds, des chaufferettes, etc., et trop s'attacher à un bon tirage dans toute pièce où brûle du charbon : toutes les fois que l'air arrive lentement sur du charbon embrasé, il y a production non seulement d'acide carbonique, qui asphyxie, mais aussi d'oxyde de carbone, qui empoisonne, parce que ce gaz forme avec l'hémoglobine du sang un composé incapable d'absorber de l'oxygène.

PRÉPARATION

366. On peut préparer l'oxyde de carbone en faisant passer un courant d'acide carbonique sur du charbon incandes-

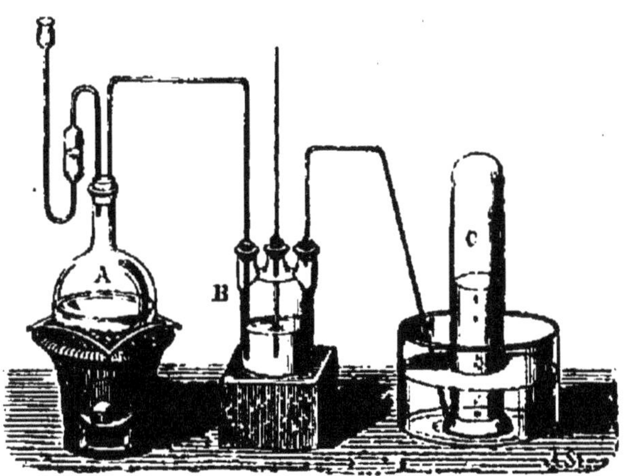

Fig. 93.

cent ($C + CO^2 = 2CO$), ou en traitant l'acide oxalique par l'acide sulfurique. Voici en quoi consiste ce dernier procédé. Dans une cornue de verre A (fig. 93) on introduit de l'acide oxalique cristallisé et de l'acide sulfurique concentré, à raison de 10 grammes du premier pour 50 ou 60 grammes du second. Cette cornue communique avec un tube laveur B, rempli à moitié d'une dissolution de potasse caustique et auquel s'adapte un tube à dégagement qui se rend sous l'éprouvette C, placée sur une cuve à eau ou à mercure. On chauffe la cornue A de manière à provoquer l'ébullition du mélange : il se dégage alors de l'acide carbonique, qui est absorbé par la potasse caustique du flacon B, et de l'oxyde de carbone, qui se rend sous l'éprouvette C. Cette réaction peut être indiquée de la manière suivante :

$$C^4H^2O^3,4HO + 6(SO^3,HO) = 2CO^2 + 2CO + 6(SO^3,2HO).$$

USAGES

367. L'oxyde de carbone est surtout utilisé en métallurgie pour réduire les oxydes métalliques.

ACIDE CARBONIQUE (CO⁴).

(Équivalent en poids = 22 ; — en volume = 2).

HISTORIQUE

368. Découvert en 1648 par le chimiste flamand Van Helmont, l'acide carbonique a été successivement étudié par Black, qui l'appela *air fixe ;* par Bergmann, qui lui donna le nom d'*air aérien*, et par Priestley ; on l'a connu aussi sous la désignation d'*air crayeux ;* sa composition fut déterminée par Lavoisier, auquel il doit son nom actuel.

PROPRIÉTÉS PHYSIQUES

369. A la température ordinaire, l'acide carbonique est un gaz incolore, presque inodore et d'une saveur aigrelette. Sa densité est de 1,520; par suite, 1 litre de ce gaz pèse $1,293 \times 1,520 = 1g,07$. Sous la pression ordinaire, l'eau peut en dissoudre une fois son volume; sous une pression double, deux fois plus ; sous une pression triple, trois fois plus, etc.; si la pression qui retient ainsi dans l'eau l'acide carbonique est supprimée, cet acide se dégage et il n'en reste qu'une quantité proportionnelle à la pression qu'il supporte alors ; de là le bouillonnement qui se produit quand on débouche une bouteille d'eau gazeuze ou de vin de Champagne.

L'acide carbonique peut être facilement liquéfié par une

haute pression (Faraday l'a liquéfié à 0° sous la pression de 36 atmosphères) ; quand il est soustrait à cette pression, il reprend son état gazeux en empruntant à lui-même et à l'air ambiant la chaleur nécessaire pour ce changement d'état, il produit ainsi un abaissement considérable de température et devient solide en partie. Avec de l'acide carbonique solide et l'éther, on obtient un mélange réfrigérant d'un pouvoir encore plus considérable.

PROPRIÉTÉS CHIMIQUES

370. L'acide carbonique asphyxie les animaux qui le respirent et éteint les corps en combustion. Il y a aux environs de Naples une grotte dans laquelle les chiens meurent asphyxiés, tandis que l'homme n'est nullement incommodé ; d'où son nom de *grotte du chien*. Ce phénomène est dû à ce que le sol dégage de l'acide carbonique, qui, à cause de sa grande densité, reste à la partie inférieure de la grotte. L'air est rendu irrespirable par l'acide carbonique pur quand il en renferme 30 pour 100.

L'acide carbonique est un acide faible, que réduisent la chaleur, l'électricité, le charbon ($C + CO^2 = 2 CO$) et les métaux.

L'eau chargée d'acide carbonique dissout le phosphore et la silice, qui ne sont pas solubles dans l'eau pure. Elle dissout aussi le carbonate de chaux à l'état de bicarbonate.

PRÉPARATION

371. Pour obtenir de l'acide carbonique, on peut : 1° faire brûler du charbon dans un excès d'oxygène ; 2° calciner le carbonate de chaux : l'acide carbonique devient libre et d'autre part on a de la chaux caustique ; 3° décomposer le carbonate de chaux par un acide.

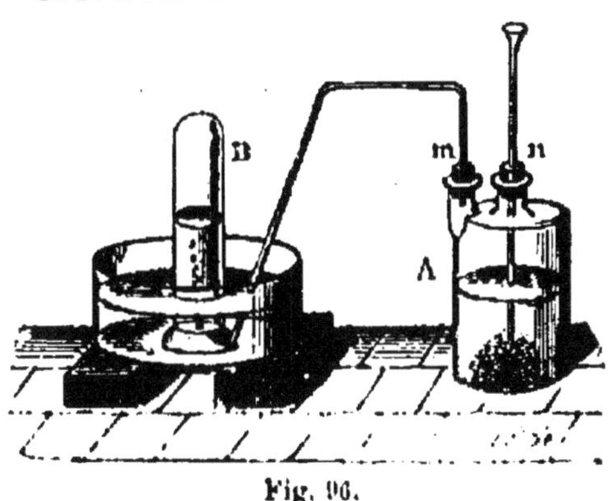

Fig. 96.

Nous ne décrivons que le dernier procédé, qui est celui qu'on emploie dans les laboratoires.

On met des fragments de marbre ou de craie dans un

flacon à deux tubulures A (fig. 96) qu'on remplit à moitié d'eau et dans lequel on verse ensuite de l'acide chlorhydrique[1] par l'entonnoir *n* : l'acide carbonique se dégage et se rend sous l'éprouvette B, placée sur une cuve à eau ; il reste dans le flacon de l'eau et du chlorure de calcium :

$$CaO, CO^2 + HCl = CO^2 + HO + CaCl.$$

ÉTAT NATUREL

372. L'acide carbonique est abondamment répandu dans la nature, soit à l'état libre, soit en combinaison. L'air en renferme en moyenne 4 parties pour 100 ; certaines eaux, comme celles de Seltz, Spa, Vichy, le tiennent en dissolution ; la bière, les eaux gazeuses artificielles, les vins de Champagne lui doivent leur saveur piquante et la propriété de mousser[2] ; on le rencontre pur dans les mines, les carrières, les puits profonds, certaines grottes ; les volcans en vomissent sans cesse ; les combustions, les fermentations alcooliques, la décomposition des matières organiques, la respiration des animaux et des plantes sont autant de sources d'acide carbonique ; il existe en masses considérables sous la forme de carbonates de chaux : pierres calcaires, marbre, craie, coquilles des mollusques, etc. Sa présence dans un grand nombre de matières organiques et son rôle dans la respiration des animaux et des plantes le signalent comme un des principaux agents de la vie.

RESPIRATION DES ANIMAUX ET DES PLANTES.

373. L'air introduit dans les poumons cède de l'oxygène aux globules du sang, tandis que ce liquide laisse échapper les gaz qu'il tient en solution ou en combinaison et qui sont surtout formés d'acide carbonique ; l'expiration chasse alors des poumons ce qui lui reste de l'air, c'est-à-dire une partie de l'azote et l'acide carbonique ; c'est ce

---

1. On emploie cet acide, si l'on s'est servi de marbre ; si l'on avait pris de la craie, on devrait verser de l'acide sulfurique ; car avec de l'acide chlorhydrique le dégagement se ferait trop vivement.

2. Un liquide mousse quand, tenant en dissolution un ou plusieurs gaz sous pression assez considérable, on vient à diminuer brusquement cette pression. Les bulles de gaz tendent alors à abandonner le liquide, et viennent crever à sa surface.

qui fait qu'il est malsain de rester longtemps dans une pièce hermétiquement close ou renfermant un trop grand nombre de personnes; c'est ce qui fait encore que l'air des villes est moins pur que celui des campagnes, car il se compose en grande partie d'air déjà respiré et, partant, impropre à revivifier le sang. Quand une atmosphère est trop chargée d'acide carbonique, on peut l'épurer en y introduisant une base telle que la potasse, qui se combine avec cet acide pour former un carbonate.

374. Malgré la grande quantité d'acide carbonique qui se dégage chaque jour dans l'air, la proportion de cet acide n'y varie pas sensiblement, parce que, le jour, les plantes le décomposent, s'emparent du carbone et mettent en liberté l'oxygène; la nuit, il est vrai, elles exhalent de l'acide carbonique, mais plus lentement qu'elles ne font le jour pour l'oxygène. En outre, une grande quantité de l'acide carbonique versé dans l'air revient dans le sol, entraîné par l'eau, qui, comme nous l'avons dit, est ainsi rendue propre à dissoudre les phosphates, les silicates, les carbonates, ce qui permet aux substances nécessaires à la plante d'y pénétrer par les spongioles des racines.

375. La *chlorophylle*, matière qui donne la couleur aux feuilles et aux autres parties vertes des végétaux, a la propriété de décomposer l'acide carbonique qui se trouve contenu dans l'air : c'est un phénomène de nutrition. Le carbone est retenu par le végétal et s'ajoute à celui que contient déjà la sève; l'oxygène et l'azote sont rejetés dans l'atmosphère. En outre, une grande partie de l'eau que contient la sève s'exhalant par la transpiration des feuilles et l'action de l'oxygène opérant de profondes modifications dans les substances en dissolution, la sève se trouve tout à fait transformée et c'est alors seulement qu'elle est devenue un suc nutritif.

L'absorption de l'acide carbonique par les parties vertes des plantes a lieu sous l'influence de la lumière solaire ; la nuit et même pendant le jour, les parties qui ne sont pas vertes absorbent de l'oxygène et rejettent de l'acide carbonique et de l'azote : ce qui fait que le séjour dans une chambre, surtout dans une chambre fermée, où il y a des fleurs, est aussi malsain le jour que la nuit. C'est le dernier phénomène dont nous venons de parler qui est la véritable *respiration* des végétaux.

USAGES

376. En médecine, l'acide carbonique passe pour un excellent diurétique, et l'on en administre des bains et des douches. Dans les fabriques de sucre, il sert à précipiter la chaux des jus sucrés déféqués.

La propriété que l'eau possède de dissoudre l'acide carbonique en quantité proportionnelle à la pression est utilisée dans la préparation des limonades gazeuses et de l'eau de Seltz artificielle, qui contient 5 fois son volume d'acide carbonique.

L'acide carbonique liquide sert à produire un froid intense. Comme il se vaporise facilement, on l'emploie pour mettre en pression les pompes à incendie. Dans l'industrie, il sert pour comprimer la bière et la faire monter dans les tuyaux.

A l'état solide, la médecine utilise l'acide carbonique comme anesthésique local, par suite du froid produit.

BISULFURE DE CARBONE (CS^2).

(Équivalent en volume = 38).

HISTORIQUE

377. Le *bisulfure de carbone* a été découvert en 1796 par Lampadius ; mais ce n'est qu'à la suite des études de Berthollet et de Thénard que sa véritable nature et sa composition exacte ont été connues.

PROPRIÉTÉS PHYSIQUES

378. Le bisulfure de carbone est un liquide incolore, d'une odeur très fétide quand il est impur, agréable quand il est pur. Sa densité est de 1,293. Il bout à 45°. Il se vaporise si vite qu'un papier qui en est imbibé peut se couvrir de givre par suite de l'abaissement brusque de la température. Il est à peu près insoluble dans l'eau, soluble dans l'alcool et l'éther; c'est un dissolvant de certains corps, tels que le phosphore, le soufre, l'iode, le caoutchouc et les matières grasses. Il se solidifie à 116° au-dessous de zéro et fond à — 110°.

PROPRIÉTÉS CHIMIQUES

379. Le bisulfure de carbone est très combustible; il brûle avec une belle flamme bleue, en donnant de l'acide sulfureux et de l'acide carbonique. Il est décomposable par la chaleur à température assez élevée; car, bien qu'il prenne naissance sous l'influence d'une certaine quantité de chaleur, une élévation de quelques degrés au-dessus de cette quantité peut amener sa décomposition. Mélangé avec l'oxygène, il produit, en s'enflammant, une forte détonation $(CS^2 + 4O = CO^2 + SO^2)$; aussi doit-il être manié avec beaucoup de précaution, d'autant plus qu'il est très délétère.

PRÉPARATION

380. Dans les laboratoires, on prépare le bisulfure de carbone en faisant passer un courant de vapeurs de soufre sur du charbon incandescent. Dans un fourneau F (fig. 97) on place un tube de porcelaine AB, dans lequel sont renfermés de petits morceaux de charbon et dont l'une des extrémités A est fermée par un bouchon, tandis que l'autre extrémité B communique avec un flacon E renfermant

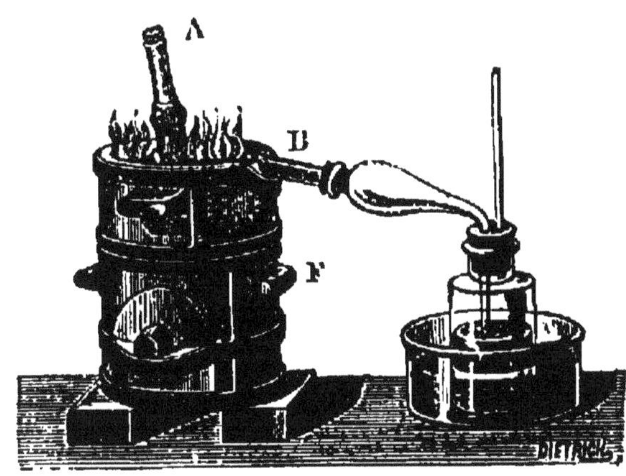

Fig. 97.

une petite quantité d'eau et placé dans une cuve G remplie de ce liquide. On élève la température jusqu'à ce que le tube de porcelaine soit chauffé au rouge; on enlève alors le bouchon placé en A, on introduit dans le tube un fragment de soufre et l'on replace le bouchon : le soufre entre en fusion et se réduit en vapeurs; ces vapeurs, en passant sur le charbon incandescent, forment du bisulfure de carbone, qui se rend dans le flacon E.

$$C + 2S = CS^2.$$

10.

Au lieu du tube A B, on emploie très fréquemment une cornue de grès munie d'une tubulure permettant d'introduire les fragments du soufre, lorsque les charbons sont incandescents.

381. Le procédé employé dans l'industrie est analogue au précédent. Le charbon est contenu dans un grand cylindre de fonte placé au-dessus d'une chaudière et dont la partie inférieure est munie d'une ouverture par laquelle on introduit le soufre. Le bisulfure de carbone va se condenser dans un récipient convenablement refroidi.

382. Le bisulfure de carbone obtenu par les procédés que nous venons de décrire n'est jamais pur; il contient en dissolution du soufre, qui lui donne une couleur jaune. Pour le purifier, on décante l'eau sous laquelle il s'est condensé, on lui enlève l'eau en l'agitant avec du chlorure de calcium, puis on le distille au bain-marie.

USAGES

383. On emploie le bisulfure de carbone pour extraire le suint des laines, les corps gras des étoffes; pour séparer le phosphore rouge du phosphore ordinaire; pour vulcaniser le caoutchouc; pour combattre le phylloxera.

CYANOGÈNE (C²Az ou Cy).

(Équivalent en poids = 26; — en volume = 2).

HISTORIQUE

384. Le *cyanogène*, composé de carbone et d'azote dans la proportion de 46,15 du premier et 53,85 du second, sur 100 parties, est remarquable en ce qu'il possède toutes les propriétés d'un corps simple. Il a été découvert en 1814 par Gay-Lussac.

PROPRIÉTÉS PHYSIQUES

385. Le cyanogène est un gaz incolore, d'une odeur qui provoque les larmes. Il n'existe pas à l'état de liberté. Sa densité est de 1,806; 1 litre de ce gaz pèse donc 1,293 × 1,806 = 2^g,335. Il peut être facilement liquéfié. A la température ordinaire, l'eau en dissout quatre fois son volume. Le cyanogène solidifié fond à 34° au-dessous de zéro.

PROPRIÉTÉS CHIMIQUES

386. Le cyanogène n'est facilement décomposable par la chaleur qu'en présence du fer ou de la mousse de platine ; mais il peut être décomposé à la température ordinaire par une série d'étincelles électriques. Il brûle au contact de l'air et forme avec le double de son volume d'oxygène un mélange qui détone, lorsqu'on le fait traverser par une étincelle électrique. Il ne se combine directement avec aucun métalloïde, sauf l'hydrogène, mais seulement avec deux métaux, le sodium et le potassium. En dissolution aqueuse et soumis à l'influence de la lumière, il produit des composés ammoniacaux. Si on le chauffe, il produit un corps solide brun, le *paracyanogène*, sorte de combinaison de cyanogène avec lui-même.

PRÉPARATION

387. Dans une cornue de verre A (fig. 98) on chauffe du cyanure de mercure bien sec : sous l'influence de la chaleur,

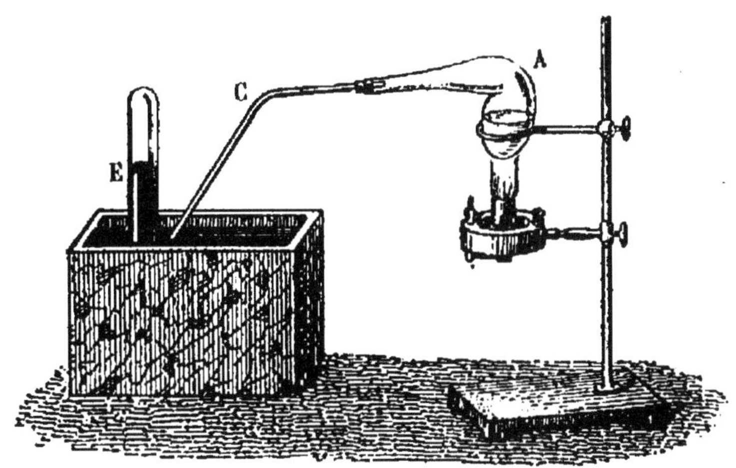

Fig. 98.

ce corps se décompose en mercure, qui reste sur le col de la cornue, et en cyanogène gazeux, qui se rend par le tube C dans l'éprouvette E, placée sur une cuve à mercure. Il reste dans la cornue du paracyanogène.

USAGES

388. Libre, le cyanogène n'a pas d'application. Les cyanures d'or, d'argent et de potassium sont utilisés pour la dorure, l'argenture et la photographie. Le cyanogène entre, à l'état de cyanure, dans la composition du bleu de Prusse.

ACIDE CYANHYDRIQUE (HCy ou HC²Az).

(Équivalent en poids = 27; — en volume = 4).

HISTORIQUE

389. *L'acide cyanhydrique* a été extrait par Scheele du *bleu de Prusse* en 1782; c'est pourquoi cet acide est aussi appelé *acide prussique.* Gay-Lussac lui a donné son nom actuel.

PROPRIÉTÉS PHYSIQUES

390. L'acide cyanhydrique est un liquide incolore, très volatil, doué d'une odeur rappelant celle du kirsch. Comme l'acide chlorhydrique, il est très soluble dans l'eau. Il se solidifie vers — 15° et bout à 26°. Sa densité est 0,6.

PROPRIÉTÉS CHIMIQUES

391. L'acide cyanhydrique, composé d'un volume de cyanogène et d'un volume d'hydrogène, brûle au contact de l'air avec une flamme violacée et donne de l'acide carbonique, de l'eau et de l'azote. A l'état pur, cet acide est stable; à l'état impur, il se décompose spontanément. C'est un poison des plus violents; même à petites doses, il donne la mort quand on l'applique sur une muqueuse quelconque. Si on le respire, on éprouve des vertiges avant que son influence devienne mortelle. Pour le combattre, il faut respirer du chlore. Avec les métaux ou les oxydes, il donne des cyanures analogues aux chlorures.

ÉTAT NATUREL

392. L'acide cyanhydrique se trouve dans un grand nombre de plantes (où il faut toutefois remarquer qu'il ne se forme qu'au contact de l'eau et qu'il ne préexiste pas à l'état de liberté), soit dans les feuilles, comme pour le laurier-cerise, soit dans les fleurs, comme pour le pêcher, soit dans les amandes, comme pour la cerise, la pêche, etc. C'est sa présence qui communique aux liqueurs préparées avec ces amandes leur goût particulier et qui rend dange- reuse l'absorption des noyaux.

PRÉPARATION

393. On peut obtenir l'acide cyanhydrique en faisant passer lentement un courant d'acide sulfhydrique sec sur du cyanure de mercure contenu dans un long tube : il reste dans ce tube un sulfure de mercure et il se dégage de l'acide cyanhydrique :

$$HgC^2Az + HS = HgS + HC^2Az.$$

394. Pour obtenir de l'acide cyanhydrique étendu d'eau, on décompose le *cyanure jaune* (cyanure double de fer et de potassium) par l'acide sulfurique étendu. On met en pré- sence 100 grammes de cyanure jaune, 70 grammes d'acide sulfurique et 140 grammes d'eau (en général 10 parties de cyanure jaune, 7 d'acide sulfurique et 14 d'eau). Le tout est chauffé dans une cornue : les vapeurs passent dans un tube que refroidit continuellement un courant d'eau froide et qui aboutit à un flacon destiné à recevoir l'acide.

USAGES

395. L'acide cyanhydrique est employé en médecine à doses très faibles.

CARBURES D'HYDROGÈNE

396. Le carbone forme avec l'hydrogène un grand nombre de composés ; les uns, comme le pétrole, sortent tout formés du sein de la terre ; les autres, comme les essences de térébenthine, de citron, etc., sont extraits des plantes qui les renferment; plusieurs enfin, comme la benzine, l'huile de schiste, etc., prennent naissance dans la décomposition des matières organiques.

Tous les carbures d'hydrogène peuvent être décomposés par la chaleur : le carbone se dépose et l'hydrogène se dégage. Tous brûlent facilement.

Nous n'avons, quant à présent, à étudier que deux carbures gazeux : *le protocarbure* et le *bicarbure d'hydrogène*.

Nous parlerons plus loin (nᵒˢ 757 à 774) des autres carbures d'hydrogène.

PROTOCARBURE D'HYDROGÈNE (C^1H^4).

(Équivalent en poids = 16; — en volume = 4).

HISTORIQUE

397. Le *protocarbure d'hydrogène*, nommé aussi *gaz des marais*, *grisou*, *formène* et *méthane*, selon le lieu où il se dégage, marais ou mine de houille, a été vraisemblablement connu de toute antiquité; mais c'est Volta qui le premier en a étudié les propriétés; Priestley et Davy les ont déterminées. Il prend naissance dans la décomposition des matières organiques.

PROPRIÉTÉS PHYSIQUES

398. Le protocarbure d'hydrogène est un gaz incolore, inodore et sans saveur. Sa densité est de 0,559; un litre de ce gaz pèse donc 1,293 × 0,559 = 0ᵍ,732. Il est peu soluble dans l'eau. M. Cailletet, puis M. Wroblewski l'ont liquéfié à — 164°; M. Olszewski l'a solidifié à — 186°.

PROPRIÉTÉS CHIMIQUES

399. Le protocarbure d'hydrogène, très combustible, brûle avec une flamme jaunâtre, en dégageant de la vapeur d'eau et de l'acide carbonique : $C^2H^4 + 8O = 2CO^2 + 4HO$. Il est décomposable par la chaleur et l'électricité. 4 volumes de ce gaz et 8 volumes d'oxygène forment un mélange qui détone avec une extrême violence en présence d'une flamme quelconque : c'est ce mélange, connu sous le nom de *feu grisou*, qui occasionne de si terribles désastres dans les mines de houille (V. n°s 147 et 148).

Le chlore peut, à la lumière diffuse, décomposer le protocarbure d'hydrogène en donnant un chlorure carburé et de l'acide chlorhydrique : $C^2H^4 + Cl = C^2H^3Cl + HCl$. La lumière solaire, dans un mélange de chlore et de formène, provoque une explosion.

PRÉPARATION

400. On peut obtenir le protocarbure d'hydrogène en faisant chauffer légèrement, dans une petite cornue, de verre (fig. 99) de l'acétate de soude et de la chaux sodée, c'est-à-

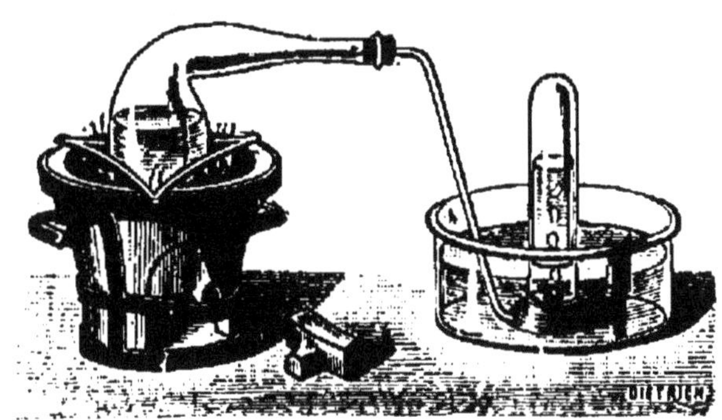

Fig. 99.

dire obtenue par la calcination de chaux vive avec moitié de son poids de soude caustique, à raison d'un gramme du premier pour 4 grammes de la seconde.

Il faut d'abord bien pulvériser l'acétate de soude et le mélanger intimement avec la chaux sodée. Le feu doit être faible au commencement de l'opération, puis poussé un peu quand on voit des vapeurs se dégager : si l'on chauf fait trop fort, la soude et la chaux pourraient attaquer la cornue en formant un verre fusible. Dans la réaction,

Fig. 100.

l'acétate de soude se sépare en acide carbonique, dont s'empare la soude, et protocarbure d'hydrogène, qui seul se dégage :

$$NaO, C^4H^3O^3 + NaO,HO$$
$$= C^2H^4 + 2(NaO,CO^2).$$

401. Voici un procédé plus simple : on adapte à un flacon A (fig. 100) un large entonnoir B, on remplit d'eau ce flacon, puis on le renverse à la surface d'un marais dont on agite la vase avec un bâton : le protocarbure d'hydrogène pénètre dans le flacon et en chasse l'eau. Le gaz ainsi obtenu n'est jamais pur.

USAGES

402. Le protocarbure d'hydrogène se trouve en abondance dans le gaz d'éclairage. Dans certaines contrées, où il se dégage continuellement et brûle constamment, il est utilisé pour la cuisson des aliments.

BICARBURE D'HYDROGÈNE (C^4H^4).

(Équivalent en poids = 28 ; — en volume = 1).

HISTORIQUE

403. Le *bicarbure d'hydrogène*, ainsi désigné par Lavoisier, qui en a déterminé exactement la composition et les propriétés, fut découvert, en 1795 ou 1796, par des chimistes hollandais, qui l'appelèrent *gaz oléfiant*, parce qu'il forme avec le chlore un composé d'apparence huileuse connu sous le nom d'*huile des Hollandais*. On lui donne aussi aujourd'hui le nom d'*éthylène*.

PROPRIÉTÉS PHYSIQUES

404. Le bicarbure d'hydrogène, ou éthylène, gaz incolore et insipide, possède une odeur un peu goudronneuse, odeur particulière que les matières animales et végétales répandent quand elles sont chauffées trop fortement. Sa densité est de 0,97; un litre de ce gaz pèse donc $1,293 \times 0,97 = 1^g,254$. Il est peu soluble dans l'eau, assez soluble dans l'alcool et dans l'éther; il a pu être liquéfié, mais non solidifié.

PROPRIÉTÉS CHIMIQUES

405. Le bicarbure d'hydrogène peut être décomposé par la chaleur en ses éléments ou en corps plus simples. Il est très combustible, brûle dans l'air avec une flamme brillante et forme avec l'oxygène un mélange détonant. Le chlore se combine directement avec le bicarbure d'hydrogène en donnant du bichlorure d'éthylène ($C^4H^4Cl^2$) : c'est la *liqueur des Hollandais* dont il est parlé plus haut.

PRÉPARATION

406. On peut obtenir le bicarbure d'hydrogène en mettant en présence de l'alcool ordinaire et de l'acide sulfurique concentré : le mélange étant chauffé jusqu'à 160°, l'alcool se décompose en eau, qui est retenue par l'acide sulfurique, et en bicarbure d'hydrogène, qui se dégage :

$$C^4H^6O^2 \text{ (alcool)} + 2\,(SO^3,HO) = C^4H^4 + 2\,(SO^3, 2\,HO).$$

Il est de toute nécessité de refroidir l'alcool avant d'y ajouter l'acide sulfurique, que l'on verse par petites portions en ayant soin de remuer le tout, pour obtenir un mélange parfait. Le fond du ballon qui reçoit le liquide ainsi préparé doit contenir un peu de sable, matière favorable à la réaction.

USAGES

407. Le bicarbure d'hydrogène existe dans le gaz d'éclairage en proportion d'autant plus faible que la calcination a eu lieu à une température plus élevée.

GAZ D'ÉCLAIRAGE
HISTORIQUE

408. En 1785, un ingénieur français, Lebon, fit les premières expériences d'éclairage au gaz avec un appareil nommé *thermolampe*, qui distillait le bois et la houille et chauffait les appartements en même temps qu'il les éclairait. Les événements politiques détournèrent l'attention publique de cette découverte. Les essais furent repris par le chimiste anglais Murdoch, qui, en 1805, établit des appareils dans les manufactures de James Watt. Enfin, dès 1810, il existait une compagnie pour l'éclairage de Londres. Depuis cette époque, l'éclairage et le chauffage par le gaz ont de plus en plus pénétré dans les mœurs.

FABRICATION

409. Les matières premières pouvant servir à la fabrication du gaz d'éclairage, ou *hydrogène carboné*, sont assez nombreuses; mais la houille est celle qui fournit le meilleur rendement avec le moins de dépense.

La fabrication par la houille comprend deux opérations : 1° distillation de la houille ; 2° épuration du gaz.

DISTILLATION DE LA HOUILLE.

410. Dans des cylindres de terre réfractaire A d'environ

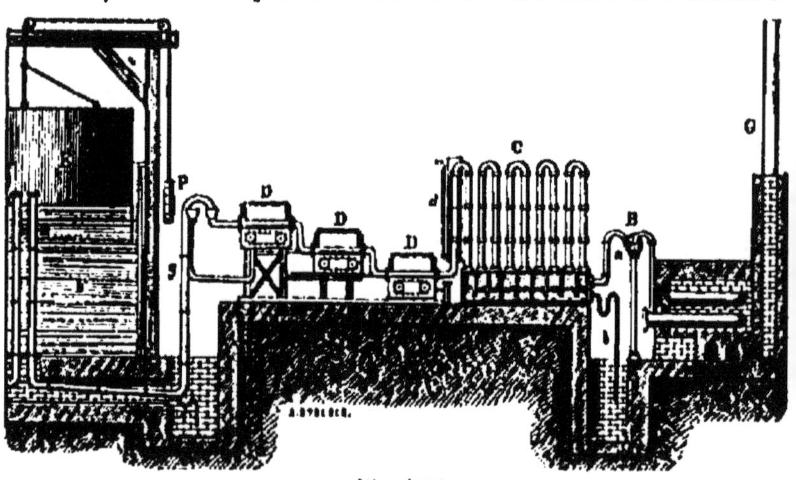

Fig. 101.

2^m 50 de long (fig. 101) on place, de manière à remplir à

peu près la moitié de ces cylindres, de la houille concassée :
sous l'influence de la chaleur, la houille se boursoufle, puis
se décompose, lorsque la température s'élève au rouge
cerise ; et, comme la houille contient du carbone, de l'hydrogène, de l'oxygène, de l'azote, du soufre, etc., on a un
mélange de carbures et de produits gazeux non combustibles dont il faut se débarrasser.

ÉPURATION DU GAZ.

411. Le gaz qui se dégage arrive dans un *barillet* B,
gros tuyau à demi rempli d'eau, où il abandonne une partie
de son goudron ; de là il passe dans le condenseur ou
réfrigérant C, composé de tubes en U renversés, dont
les extrémités se rendent dans une caisse à compartiments
où se condensent le goudron qui n'a pas été retenu par le
barillet, les huiles et les sels ammoniacaux. Il arrive ensuite
dans de grands cylindres de fonte contenant du coke, qui
retient les huiles et les sels ammoniacaux restants, et
dans d'autres cylindres contenant du sesquioxyde de fer
et du sulfate de chaux disposés sur des claies ; là, il achève
de se débarrasser de ses vapeurs ammoniacales et de son
acide carbonique. Le sesquioxyde de fer décompose le
sulfhydrate d'ammoniaque et l'hydrogène sulfuré en noircissant sous l'influence du sulfure de fer qui se produit. Le
sulfate de chaux retient l'acide carbonique sous forme de
carbonate de chaux, tandis que l'acide sulfurique, ainsi
devenu libre, absorbe les dernières traces d'ammoniaque.
Le mélange épuisé est remis à l'air, où le sulfure de fer
reforme de l'acide sulfurique, qui redonne du sulfate de
chaux, tandis que le fer devient sesquioxyde, et l'on peut
faire servir le tout à nouveau. Étant ainsi purifié autant
que possible, le gaz d'éclairage est emmagasiné dans le
gazomètre F. C'est de là qu'il partira pour être distribué.

USAGES

412. Depuis quelque temps, le gaz d'éclairage est utilisé
comme moteur, au moyen de machines dans lesquelles la
force expansive de la vapeur est remplacée par celle d'un
mélange d'air et de gaz d'éclairage. La combinaison des gaz
est provoquée par une étincelle électrique jaillissant tantôt

d'un côté du piston, tantôt de l'autre. Ce sont en quelque sorte des machines à gaz dilaté.

413. En résumé, le gaz d'éclairage provenant de la distillation de la houille contient 50 pour 100 de protocarbure d'hydrogène, 33 pour 100 d'hydrogène pur, une petite quantité de bicarbure d'hydrogène, de l'oxyde de carbone, du sulfure de carbone, de l'acide carbonique, quelques carbures, etc. Les principaux résidus de la distillation de la houille sont, outre le coke, dont nous avons parlé (n° 354), des goudrons dont on retire une foule de produits plus intéressants les uns que les autres, comme on le verra plus loin.

414. Il n'est pas inutile de rappeler les inconvénients du gaz d'éclairage. Seul, il brûle sans danger ; mais, associé à l'oxygène, il forme un mélange détonant qui peut produire les plus graves accidents dans les endroits où, par mégarde, on a laissé ouvert un bec de gaz. Il suffit alors d'une lumière quelconque pour enflammer l'hydrogène, opérer la combinaison brusque des deux gaz, produire enfin une explosion souvent suivie d'incendie.

ACIDES BORIQUE ET SILICIQUE

ACIDE BORIQUE ($BoO^3,3HO.$)

PROPRIÉTÉS PHYSIQUES

415. *L'acide borique*, étudié en 1702 par Homberg, est un corps solide, inodore, presque sans saveur et se présentant d'habitude sous forme d'écailles brillantes, solubles dans l'eau et dans l'alcool. Sa densité est de 1,54 à 0°. Sous l'influence de la chaleur, il perd peu à peu sa transparence.

PROPRIÉTÉS CHIMIQUES

416. A froid, l'acide borique est un acide assez faible ; mais, chauffé, il devient très énergique. Aucun métalloïde n'a d'action sur lui. Quelques métaux le décomposent, tels que le potassium et le sodium, et donnent du bore amorphe. Il est soluble dans l'alcool, avec lequel il forme une combinaison. Les oxydes métalliques sont absorbés par l'acide borique ; on se sert de cette propriété dans l'analyse chimique.

ÉTAT NATUREL

417. On trouve l'acide borique en grande quantité dans la nature à l'état de *borate de soude*, ou *borax*, d'où on le tirait primitivement. Il existe tout formé dans les environs des volcans. En Toscane, il s'échappe des crevasses du sol des jets de gaz (*suffioni*) qui en contiennent abondamment, mélangé avec de la vapeur d'eau et de l'hydrogène sulfuré. Ces gaz se liquéfient et forment des mares qu'on nomme *lagoni*. C'est de la boue des lagoni qu'on extrait l'acide borique. On le trouve également dans beaucoup d'eaux thermales : à Bagnères-de-Luchon, Vichy, Barèges, Wiesbaden, Aix-la-Chapelle, etc.

USAGES

418. On se sert aujourd'hui de l'acide borique pour la fabrication du borax du commerce. Il entre dans la composition du strass et de certains verres. Il est employé en pharmacie pour la préparation de la crème de tartre soluble.

Les mèches des bougies stéariques sont plongées dans un bain formé d'une dissolution étendue d'acide borique et mêlée d'acide sulfurique : l'acide borique, en se combinant avec la potasse des cendres, produit un borate de potasse, qui, fusible à basse température, se réunit en gouttelette à l'extrémité de la mèche et la tient courbée hors de la flamme, où le contact de l'air permet la combustion de l'acide stéarique fondu monté le long de la mèche, ce qui empêche celle-ci de fumer.

L'acide borique et le borax rendent incombustibles les étoffes qui en sont imprégnées.

ACIDE SILICIQUE OU SILICE $(SiO^2.)$

PROPRIÉTÉS PHYSIQUES

419. L'*acide silicique*, ou *silice*, est un corps solide pulvérulent, insoluble dans l'eau; cristallisé, c'est un corps transparent, dur, qui raye le verre et dont la densité est 2,6 ; quand on le calcine pendant longtemps, sa densité diminue.

PROPRIÉTÉS CHIMIQUES

420. La silice cristallisée n'est pas soluble dans l'eau et ne se dissout dans les alcalis que sous l'influence de la chaleur. Les métalloïdes sont sans action sur la silice; les métaux alcalins la décomposent. Les acides sont impuissants à l'attaquer; seul l'acide fluorhydrique la corrode.

ÉTAT NATUREL

421. La silice est un des corps les plus répandus dans la nature. Elle existe à l'état de dissolution dans toutes les eaux courantes. Le *quartz*, ou *cristal de roche* (fig. 102), est de la silice pure cristallisée. L'*améthyste*, la *cornaline*, l'*agate* sont des quartz colorés par des acides métalliques; elle forme également le *grenat*, l'*émeraude*, l'*opale* et la *topaze*, sans compter le *silex*, la *pierre meulière*, les *grès*, le *sable*. On la rencontre dans beaucoup de plantes. Elle se trouve aussi en très grande quantité dans les *geysers* d'Islande.

Fig. 102.

Enfin elle entre dans la composition d'un grand nombre de roches, granits, schistes, argiles, etc.

PRÉPARATION

422. La préparation de la silice n'a qu'un intérêt scientifique. On obtient du quartz en chauffant dans des tubes fermés du silicate de soude avec une dissolution de bicarbonate de soude et du sulfure d'arsenic.

USAGES

423. Les usages de la silice sont innombrables. Le quartz est utilisé par les opticiens; les pierres précieuses, pour la parure; les grès, pour le pavage, les meules à aiguiser. Sous forme de sable, elle entre dans la composition des verres et des cristaux. La céramique l'emploie pour rendre les pâtes plus ou moins fusibles. Elle concourt à la formation des ciments et des mortiers.

CLASSIFICATION DES MÉTALLOÏDES.
TABLEAUX-RÉSUMÉS

424. Parmi les classifications des métalloïdes, nous adopterons celle de Dumas, généralement admise aujourd'hui.

Dumas, pensant que l'hydrogène n'est probablement qu'un *métal gazeux*, l'a mis en dehors de cette classification. Il a divisé les métalloïdes en 4 familles :

1re famille.	*Chlore.* *Brome.* *Iode.* *Fluor.*	Se combinent avec l'hydrogène à la température ordinaire et forment avec ce gaz des acides énergiques, composés qui contiennent des volumes égaux, sans condensation, des deux éléments. Aucun de ces métalloïdes ne peut se combiner directement avec l'oxygène. Ils ont des propriétés analogues.
2e famille.	*Oxygène.* *Soufre.* *Sélénium.* *Tellure.*	Un volume de chacun de ces corps se combine avec 2 volumes d'hydrogène ; d'où résultent des acides faibles, doués d'une odeur désagréable et très vénéneux. Les propriétés de ces métalloïdes offrent la plus grande analogie.
3e famille.	*Azote.* *Phosphore.* *Arsenic.*	Un volume de chacun de ces corps se combine avec 3 volumes d'hydrogène ; d'où résultent des composés gazeux qui servent de bases ou de corps neutres. Les propriétés de l'arsenic et du phosphore offrent une très grande analogie ; l'azote se sépare d'eux sur plusieurs points.
4e famille.	*Carbone.* *Silicium.* *Bore.*	Ces trois métalloïdes sont solides, fixes aux plus hautes températures que nous puissions obtenir ; ils n'ont aucune affinité pour l'hydrogène, malgré l'existence de nombreux carbures d'hydrogène. Le silicium et le bore forment avec le chlore des acides gazeux et avec l'oxygène des acides solides.

425. — Tableau résumant les propriétés de l'oxygène, du soufre, du sélénium et du tellure.

NOMS.	PROPRIÉTÉS PHYSIQUES.	PROPRIÉTÉS CHIMIQUES.	PRÉPARATION.
Oxygène, O.	Gaz incolore, inodore ; densité = 1,1056 ; très difficilement liquéfiable (-- 198° et pression). Soluble dans l'eau et l'essence de térébenthine.	Oxydant. Attaque tous les métalloïdes, sauf Cl et Az, et presque tous les métaux directement. Entretient la vie et la combustion.	Décomposition du bioxyde de manganèse par la chaleur. Décomposition du chlorate de potasse par la chaleur. Décomposition du bioxyde de manganèse par l'acide sulfurique. Décomposition de l'eau par la pile.
Soufre, S.	Solide, couleur citron ; octaédrique et prismatique. Densité = 2,05. Soluble dans la benzine et le sulfure de carbone. Bout à 440°. On le trouve à l'état mou et à l'état amorphe, ce dernier insoluble. Change de couleur pendant la fusion.	O, H, Cl, Br. I se combinent avec lui, ainsi que les autres métalloïdes; explosion avec Pb. Les métaux se sulfurent facilement à son contact.	Minerai des solfatares chauffé. Calcination des pyrites (sulfure de fer).
Sélénium, Se.	Solide, 1° cristallisé, 2° vitreux et amorphe; noir par réflexion, rouge par transmission. Fleur de sélénium (rouge), insoluble dans l'eau ; soluble, mais peu, dans le sulfure de carbone. Densité = 4,2.	Attaque le fer à l'ébullition. L'acide azotique l'oxyde.	Réduire les boues des chambres de plomb par l'azotate de potasse, puis par l'acide chlorhydrique.
Tellure, Te.	Solide blanc à cassure cristalline. Densité = 6,26. Fond à 350° et donne des vapeurs jaunes.	Électro-positif. Attaqué par Cl, Br, I, S, Pb, etc., et les métaux.	Prendre du tellurure de potassium, qui, au contact de l'air, donne du tellure en dépôt noir gris.

426. Tableau résumant les propriétés de l'azote, du phosphore et de l'arsenic.

NOMS.	PROPRIÉTÉS PHYSIQUES.	PROPRIÉTÉS CHIMIQUES.	PRÉPARATION.
Azote, Az.	Gaz incolore. Densité $= 0,972$. Liquéfiable par froid, haute pression et détente. Solidifié.	Se combine directement avec le bore et le silicium, difficilement avec les métaux. N'entretient pas la combustion. Se trouve dans l'air.	Extraire l'oxygène de l'air par le phosphore ou le cuivre chauffés. Décomposer de l'azotite d'ammoniaque ; faire agir le chlore sur l'ammoniaque.
Phosphore, Ph.	Solide, blanc ou ambré, fusible à $44°$. Soluble dans le sulfure de carbone. Phosphorescent. Rouge, non phosphorescent, insoluble dans le sulfure de carbone. Phénomène de surfusion.	Le phosphore blanc est vénéneux ; le phosphore rouge ne l'est pas. Le phosphore s'enflamme facilement au contact de l'oxygène, donne PhO^3 ou PhO^5. Cl, Br, et Io l'attaquent violemment, ainsi que S. AzO^5 l'oxyde avec explosion.	Calciner des os, les traiter par l'acide sulfurique, puis par le charbon.
Arsenic, As.	Solide, gris, cassant, à éclat métallique. Densité $= 5,7$. Se sublime à $360°$ sans se fondre, mais peut fondre si on le chauffe à tube scellé.	Se ternit à l'air. Attaqué par O, on a acide arsénieux. Cl, Br, et S l'attaquent. Il se combine avec les métaux. L'acide azotique l'oxyde profondément. Corps vénéneux.	Calciner un minerai arsénical (mispickel), puis distiller sur du charbon.

427. Tableau résumant les propriétés de l'hydrogène, du chlore, du brome et de l'iode.

NOMS.	PROPRIÉTÉS PHYSIQUES.	PROPRIÉTÉS CHIMIQUES.	PRÉPARATION.
Hydrogène, H.	Gaz incolore. Densité $= 0,0692$. Insoluble, si ce n'est dans le palladium ; difficilement liquéfiable. Bon conducteur de la chaleur et de l'électricité.	Avec O donne HO. Mélange détonant par la chaleur. Avec Cl produit HCl avec explosion. Corps réducteur. Alliages avec K et Pa.	Décomposition de l'eau 1° par le fer; 2° par le zinc et l'acide sulfurique.
Chlore, Cl.	Gaz jaune verdâtre. Densité $= 2,44$. Odeur irritante. Liquéfiable.	Forme un hydrate avec l'eau ; avec H, on a explosion. Se combine directement avec les métalloïdes, excepté avec O, Az, C. Se combine avec les métaux. Décompose l'eau et les oxydes. Décompose l'ammoniaque et les carbures organiques. Décolorant. Déplace Br et I. Dangereux à respirer.	Décomposition de HCl par le bioxyde de manganèse ou par le manganite de chaux (procédé Weldon).
Brome, Br.	Liquide rouge brun, odeur suffocante. Densité $= 2,97$. Soluble surtout dans le sulfure de carbone.	Ph, As, Sb, K brûlent dans le brome. Se combine avec l'hydrogène et avec les métaux. Détruit les matières colorantes. Dangereux à respirer. Sert en photographie.	Eau des marais salants traitée par le chlore, puis par l'éther.
Iode, Io.	Solide, gris bleu. Densité $= 4,95$. Donne des vapeurs violettes à 175°. Soluble dans le sulfure de carbone et dans l'alcool.	Ph, As, Sb, K brûlent dans ses vapeurs. H s'y combine par la chaleur. O s'y combine assez facilement. Dangereux à respirer. Sert en photographie.	Eaux mères des cendres de varechs traitées par l'acide sulfurique, puis par un courant de chlore.

428. Tableau résumant les propriétés du carbone, du bore et du silicium.

NOMS.	PROPRIÉTÉS PHYSIQUES.	PROPRIÉTÉS CHIMIQUES.	PRÉPARATION.
Carbone, C.	Solide à aspects variés : diamant. graphite. houille. anthracite. lignite. charbon. noir animal. noir de fumée. Infusible ; insoluble, si ce n'est dans le fer en fusion, où il forme la fonte et l'acier.	Réducteur énergique ; s'empare de l'oxygène, soit libre, soit combiné, pour former de l'acide carbonique. Décompose les oxydes. Brûle dans O. Se combine avec H par l'électricité et forme des carbures.	État naturel. Distillation du bois.
Bore, Bo.	Solide : 1° amorphe, vert ; 2° cristallisé, jaune. Infusible ; insoluble, si ce n'est dans l'aluminium en fusion.	Brûle dans O. Est attaqué par Cl, Br. Avec Az donne un borure. Réduit les oxydes. Est attaqué par les alcalis.	Traiter de l'acide borique par du potassium.
Silicium, Si.	Solide : amorphe, brun. graphitoïde, gris. cristallisé. Fusible vers 1200°. Insoluble.	Le silicium amorphe s'oxyde dans O. S, Cl l'attaquent. Il se combine avec les métaux.	Traiter du silico-fluorure de potassium par le potassium.

429. Tableau résumant les propriétés des combinaisons des métalloïdes entre eux.

NOMS.	PROPRIÉTÉS PHYSIQUES.	PROPRIÉTÉS CHIMIQUES.	PRÉPARATION.
Ozone, O³.	Gaz à odeur sulfureuse. Liquéfié, il est bleu. Densité = 1,6. Soluble dans l'eau.	C'est un oxydant énergique. décomposable en oxygène par la chaleur, le charbon pulvérulent, l'iode et le mercure. Irrite les bronches.	Oxydation lente du phosphore à froid. Oxygène électrisé par un courant d'effluves.
Eau, HO.	Liquide, se solidifie à 0°. Densité = 1. Se vaporise à 100°. Dissolvant de presque tous les corps.	Décomposable par la chaleur et l'électricité et par presque tous les métaux, ainsi que par certains métalloïdes. Se combine avec les acides et les bases.	A l'état naturel ; combiner H et O par l'électricité.
Protoxyde d'azote AzO.	Gaz incolore, inodore, à saveur sucrée.	Oxydant assez énergique, mais n'entretient pas la combustion aussi facilement que l'oxygène. Enivrant, anesthésique.	Chauffer de l'azotate d'ammoniaque.
Bioxyde d'azote, AzO².	Gaz incolore, peu soluble, liquéfiable par refroidissement, pression et détente.	Décomposé par la chaleur; s'oxyde facilement à l'air et donne de l'acide hypoazotique ; se dissout dans l'acide azotique; oxyde les corps enflammés.	Acide azotique étendu et cuivre.
Acide azoteux, AzO³.	Liquide bleu, instable, soluble.	Oxydant ou réducteur, suivant qu'il est avec des corps oxydables ou des corps oxydés.	Bioxyde d'azote en excès et O.
Acide hypoazotique, AzO⁴.	Gaz jaune ou rouge, liquéfiable.	Décomposable par la chaleur et l'électricité. C et Ph y brûlent. H donne $\left\{ \begin{array}{l} Az, \\ HO. \end{array} \right.$ HO donne $\left\{ \begin{array}{l} AzO3, \\ AzO5. \end{array} \right.$	Calciner de l'azotate de plomb.
Acide azotique, AzO⁵, 4 HO.	Liquide incolore, soluble dans l'eau.	Décomposé par la chaleur. Réduit par H. Réduit par Ph avec explosion. Oxydant énergique; attaque les corps organiques.	Traiter l'azotate de potasse ou l'azotate de soude par l'acide sulfurique.

430. Tableau résumant les propriétés des combinaisons des métalloïdes entre eux (*suite*).

NOMS.	PROPRIÉTÉS PHYSIQUES.	PROPRIÉTÉS CHIMIQUES.	PRÉPARATION.
Gaz ammoniac AzH^3.	Gaz incolore, odeur suffocante ; densité $= 0,596$. Très soluble dans l'eau, dans le charbon. Liquéfié.	Décomposable par la chaleur et l'électricité. Brûle dans l'oxygène. Cl, Br, Io. l'attaquent avec énergie. Base forte ; dissout le cuivre. Caustique. Vénéneux.	Décomposer un sel ammoniacal par de la chaux vive.
Hydrogène phosphoré, PhH^3.	Gaz incolore, odeur d'ail. Densité $= 1,585$. Liquéfiable, peu soluble.	Pur, il ne s'enflamme qu'à $100°$; mais, quand il contient des traces de PhH^2, il est spontanément inflammable. Avec l'oxygène, on a PhO^5, $3 HO$. Avec Cl on a HCl et $PhCl^3$. Base faible. Vénéneux.	$1°$ Action de Ph avec de la bouillie de chaux. $2°$ Ph et potasse. $3°$ Décomposer Ca^3Ph par l'eau ou par HCl (dans ce cas, il est pur).
Hydrogène arsénié, AsH^3.	Gaz incolore, odeur repoussante ; liquéfiable par le froid, peu soluble.	Décomposé par la chaleur. O l'oxyde et donne HO. Cl l'attaque. Il brûle à l'air avec une flamme livide. Vénéneux.	Mettre un alliage de zinc et d'arsenic dans l'appareil à hydrogène.
Acide chlorhydrique, HCl.	Gaz incolore, odeur piquante. Densité $= 1,247$. Liquéfié par la pression et le froid; soluble dans l'eau (464 vol.).	S'hydrate à l'air. Donne des chlorures avec les métaux, les oxydes et les sulfures. L'eau se combine avec lui. AzH^3 forme du chlorhydrate d'ammoniaque immédiatement. Corrosif ; attaque les poumons.	Sel ordinaire traité par l'acide sulfurique.
Acide sulfhydrique, HS.	Gaz incolore, odeur d'œufs pourris, soluble dans l'eau et dans l'alcool ; liquéfiable.	Acide faible. Attaque et sulfure les métaux. Br et Cl le décomposent, ainsi que l'oxygène. L'acide azotique l'oxyde. Réactif des métaux. Vénéneux.	Traiter le sulfure de fer par l'acide sulfurique.

431. Tableau résumant les propriétés des combinaisons des métalloïdes entre eux (*suite*).

NOMS.	PROPRIÉTÉS PHYSIQUES.	PROPRIÉTÉS CHIMIQUES.	PRÉPARATION.
Acide sulfureux, S^2O^4 ou SO^2.	Gaz incolore, odeur irritante ; liquéfiable et solidifiable par le froid. Soluble dans l'eau.	Décomposé par la chaleur. Acide énergique. N'entretient pas la combustion. Avec H, on a HS. Avec O, il se produit de l'acide sulfurique. Réduit l'acide azotique et les matières colorantes végétales.	Réduction de l'acide sulfurique par le mercure ou par le cuivre.
Acide sulfurique, SO^3HO.	Liquide oléagineux. Bout à 325° avec soubresauts.	Se combine avec HO avec explosion. Décomposé par la chaleur. Réduit, par le charbon, le cuivre et les métaux. Acide énergique. Donne nombreux sels.	Oxydation de l'acide sulfureux par les composés oxygénés de l'azote.
Acide phosphorique, PhO^5, 3 HO.	Cristaux fusibles et solubles dans l'eau.	Acide énergique. Ne coagule pas l'albumine, précipite en jaune l'azotate d'argent. Perd de l'eau par la chaleur.	Traiter le phosphore par de l'acide azotique très étendu ou $PhCl^3$ par l'eau.
Oxyde de carbone, CO.	Gaz incolore, inodore, peu soluble dans l'eau.	Corps neutre, attaqué par le chlore et par l'oxygène. C'est un réducteur énergique. Très vénéneux.	1° Décomposer l'oxyde de zinc par le charbon. 2° Décomposer l'acide oxalique par l'acide sulfurique.
Acide carbonique, CO^2.	Gaz incolore, presque inodore, d'une saveur aigrelette. Densité=1,529. Légèrement soluble dans l'eau. Liquéfiable par pression, solidifiable par évaporation.	N'entretient pas la combustion. Est réduit par le charbon. Se combine facilement avec les bases alcalines. Se trouve dans certaines eaux minérales. Toxique.	Traiter le carbonate de chaux par l'acide chlorhydrique.

432. Tableau résumant les propriétés des combinaisons des métalloïdes entre eux (*suite*).

NOMS.	PROPRIÉTÉS PHYSIQUES.	PROPRIÉTÉS CHIMIQUES.	PRÉPARATION.
Bisulfure de carbone, CS^2.	Liquide incolore ; d'odeur fétide, quand il est impur. Se vaporise à l'air.	Combustible. Brûle à l'air. Attaque vivement les métaux en formant des sulfures. Le chlore le décompose au rouge. Toxique à la longue.	Faire arriver de la vapeur de soufre sur du charbon chauffé au rouge.
Cyanogène, C^2Az.	Gaz incolore, d'odeur d'amandes amères. Liquéfiable par le froid. Soluble dans l'eau.	Décomposé par l'électricité. Brûle à l'air. Sa dissolution se décompose à la lumière en produits complexes et en ammoniaque.	Chauffer du cyanure de mercure.
Acide cyanhydrique, HC^2Az.	Liquide incolore. Odeur d'amandes amères. Soluble dans l'eau.	Combustible. Attaque les oxydes et donne des cyanures. Acide faible et instable. Poison violent.	Traiter le cyanure de mercure par l'acide sulfhydrique.
Protocarbure d'hydrogène, C^2H^4.	Gaz incolore, inodore, peu soluble.	Difficilement attaqué par les métalloïdes, si ce n'est par le chlore et l'oxygène, en donnant des produits de substitution.	Calciner l'acétate de soude avec de la soude. On le trouve à l'état naturel sortant de terre et de la vase des marais.
Bicarbure d'hydrogène, C^4H^4.	Gaz incolore, odeur un peu goudronneuse. Plus soluble dans l'alcool et dans l'éther que dans l'eau. Liquéfié par le froid.	Décomposé par la chaleur. Se combine avec le chlore en donnant des produits d'addition. Combustible.	Chauffer de l'alcool et de l'acide sulfurique.
Acide borique, $BoO^3, 3HO$.	Lamelles solubles dans l'eau et dans l'alcool.	Acide faible. Se combine avec les bases alcalines.	État naturel (Toscane).
Acide silicique, SiO^2.	Cristaux transparents. Insoluble, infusible. C'est le cristal de roche. Raye le verre.	Réduit par le charbon et par le chlore. Attaqué par les métaux alcalins et les dissolutions alcalines.	État naturel.

TROISIÈME PARTIE

MÉTAUX ET SELS

NOTIONS GÉNÉRALES SUR LES MÉTAUX

433. Comme nous l'avons dit, les métaux sont des corps possédant un éclat particulier appelé *éclat métallique*, bons conducteurs de la chaleur et de l'électricité, et formant avec l'oxygène au moins une base.

PROPRIÉTÉS PHYSIQUES

434. Les métaux sont *opaques*, même réduits en feuilles minces; cependant certains d'entre eux laissent passer la lumière : celle que tamise une lame d'or paraît verte. Leur couleur varie du *brun presque noir* au *gris presque blanc*, suivant l'état sous lequel ils se présentent. Quelques-uns ont une couleur particulière et très tranchée : l'or est jaune, le cuivre est rouge.

435. Les métaux sont en général très *malléables*, c'est-à-dire qu'on peut les réduire en feuiles très minces. Les plus malléables sont : l'or, l'argent, l'aluminium, le cuivre, l'étain, le platine, le plomb, le zinc, le fer, le nickel, etc. Ce travail, qui se faisait autrefois à coups de marteau, se fait aujourd'hui au moyen des *laminoirs*. Certains métaux, qui ne peuvent subir cette opération, sont dits *cassants*.

Les métaux malléables sont en même temps *ductiles*, c'est-à-dire qu'ils peuvent être transformés en fils plus ou moins fins. Les plus ductiles sont : l'or, l'argent, le platine, l'aluminium, le fer, le nickel, le cuivre, le zinc, l'étain, le plomb, etc. On se sert pour cette opération du *banc à tirer* et de la *filière*.

Les métaux ont également la propriété de résister, sans se briser, alors même qu'ils sont réduits en fils, à la tension d'un poids considérable : ils sont *tenaces*.

436. La *dureté* des métaux varie beaucoup, depuis celle du chrome, qui raye le verre, jusqu'à celle du mercure, qui est liquide à la température ordinaire.

Il faut remarquer que la dureté d'un corps est, non pas sa résistance plus ou moins grande au choc, mais sa propriété de se laisser ou non rayer par un autre corps. Ainsi l'acier ne se raye pas facilement, tandis que l'ongle suffit pour rayer le plomb.

437. Tous les métaux sont *bons conducteurs de la chaleur et de l'électricité*, mais pas au même degré. Des métaux usuels, l'argent est le meilleur conducteur de la chaleur et de l'électricité, le bismuth est le plus mauvais conducteur de la chaleur et de l'électricité.

438. Tous les métaux, à l'exception de l'osmium, sont fusibles. Voici la température de fusion des métaux les plus employés :

Mercure.	— 39°.	Aluminium, vers	1000°.
Potassium	+ 62°.	Argent	1000°.
Sodium	95°.	Cuivre	1100°.
Étain.	228°.	Or	1200°.
Bismuth.	265°.	Nickel, vers	1300°.
Plomb.	335°.	Fer forgé	1500°.
Zinc.	410°.	Fonte grise	1587°.
Antimoine	450°.	Platine	2000°.

Les métaux ont une densité plus ou moins grande. Voici l'échelle par ordre ascendant.

Lithium	0,59	Fer fondu	7,21	Palladium	12,00
Potassium	0,86	Fer en barre.	7,79	Mercure liq..	13,60
Sodium	0,97	Cadmium	8,60	Mercure sol..	14,40
Aluminium..	2,56	Cuivre	8,79	Or	19,30
Gallium	4,70	Cobalt	8,80	Platine	21,50
Zinc	6,85	Nickel	8,80	Iridium	22,38
Chrome.	7,00	Bismuth.	9,80	Osmium.	22,45
Manganèse..	7,20	Argent	10,45		
Étain	7,20	Plomb	11,35		

439. Tous les métaux sont *volatils*, même le platine.

440. En résumé, les *propriétés physiques* des métaux sont : la *couleur*, l'*opacité*, la *malléabilité*, la *ductilité*, la *ténacité*, la *dureté*, la *conductibilité*, la *fusibilité*, la *volatilité*.

PROPRIÉTÉS CHIMIQUES

ALLIAGES

441. On nomme *alliage* la réunion, par fusion, de deux ou plusieurs métaux en un seul. Les alliages sont, suivant les cas, de simples mélanges ou des combinaisons. Les alliages employés dans l'industrie sont en général des mélanges ; on les forme, en effet, en observant des règles tracées par l'expérience pour atteindre un but déterminé, sans se préoccuper des proportions définies qui devraient être employées, si l'on voulait obtenir une combinaison chimique.

442. L'usage des alliages étant très répandu, nous allons indiquer les proportions des métaux employés pour chacun d'eux :

		parties.			parties.
Monnaies	Or	900	Cloches	Cuivre	78
	Cuivre	100		Étain	22
Bijouterie	Or	750	Laiton	Cuivre	65
	Cuivre	250		Zinc	33
Monnaies (5f)	Argent	900	Maillechort	Cuivre	50
	Cuivre	100		Zinc	25
Monnaies (2f,1f, 0f.50 et 0f,20).	Argent	835		Nickel	25
	Cuivre	165	Métal anglais	Étain	100
Vaisselle d'argent	Argent	950		Antimoine	8
	Cuivre	50		Bismuth	1
Bijouterie	Argent	800		Cuivre	4
	Cuivre	200	Poterie d'étain	Étain	92
Bronze d'aluminium	Cuivre	90		Plomb	8
	Aluminium	10	Chrysocale	Cuivre	90
Monnaies et médailles de bronze.	Cuivre	95		Zinc	10
	Étain	4	Soudure des plombiers.	Étain	66
	Zinc	1		Plomb	18
Bronze des canons	Cuivre	100	Caractères d'imprimerie.	Plomb	80
	Étain	10		Antimoine	20

Un alliage a pour but de donner au composé qui en résulte des qualités que n'auraient pas les métaux qui le constituent, s'ils étaient employés seuls ; ainsi la température de fusion d'un alliage est presque toujours moins élevée que celle du métal le moins fusible qui s'y rencontre, et sa dureté généralement plus grande que celle du plus dur des métaux constituants : en alliant du plomb, qui fond à 335°, avec de l'étain, qui fond à 228°, on obtient la soudure des plombiers, qui fond à 180°. Les monnaies d'argent, composées d'argent et de cuivre, sont plus dures que ces deux métaux considérés séparément.

OXYDATION

443. A froid, l'oxygène sec n'a d'action sur aucun métal, sauf sur le potassium ; mais tous, excepté l'or, l'argent, le platine, l'aluminium et l'iridium, s'oxydent à une température élevée en présence de l'oxygène sec, en dégageant de la chaleur.

L'oxygène humide seul, à la température ordinaire, n'oxyde que les métaux de la première classe. Tous les métaux, au contraire, s'oxydent au contact de l'air humide chargé d'acide carbonique, sauf l'or, l'argent et le platine. Il importe donc de préserver certains métaux exposés à l'air de l'action de l'oxygène qui s'y trouve ; c'est ainsi qu'on recouvre le fer d'une couche d'étain, auquel cas il prend le nom de *fer-blanc* ou *fer étamé ;* recouvert de zinc, il est appelé *fer galvanisé.*

ACTION DU SOUFRE, DU CHLORE ET DU MERCURE

444. Le soufre sec chauffé se combine avec tous les métaux. La combinaison se fait à la température ordinaire, en présence de l'eau.

Le chlore peut se combiner directement avec tous les métaux.

L'alliage d'un métal quelconque avec le mercure se nomme *amalgame.*

ANALYSE D'UN ALLIAGE CONTENANT DES MÉTAUX PRÉCIEUX

445. L'alliage est fondu avec du plomb et subit la *coupellation* dans une petite coupelle faite avec de la cendre d'os, qui a la propriété de se laisser traverser par l'oxyde de plomb tenant en suspension d'autres oxydes : le cuivre passe à l'état d'oxyde, et la perte de poids de l'alliage en indique la quantité qui y était renfermée.

Le résidu est traité par de l'acide sulfurique, que l'on porte à l'ébullition : l'argent est enlevé, et il ne reste plus qu'un petit lingot d'or.

CLASSIFICATION

446. On a conservé, pour les métaux, la classification adoptée par Thénard, classification basée sur leur affinité plus ou moins grande pour l'oxygène. Cependant, comme elle est un peu artificielle, on l'a légèrement modifiée et les métaux sont aujourd'hui classés de la manière suivante :

Classe	Section	Métaux		Propriété
1re CLASSE. *Métaux directement oxydables à une température variable. Leurs oxydes sont indécomposables par la chaleur.*	1re section.	Potassium. Sodium. Lithium.	Métaux alcalins.	Décomposent l'eau à la température ordinaire.
		Calcium. Strontium. Baryum.	Alcalino-terreux.	
	2e section.	Magnésium. Manganèse.		Décomposent l'eau vers 100°.
	3e section.	Fer. Nickel. Cobalt. Chrome. Zinc. Cadmium. Vanadium. Uranium. Thallium. Gallium.		Décomposent l'eau à la température presque rouge ou à froid en présence d'acides énergiques.
	4e section.	Tungstène. Molybdène. Osmium. Tantale. Titane. Étain. Antimoine. Niobium.		Décomposent l'eau lorsqu'ils sont chauffés au rouge ou à froid en présence de bases énergiques.
	5e section.	Cuivre. Plomb. Bismuth.		Ne décomposent l'eau qu'à une très haute température et difficilement, jamais à froid.
2e CLASSE.	Section unique.	Aluminium. Glucinium.		Ne s'oxydent pas à l'air, même sous l'influence de la chaleur. — Leurs oxydes sont irréductibles par la chaleur, même aux plus hautes températures.
3e CLASSE. *Métaux dont les oxydes se décomposent très facilement par la chaleur.*	1re section.	Mercure. Palladium. Rhodium. Ruthénium.		S'oxydent à une température peu élevée; leurs oxydes sont facilement réductibles par une température un peu plus élevée.
	2e section.	Argent. Platine. Or. Iridium.		Inaltérables à toutes les températures.

NOTIONS GÉNÉRALES SUR LES SELS

447. On nomme *sel* le produit de la combinaison d'un *acide* et d'une *base*. Si la combinaison est telle que les propriétés de l'acide et celles de la base soient mutuellement neutralisées, on a un *sel neutre*. Si les propriétés de la base sont neutralisées, tandis que les propriétés de l'acide dominent, on a un *sel acide;* dans le cas contraire, on a un *sel basique*.

La nature d'un sel se reconnaît au moyen de la teinture de tournesol, laquelle, en présence de ce sel, devient rouge, s'il y a un excès d'acide, et bleue, s'il y a un excès de base. Un papier imprégné de cette teinture ne change pas de couleur si on le trempe dans un sel neutre.

PROPRIÉTÉS PHYSIQUES

448. Les sels sont généralement solides et inodores; sans saveur, s'ils sont insolubles; doués d'une saveur rappelant celle de la base qui les forme, s'ils sont solubles. La plupart des sels anhydres sont blancs; les sels hydratés prennent en général la couleur de leur base.

449. Les sels sont plus ou moins solubles dans l'eau, suivant la température, et ils deviennent en général d'autant plus solubles que la température est plus élevée. Lorsque l'eau a dissous la quantité de sel qu'elle peut dissoudre à la température où elle se trouve, on dit qu'elle est *saturée*.

Lorsque la température s'abaisse, l'eau abandonne une partie des sels qu'elle avait dissous, pour ne retenir que la quantité qu'elle dissoudrait à sa nouvelle température. Cette propriété est utilisée dans les laboratoires et dans l'industrie pour faire cristalliser les sels.

Il arrive parfois que, malgré le refroidissement, le sel ne cristallise pas; on dit alors que l'eau est *sursaturée;* la sursaturation n'a lieu que lorsque le liquide est en contact avec un excès de sel cristallisé. Pour qu'il y ait cristallisation, il faut alors jeter dans le liquide un cristal du sel contenu dans la saturation ou un cristal isomorphe. Tel est le cas pour le sulfate de soude.

PROPRIÉTÉS CHIMIQUES

450. L'eau peut décomposer les sels; les dissolutions salines ont une volatilité moins grande que celle de l'eau.

451. En se dissolvant dans l'eau, certains sels absorbent de la chaleur et amènent un abaissement sensible de température; on a utilisé cette propriété pour constituer des *mélanges réfrigérants*. Si, au lieu d'eau, on emploie de la glace ou de la neige, on obtient un abaissement de température encore plus considérable. C'est au moyen de ces mélanges qu'on obtient la glace artificielle; lorsque cette glace est renfermée dans des carafes, on leur donne le nom de *carafes frappées*. Les mélanges réfrigérants les plus usités sont :

Parties en poids.

1 de sel marin............	Amenant un abaissement de température de 0° à — 17°.
1 de neige...............	
1 d'azotate d'ammoniaque.....	Amenant un abaissement de température de + 10° à — 13°.
1 d'eau................	
3 de chlorure de calcium cristallisé...............	Amenant un abaissement de température de 0° à — 45°.
1 de neige...............	
5 d'acide chlorhydrique.......	Amenant un abaissement de température de + 10° à — 16°.
8 de sulfate de soude cristallisé...............	

452. Certains sels, très avides d'eau, se dissolvent peu à peu au contact de l'air, dont ils absorbent la vapeur d'eau: ce sont des sels *déliquescents;* d'autres, au contraire, au contact de l'air un peu sec, abandonnent l'eau qu'ils ont absorbée pendant la cristallisation : on dit alors qu'ils sont *efflorescents.*

453. Les sels sont en général décomposables par la chaleur et par l'électricité. La galvanoplastie, la dorure et l'argenture sont des applications de cette propriété.

454. Certains sels peuvent être décomposés par la présence d'un métal. Ainsi une lame de zinc plongée dans une dissolution de sel d'étain décompose ce sel : le zinc remplace l'étain, qui se dépose au fond du vase. Ces propriétés sont utilisées en métallurgie.

LOIS DE BERTHOLLET

ACTION DES ACIDES SUR LES SELS

455. Si l'on fait agir un acide sur un sel, l'acide s'empare d'une partie de la base de ce sel, tandis que l'acide du sel retient l'autre partie ; mais, si le nouveau composé est assez *volatil* ou assez *soluble* pour s'éliminer de lui-même, la réaction continue et l'on a une décomposition *complète* du sel, due uniquement aux propriétés physiques du nouveau composé. C'est Berthollet qui, le premier, a reconnu le pouvoir de ces circonstances et formulé les lois qui les régissent.

456. *La décomposition d'un sel par un acide est complète, quand le nouvel acide est plus fixe que celui du sel.* C'est ainsi que, l'acide sulfurique étant plus fixe que l'acide azotique, on obtient ce dernier en faisant réagir l'acide sulfurique sur un azotate :

$$KO,AzO^5 + SO^3 = AzO^5 + KO,SO^3$$

457. *La décomposition d'un sel par un acide soluble est complète quand l'acide de ce sel est insoluble.* Par exemple, si l'on fait agir de l'acide sulfurique sur du borate de soude, en versant l'acide dans une dissolution de ce sel, on précipite l'acide borique, qui est peu soluble, en paillettes cristallines :

$$NaO,BO^3 + SO^3 = BO^3 + NaO,SO^3$$

458. *La décomposition d'un sel par un acide est complète, quand cet acide peut former, avec la base du sel, un autre sel insoluble :* si l'on fait réagir l'acide sulfurique sur l'azotate de baryte, on obtient un sulfate de baryte insoluble, et l'acide azotique devient libre :

$$BaO,AzO^5 + SO^3,HO = AzO^5,HO + BaO,SO^3.$$

ACTION DES BASES SUR LES SELS

459. *Un sel dont la base est volatile est décomposé complétement par une base fixe :* en chauffant un mélange de chaux et de sulfate d'ammoniaque, l'ammoniaque devient libre et l'on obtient un sulfate de chaux :

$$AzH^3,HO,SO^3 + CaO = CaO,SO^3 + AzH^3 + HO$$

460. *Une base soluble décompose complètement un sel dont la base est insoluble :* en versant une dissolution de potasse dans une dissolution de sulfate de cuivre, la potasse remplace l'oxyde de cuivre, qui se précipite :

$$CuO,SO^3 + KO = CuO + KO,SO^3$$

461. *La décomposition d'un sel par une base est complète, quand cette base peut former avec l'acide du sel un composé insoluble :* si l'on verse une dissolution de baryte dans une dissolution de sulfate de potasse, la baryte remplace la potasse, qui devient libre :

$$KO,SO^3 + BaO = KO + BaO,SO^3$$

ACTION DES SELS SUR LES SELS

462. *Deux sels se décomposent complètement, lorsque de l'échange de leurs acides et de leurs bases il peut résulter un sel plus volatil que ceux qui ont été mis en présence :* un mélange de chlorure de sodium et de sulfate d'ammoniaque chauffé donne du chlorhydrate d'ammoniaque, qui est volatil, et du sulfate de soude :

$$NaCl + AzH^4HO,SO^3 = AzH^4,Cl + NaO,SO^3$$

463. *Deux sels en dissolution se décomposent complètement, quand de l'échange de leurs bases et de leurs acides il peut résulter un sel insoluble :* si l'on verse une dissolution de sulfate de soude dans une dissolution d'azotate de baryte, on obtient un précipité de sulfate de baryte et un azotate de soude :

$$NaO,SO^3 + BaO,AzO^5 = BaO,SO^3 + NaO,AzO^5$$

REMARQUE

464. Si l'acide ou la base mis en présence du sel sont identiques à l'acide ou à la base de ce sel, l'action sera le plus souvent nulle.

Les lois précédentes sont basées sur ce principe : *tout corps qui, en contact avec un sel, peut donner, avec l'aide de ce sel, une combinaison produisant une quantité de chaleur supérieure à celle qui est dégagée lors de la formation de ce premier sel le décomposera.*

NOTIONS SUR LES ÉQUIVALENTS
CHIMIQUES

465. La théorie des équivalents chimiques est une conséquence de la loi des proportions définies ou loi de Proust : *Deux corps, pour former un même composé, se combinent toujours dans des proportions invariables.* L'expérience va nous montrer toute l'étendue et toute l'importance de cette loi.

1° **Équivalents des bases.** — On trouve, par exemple, que, pour neutraliser 40 grammes d'acide sulfurique, il faut 47 grammes de potasse :

$$SO^3 + KO = KO,SO^3$$
$$40 \qquad 47$$

Or, avec 31 grammes de soude ou 116 grammes d'oxyde d'argent, 40 grammes d'acide sulfurique donneraient des sulfates neutres de soude et d'argent. On peut donc dire que les sulfates neutres contiennent un poids fixe d'acide et des poids divers de bases, poids divers qui s'*équivalent* entre eux, puisqu'ils saturent une quantité déterminé d'acide. Ainsi :

(ACIDE)	(BASES)
40 grammes d'acide sulfurique sont neutralisés par	47gr de potasse, 31gr de soude, 116gr d'oxyde d'argent.

Les nombres 47, 31, 116 sont dits les *équivalents des bases*.

Si l'on désire faire un autre sel neutre, un carbonate, par exemple, on remarquera que :

(ACIDE)	(BASES)
22 grammes d'acide carbonique absorbent	47gr de potasse, 31gr de soude, 116gr d'oxyde d'argent,

en donnant des carbonates neutres. Les poids des bases sont les mêmes que pour les sulfates neutres qui précèdent. L'expérience prouverait que la formation des azotates neutres demanderait encore ces mêmes poids de bases. On en conclut que des poids déterminés de bases saturent des poids fixes d'un même acide ; ces poids de bases, nous le répétons, en sont les *équivalents*.

2° **Équivalents des acides.** — Au lieu de faire varier les poids des bases agissantes, on peut sur un poids *fixe et déterminé* de base verser divers acides de façon à former des sels neutres. Dans ce cas, ce sont les poids des divers acides qui varient. Ainsi :

(BASE)		(ACIDES)
28 grammes de chaux neutralisent		22^{gr} d'acide carbonique 40^{gr} d'acide sulfurique 54^{gr} d'acide azotique.
31 grammes de soude neutralisent		22^{gr} d'acide carbonique, 40^{gr} d'acide sulfurique, 54^{gr} d'acide azotique.

Les nombres 22, 40, 54 désignent des poids divers d'acides, poids divers qui s'*équivalent* pour former des sels neutres ; ce sont donc les *équivalents des acides*.

3° **Équivalents des métaux.** — Une étude analogue des oxydes montrerait que, pour un même poids d'oxygène, on a des poids variables si l'on prend des métaux différents. Ces poids variables sont les *équivalents des métaux*.

4° **Équivalents des métalloïdes.** — On voit, par ce qui précède, qu'il est facile d'établir les poids divers des métalloïdes s'unissant avec un même poids d'oxygène.

466. En résumé, on appelle *équivalents* les nombres qui expriment les poids des corps capables d'entrer dans des combinaisons chimiquement analogues.

467. Les équivalents les plus usités sont ceux qu'on obtient en prenant pour terme de comparaison 1 gramme d'hydrogène.

POTASSIUM ET SODIUM

POTASSIUM (K)

(Équivalent = 39.)

HISTORIQUE

468. Davy découvrit le *potassium* en 1807, en réduisant l'hydrate de potasse par l'électricité; Thénard et Gay-Lussac en étudièrent avec beaucoup de soin les propriétés et indiquèrent le premier procédé pratique pour l'obtenir pur, procédé qui consiste à faire passer la potasse sur le fer chauffé au rouge blanc.

PROPRIÉTÉS PHYSIQUES

469. Le potassium est un corps solide, mou et facilement pétrissable. Sa dureté augmente par refroidissement; il possède un éclat argentin lorsqu'il est fraîchement coupé; mais il ne tarde pas à le perdre, si on le laisse exposé à l'air, dont il absorbe l'oxygène. Il fond à 62° et se volatilise au rouge sombre en produisant des vapeurs vertes. Sa densité est de 0,865.

PROPRIÉTÉS CHIMIQUES

470. Le potassium a une très grande affinité pour l'oxygène, avec lequel, en conséquence, il se combine très facilement, s'il reste exposé à l'air libre. C'est un réducteur très énergique; il décompose l'eau et un grand nombre de corps oxygénés : si l'on jette un morceau de potassium dans une cuvette d'eau, il s'empare de l'oxygène, et l'hydrogène se dégage; mais la combinaison de l'oxygène et du potassium se fait avec un tel dégagement de chaleur que l'hydrogène s'enflamme. Le potassium s'empare également du chlore. Ces propriétés ont permis d'isoler plusieurs corps simples, tels que l'aluminium et le magnésium. On le conserve dans l'huile de naphte, avec laquelle il donne souvent des composés explosibles, quand il y a fait un long séjour. L'oxyde de

carbone sur les vapeurs de potassium donne aussi des produits explosifs.

ÉTAT NATUREL

471. Le potassium n'existe dans la nature que combiné
avec des corps très variés. Le *chlorure de potassium* se trouve
en abondance dans les eaux de la mer et dans la terre.
L'azotate de potasse se produit en grande quantité à la surface des terres arables, dans les pays chauds. La cendre
de presque tous les bois renferme du *carbonate de potasse.*

PRÉPARATION

472. On prépare le potassium au moyen d'un appareil
inventé par
Brunner et lé-
gèrement mo-
difié par MM.
Donny et Ma-
reska. Cet ap-
pareil (fig. 103)
se compose
d'une bouteille
de fer forgé A,
dans laquelle
on introduit un
mélange de car-
bonate de po-
tasse et de
charbon pul-
vérisé. Cette
bouteille est
enfermée dans
un grand four-
neau de bri-
ques réfractai-
res et commu-

Fig. 103.

nique avec un récipient de tôle C par un tube *m* très court,
en fer, et qui doit être maintenu à la température du rouge
vif. On chauffe fortement le mélange : il se dégage des

vapeurs de potassium, qui se rendent dans le récipient C, où elles se condensent :

$$KO,CO^2 + 2C = 3CO + K.$$

Le mélange (1 partie de charbon pulvérisé pour 4 de carbonate de potasse) est obtenu par la calcination du tartre brut, c'est-à-dire contenant du tartrate de chaux. Henri Sainte-Claire-Deville a établi que la présence du carbonate de chaux provenant de la calcination du tartrate de chaux empêche les matières de se séparer pendant la fusion. On ne réussirait pas en employant du bitartrate de potasse pur.

USAGES

473. Le potassium n'a pas d'usages en dehors des laboratoires, où il sert à l'analyse d'un certain nombre de gaz et à la préparation de plusieurs corps simples, tels que le bore, le silicium et le magnésium.

COMPOSÉS DU POTASSIUM

474. Le potassium forme avec l'oxygène trois composés : 1° le *sous-oxyde de potassium* (K^2O); 2° le *protoxyde de potassium* (KO); 3° le *peroxyde de potassium* (KO^3). Le second, qu'on désigne généralement sous le nom de *potasse*, est le seul dont nous ayons à nous occuper (n°s 482 à 489). Nous parlerons aussi du *chlorure de potassium* (n°s 500 à 502) et de l'azotate de potasse (n°s 507 à 512).

SODIUM (Na).

(Équivalent = 23.)

HISTORIQUE

475. C'est également Davy qui a isolé le *sodium*, en soumettant la soude à l'action de la pile; mais c'est à Henri Sainte-Claire-Deville qu'on doit le procédé d'extraction employé dans l'industrie.

PROPRIÉTÉS PHYSIQUES

476. — Le sodium est un corps solide, que l'ongle peut rayer, mais que le froid durcit. Sa densité est de 0,97. Il fond à 95° et se volatilise au rouge sombre. Il brûle à une température élevée. Il a, comme le potassium, un éclat argentin, qui s'altère rapidement au contact de l'air.

PROPRIÉTÉS CHIMIQUES

477. Le sodium a une grande affinité pour l'oxygène; au-dessus de 300°, il absorbe l'hydrogène. Comme le potassium, il décompose l'eau à froid, mais sans qu'il se dégage assez de chaleur pour enflammer l'hydrogène.

ÉTAT NATUREL

478. On rencontre le sodium en grande quantité dans la nature, mais combiné avec divers corps. C'est à l'état de chlorures ou d'azotates qu'il se présente le plus fréquemment.

PRÉPARATION

479. Le procédé trouvé en 1854 par Henri Sainte-Claire-Deville est le seul usité dans l'industrie et le seul que nous décrirons.

On emploie un mélange de carbonate de soude, de houille et de craie dans les proportions de 100 parties du premier, 45 parties de la seconde et 15 parties de la troisième. La craie a pour but d'empêcher le carbonate de soude de fondre; de cette façon le charbon reste toujours en contact avec le sel qu'il doit décomposer.

L'appareil dont on se sert est analogue à celui que nous avons décrit pour la préparation du potassium. La bouteille de fer est remplacée par un gros cylindre de tôle semblable à un tuyau de poêle et placé horizontalement dans un fourneau de briques réfractaires. Ce cylindre communique également par un tube très court avec un récipient cylindrique placé de champ.

Le sodium qui se dégage va se condenser dans le récipient et, par un robinet placé à la partie inférieure de celui-ci, coule dans une marmite de fonte pleine d'huile de naphte, tandis que les gaz provenant de l'opération brûlent à la partie supérieure du récipient. Le sodium ainsi obtenu n'est pas pur; mais on peut le purifier par une simple fusion sous une mince couche d'huile de schiste.

USAGES

480. Le sodium a dans les laboratoires les mêmes usages que le potassium; mais il est employé de préférence, parce que ses réactions sont moins violentes. Dans l'industrie, il sert à la préparation du magnésium et de l'aluminium.

COMPOSÉS DU SODIUM

481. Le sodium forme avec l'oxygène deux composés : 1° le *protoxyde de sodium* (NaO); 2° le *peroxyde de sodium* (NaO^2). Le premier, le seul que nous ayons à examiner, a reçu le nom de *soude* (n°[s] 490 à 499). Nous parlerons aussi du *chlorure de sodium* (n°[s] 503 à 506) et de l'*azotate de soude* (n° 513).

POTASSE CAUSTIQUE (KO, HO)

PROPRIÉTÉS

482. Si l'on combine le protoxyde de potassium avec un équivalent d'eau, on obtient un *hydrate de potasse* (KO, HO), que l'on nomme *potasse caustique* ou *pierre à cautère*. C'est un corps solide, blanc, d'une saveur âcre, brûlante et urineuse; il est très soluble dans l'eau, déliquescent, fond au rouge sombre et se volatilise sans se décomposer. C'est un caustique très énergique, qui attaque la peau. Il verdit le sirop de violette et ramène au bleu la teinture de tournesol rougie par un acide.

PRÉPARATION

483. On prépare l'hydrate de potasse en décomposant par la chaux le carbonate de potasse. A cet effet, on dissout dans une marmite 5 parties de carbonate de potasse pour 50 parties d'eau; au moment de l'ébullition du mélange, on jette en plusieurs fois dans la marmite une partie de *chaux éteinte*. Il faut avoir soin de remplacer l'eau évaporée. L'opération est terminée quand le liquide ne dégage plus d'acide carbonique avec l'acide sulfurique, ce que l'on voit au moyen d'une prise d'essai. On décante alors et l'on évapore l'eau en excès. Le résidu se prend en une masse grise. Pour la livrer au commerce, on la brise en fragments, qu'on enferme dans des flacons bien secs et bouchés à l'émeri, ou bien on la coule dans des moules de fonte, qui lui donnent la forme de petits bâtons. C'est sous cette forme qu'elle prend le nom de *pierre à cautère*.

La réaction qui s'est produite peut s'indiquer de la manière suivante :

$$KO,CO^2 + CaO, HO = KO, HO + CaO, CO^2.$$

Cette potasse est connue sous le nom de *potasse à la chaux*; elle contient de la chaux, du carbonate de potasse, des chlorures et des sulfates. Pour la purifier, on la met en contact avec de l'alcool, qui la dissout sans altérer les sels ; il se forme alors deux couches distinctes : au-dessous, les sels, qui se sont emparés de l'eau de l'alcool; au-dessus, une dissolution alcoolique de potasse pure, que l'on décante et dont on élimine l'alcool par plusieurs évaporations successives : on obtient ainsi de la *potasse à l'alcool*.

USAGES

484. Dans les laboratoires, la potasse sert de réactif, quand elle est dissoute; à l'état anhydre, elle est employée pour dessécher les gaz. En médecine, la propriété qu'elle a de ronger les chairs est utilisée pour les cautérisations.

CARBONATE DE POTASSE (KO, CO².)

485. Si l'on fait brûler des plantes qui ont vécu dans l'intérieur des terres, *leurs cendres* renferment du *carbonate de potasse*, qu'on nomme vulgairement *potasse du commerce*. Ces cendres contiennent divers sels insolubles et le carbonate de potasse *soluble*. On l'obtient en brûlant des végétaux, surtout dans les pays riches en bois.

486. Dans les ménages, on utilise les cendres du foyer pour *couler la lessive*, c'est-à-dire pour dissoudre le carbonate de potasse et le faire servir au blanchiment du linge : en présence des taches de graisse du linge sali, le carbonate de potasse provoque la décomposition de cette graisse, il se forme un sel de potasse soluble qui emprunte son acide au corps gras, et l'acide carbonique se dégage ; en résumé, il y a saponification des graisses.

On emploie en outre le carbonate de potasse pour la fabrication du verre, du savon et pour le chamoisage des peaux.

SOURCES DE LA POTASSE

487. Voici les sources de la potasse :

Sources minérales : minéraux salés de Stassfurt, carnallithe, sylvine ou chlorure de potassium, feldspath et roches analogues, eau de la mer, eaux des salines, salpêtre naturel.

Sources organiques : cendres des végétaux, charbon des vinasses provenant des mélasses et des betteraves, varechs, suint de la laine des moutons.

488. Le suint est d'autant plus abondant que la laine est plus fine. Pour en retirer la potasse, il suffit de laver la toison.

Pour	Matières organiques...............	150^g
300 grammes	Carbonate de potasse.............	133^g,50
de suint	Sulfate de potasse................	7^g,5
on obtient :	Chlorure de potassium............	0^g
		300^g

Ce suint est une source très riche de potasse, puisqu'il en renferme à peu près 50 %.

489. A la partie supérieure des mines de sel gemme, à Stassfurt, près de Magdebourg, il existe certaines couches de ce minerai contenant des sels de potasse à l'état de chlorure et de sulfate. Ces couches produisent annuellement 500 000 tonnes de sels potassiques que l'on transforme en potasse par l'action du carbonate de chaux et du charbon.

SOUDE CAUSTIQUE (NaO,HO.)

490. Si l'on combine un équivalent de protoxyde de sodium avec un équivalent d'eau, on obtient un hydrate de protoxyde de sodium que l'on nomme *soude caustique*. C'est un corps blanc, solide, très soluble dans l'eau et fusible au rouge sombre. Sa densité est de 2.

491. On prépare la soude caustique comme la potasse caustique, en décomposant par la chaux le carbonate de soude : on obtient ainsi de la *soude à la chaux*, qui est impure. Pour la purifier, on peut la mettre en contact avec l'alcool et obtenir ainsi de la *soude à l'alcool*.

492. Comme il est aisé de le voir, il y a la plus grande analogie entre la soude et la potasse caustiques. Pour les distinguer l'une de l'autre, on peut employer le *chlorure de platine :* ce corps, plongé dans une dissolution de potasse, donne un précipité jaune, tandis qu'il n'a aucune influence sur la soude dissoute dans l'eau.

SOUDES DU COMMERCE (NaO, CO².)

493. Les *soudes du commerce*, corps solides, blancs, cristallisés, solubles dans l'eau, ne sont, à proprement parler, que des carbonates de soude plus ou moins impurs. On distingue les *soudes naturelles* et les *soudes artificielles*.

SOUDES NATURELLES

494. Les cendres des plantes marines contiennent du chlorure de sodium et du carbonate de soude. On fait subir à ces cendres une demi-fusion, et le résultat de cette opération, qui forme une masse brune, est vendu sous le nom de soude du commerce. Ce produit est aujourd'hui généralement remplacé par les soudes artificielles.

SOUDES ARTIFICIELLES

495. Le procédé employé pour obtenir des soudes artificielles est dû au chimiste Leblanc (1791). Ce procédé consiste à décomposer, sous l'influence de la chaleur, 1000 parties de sulfate de soude par un mélange de 1010 parties de carbonate de chaux et de 530 parties de charbon. Le sulfate de soude se transforme en sulfure de sodium en dégageant de l'acide carbonique. Ce sulfure réagit sur le carbonate de chaux et produit du carbonate de soude soluble et du sulfure de calcium peu soluble. La réaction peut s'indiquer de la manière suivante :

$$CaO, CO^3 + NaO, SO^3 + 2C = NaO, CO^2 + CaS + 2CO^2.$$

SEL DE SOUDE

496. La soude brute concassée en menus fragments étant placée dans des réservoirs situés les uns au-dessous des autres, on fait couler de l'eau tiède sur la soude du premier réservoir ; un trop-plein déverse l'eau déjà chargée de carbonate de soude dans le deuxième réservoir et ainsi de suite jusqu'au dernier : on a ainsi un lavage méthodique, d'autant plus que les réservoirs inférieurs reçoivent de la soude brute non lavée et les réservoirs supérieurs des résidus d'une opération précédente. Voici ce qui se passe : les premières masses abandonnent à l'eau le restant de leurs sels solubles, surtout leur carbonate de soude ; puis cette eau, déjà alcaline, se concentre de plus en plus en se chargeant davantage dans les réservoirs à soude fraîche, de telle sorte qu'à la fin de l'opération, on obtient des eaux saturées surtout de carbonate de soude. Ces eaux, soumises à leur tour à l'évaporation, laissent un produit blanc connu sous le nom de *sel de soude.* Comme elles contiennent à la fois du sulfure de sodium, de la soude caustique et de la chaux vive, produits complexes de la réaction générale, cette évaporation doit se faire lentement, à l'air libre, dans de grandes cuves de tôle. Le *carbonate de soude pur* se dépose le premier, puis c'est le tour d'un *carbonate de soude* mélangé de chlorure de sodium et de sulfate de soude, matières provenant des opérations précédentes.

Il reste finalement une eau rougeâtre retenant : 1° toute la soude caustique ; 2° des sulfocyanures ; 3° des sulfures. Ce résidu, évaporé vivement, est chauffé de façon à faire fondre la masse, dans laquelle on jette de l'azotate de soude, qui oxyde les cyanures, ainsi que les sulfures.

Par ce procédé, on arrive à obtenir 90 à 95 % de soude.

PRÉPARATION PAR L'AMMONIAQUE

497. On met du sel marin, ou chlorure de sodium, en présence d'une dissolution concentrée de bicarbonate d'ammoniaque : le chlore du chlorure se porte sur l'ammoniaque, pour former du chlorhydrate d'ammoniaque ; l'acide carbonique, mis en liberté, attaque le sodium, pour produire du bicarbonate de soude.

$$AzH^4O,HO,2CO^2 + NaCl = NaO,HO,2CO^2 + AzH^4Cl$$

La dissolution de sel marin doit être très concentrée, avec du sel en excès.

Le bicarbonate de soude produit, une fois calciné, dégage de l'acide carbonique et donne la soude commerciale.

Le précipité obtenu est repris et lavé ; on a ainsi 99 % de soude, c'est-à-dire un produit à peu près pur.

RÉGÉNÉRATION DE L'AMMONIAQUE

498. L'eau mère dont on vient de retirer le carbonate de soude contient le chlorhydrate d'ammoniaque formé dans la réaction. Pour rendre le procédé économique, on traite les eaux ammoniacales par de la chaux, qui dégage l'ammoniaque de sa combinaison. Le liquide qui a dissous cette ammoniaque se rend dans des solutions salées ; si l'on fait alors arriver dans le mélange un courant d'acide carbonique, on reformera du bicarbonate d'ammoniaque, et la série des réactions recommencera.

USAGES

499. Les soudes du commerce sont utilisées pour le blanchiment des tissus, pour la teinturerie, etc. ; à l'état brut, la soude sert à la fabrication de la verrerie grossière ; à l'état de sel de soude, à la fabrication des glaces et de la verrerie fine, des savons de toilette. La soude brute rendue caustique par la chaux est employée pour la fabrication des savons durs, où elle a l'avantage de ne pas donner de résidu.

CHLORURE DE POTASSIUM (KCl).

(Équivalent = 74,5)

PROPRIÉTÉS

500. Le chlorure de potassium se présente sous la forme
de cristaux cubiques et parfois, mais très rarement, sous
la forme de cristaux octaédriques, lorsqu'il est déposé par
des solutions renfermant de la potasse; il est incolore,
transparent, d'une saveur salée rappelant celle du sel marin;
il est inaltérable à l'air, assez soluble dans l'eau, fond au
rouge et se volatilise au rouge blanc. La solution du chlorure de potassium dans l'eau ordinaire produit un abaissement de température qui va jusqu'à 11 degrés au-dessous
de 0.

ÉTAT NATUREL. — EXTRACTION

501. On trouve le chlorure de potassium, soit pur, soit à
l'état de chlorure double de potassium et de magnésium et
avec du sel marin dans certaines contrées de l'Allemagne,
où il forme d'immenses gisements exploités dans les mines
de Stassfurt. On pulvérise les sels ainsi extraits, on les fait
dissoudre dans de grandes chaudières, on les laisse cristalliser, puis on les décante. On obtient également du
chlorure de potassium en soumettant les cendres de varech
à un lavage méthodique. Enfin on peut en extraire des
eaux mères des marais salants et des vinasses de betteraves.

USAGES

502. Le chlorure de potassium sert à la préparation du
chlorate de potasse, des azotates de potasse, de soude, de
chaux, de magnésie; à la préparation des sulfates et des
carbonates de potasse; employés comme engrais, les sels
de potasse donnent de bons résultats pour les céréales,
mais non pour les légumineuses.

CHLORURE DE SODIUM (NaCl)

(Équivalent = 58,5).

PROPRIÉTÉS

503. Le *chlorure de sodium*, plus généralement connu sous le nom de *sel*, est un corps solide, blanc, inodore, d'une saveur caractéristique assez agréable, lorsqu'il est pris en petite quantité; trois fois son poids d'eau le dissolvent sans que la température ait une grande influence sur son degré de solubilité. Une dissolution saturée de sel peut en contenir environ 40 parties pour 100 parties d'eau. Un kilogramme d'eau arrive donc à en dissoudre 400 grammes.

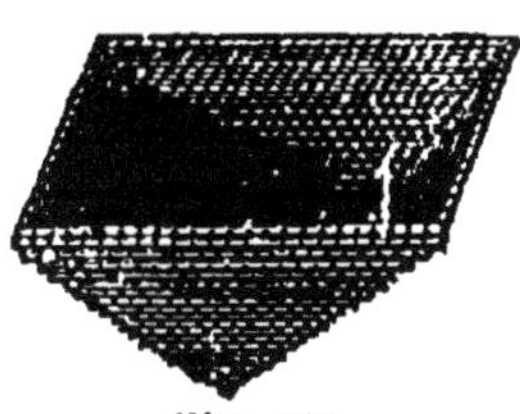

Fig. 104.

On fait cristalliser le sel par une évaporation rapide de l'eau dans laquelle il est dissous; il cristallise en petits cubes qui se réunissent de manière à former des pyramides quadrangulaires creuses dont les parois sont en gradins (fig. 104).

Le chlorure de sodium fond à la chaleur rouge et se vaporise à une température un peu plus élevée. A l'air sec, il ne s'altère pas; à l'air humide, il devient déliquescent. Sa densité est 2,13.

En se dissolvant, le sel produit un abaissement de température, propriété qu'on utilise dans les mélanges réfrigérants.

ÉTAT NATUREL. — EXTRACTION

504. Le chlorure de sodium est un des corps les plus répandus dans la nature; on le trouve en grande quantité, soit en dissolution dans les eaux de la mer et dans les sources salées, soit en masses compactes au sein de la terre. Dans le premier cas, on le nomme *sel marin;* dans le second cas, *sel gemme.*

505. On retire le chlorure de sodium des eaux de la mer en les répandant, soit au moyen d'une canalisation spéciale, soit en profitant des marées, sur un terrain plat et à fond peu perméable, afin qu'elles soient soumises à une évaporation spontanée. Le terrain ainsi préparé se nomme *saline*. L'évaporation fait disparaître l'eau et laisse le chlorure de sodium mélangé avec un peu de chlorure de magnésium.

Pour extraire le chlorure de sodium des sources salées, on construit un mur de fagots sous un hangar ouvert de tous côtés et l'on fait couler sur ce mur l'eau salée afin d'en faciliter l'évaporation. Ce procédé, qui exige une manipulation assez compliquée, est à peu près abandonné.

Les mines de sel gemme s'exploitent comme les carrières de pierre, certaines à ciel ouvert, d'autres au contraire au moyen de *puits* et de *galeries* creusés dans la terre. Dans l'un et l'autre cas, on extrait d'énormes blocs de sel, qui sont soumis à une trituration spéciale avant d'être livrés au commerce.

Si les carrières, au lieu de renfermer du sel pur, contiennent aussi des matières étrangères, on dissout le sel dans l'eau et l'on soumet cette eau salée à l'évaporation.

USAGES

506. Le chlorure de sodium se trouve en plus ou moins grande quantité dans les diverses parties constituantes des animaux ; le corps de l'homme en contient en moyenne 500 grammes ; il est donc indispensable dans l'alimentation, à laquelle il contribue, soit directement, soit en rendant les mets plus savoureux et plus digestifs : il stimule dans une mesure très sensible la muqueuse de l'estomac, en augmentant la production de l'acide chlorhydrique, un des principes essentiels du suc gastrique, le premier facteur de la digestion. Chaque personne consomme annuellement près de 7 kilogrammes de sel. On retire de grands avantages de son emploi dans le régime alimentaire des bestiaux.

Le sel est utilisé pour la conservation des viandes et des peaux, soit que, par son affinité pour l'eau, il produise une sorte de dessiccation de ces substances et empêche ainsi l'eau d'exercer son action désorganisatrice, soit qu'il détruise les germes auxquels on attribue maintenant la fermentation putride (v. n° 907).

L'épuration et la dessiccation des huiles se font d'ordinaire avec de grands filtres de sel, qui absorbe l'eau dont sont chargées les huiles qu'on verse dessus.

Pour faire fondre la neige sur le sol, on y répand du sel : sa grande affinité pour l'eau détruit la cohésion de ses molécules et la cohésion des molécules d'eau congelées; d'où la liquéfaction du sel et de la neige.

On vernit les poteries de grès en jetant dessus du sel pendant la cuisson, ce qui suffit pour produire une couche de verre à la soude.

On emploie le sel pour la préparation de l'acide chlorhydrique, du sulfate de soude, du carbonate de soude et des mélanges réfrigérants.

AZOTATE DE POTASSE (KO, AzO^5)

PROPRIÉTÉS

507. L'*azotate de potasse*, appelé aussi *nitre* ou *salpêtre*, est un sel anhydre cristallisé en prismes orthorhombiques. Il est blanc, d'une saveur fraîche, mais amère et piquante; inaltérable à l'air sec, il se dissout facilement dans l'eau, et la chaleur augmente dans de grandes proportions sa solubilité. Il fond à 350° et se volatilise au-dessous du rouge. Sa densité est 1,933. C'est un corps très oxydant.

ÉTAT NATUREL

508. L'azotate de potasse existe pur dans la nature. Dans les pays chauds, à un certain moment de l'année, le sol, d'abord humide et noir, se recouvre d'une poussière blanche, qui n'est autre chose que du nitre. Dans les pays tempérés, on retrouve ces efflorescences cristallines dans les lieux humides, les caves, les écuries, sur le sol ou le long des murs. On peut former des nitrières artificielles en mêlant du fumier avec des terres poreuses, en déposant ce mélange le long des murs d'une cave et en les arrosant de temps à autre avec de l'urine.

EXTRACTION

509. Dans les pays chauds, tels que l'Inde, la Chine, l'île de Ceylan, l'Égypte, on enlève la couche de nitre qui se trouve à la surface du sol, dont on n'est pas sans enlever aussi quelques parcelles, ce qui rend nécessaire un lessivage des matières recueillies : l'eau provenant de ce lessivage est saturée de nitre ; on la soumet à l'évaporation et l'on obtient des cristaux de nitre qui contiennent environ 5 0/0 d'impuretés, dont ils seront débarrassés par le *raffinage*.

C'est également en soumettant à un lessivage méthodique les platras provenant des vieux murs salpêtrés qu'on obtient du nitre, qu'il faut également épurer.

510. Pour débarrasser le salpêtre des chlorures qu'il contient toujours et dont la présence le rend impropre à la fabrication de la poudre, on l'introduit dans une grande chaudière de cuivre avec environ le tiers de son poids d'eau, qu'on fait bouillir ; à la température ainsi produite, le salpêtre se dissout, tandis que les chlorures, beaucoup moins solubles, se précipitent au fond de la chaudière. On clarifie la liqueur et, après l'avoir décantée, on la fait cristalliser dans un bassin peu profond : on a alors du nitre pur, qu'il suffit de faire sécher.

511. On extrait aussi le salpêtre du nitrate ou azotate de soude traité par le chlorure de potassium : il se forme du chlorure de sodium et de l'azotate de potasse.

USAGES

512. Le salpêtre a quelques usages en médecine ; mais il sert surtout à la fabrication de la poudre.

AZOTATE DE SOUDE (NaO, AzO^5)

513. L'azotate de soude forme, au Pérou, des gisements importants. Il se présente sous la forme de cristaux anhydres, inaltérables à l'air, qui se dissolvent dans l'eau ; sa solubilité varie avec la température. Il peut être employé pour remplacer l'azotate de potasse, sauf pour la fabrication de la poudre. On l'utilise surtout comme engrais et pour la préparation de l'acide azotique et de l'azotate de potasse. Il fond à 333°,5.

POUDRE

COMPOSITION. — PROPRIÉTÉS

514. La *poudre* est un mélange intime de soufre, de charbon et d'azotate de potasse, mélange qui se présente sous l'aspect d'une substance pulvérulente, noirâtre, formée de grains plus ou moins gros. Sous l'influence de la chaleur, elle brûle en produisant des gaz doués d'une très grande force expansive. Si la poudre est renfermée dans un espace étroit et que ces gaz ne trouvent pas d'issue, cette force s'exerce avec une violence telle qu'elle brise tout ce qui lui fait obstacle. C'est cette force qu'on a utilisée pour chasser un projectile d'une arme à feu, pour briser les rochers ou une masse quelconque.

515. Le pouvoir déflagrant du mélange varie d'après les proportions des éléments qui entrent dans sa composition.

En France, où l'État a seul le droit de fabriquer la poudre, il y en a trois espèces, composées de la manière suivante :

	Poudre de guerre. parties.		Poudre de chasse. parties.		Poudre de mine. parties.	
Salpêtre...	75,»		76,9		62 »	
Soufre. ...	12,5	100 »	9,6	100 »	20 »	100 »
Charbon...	12,5		13,5		18 »	

FABRICATION

MATIÈRES EMPLOYÉES

516. Le salpêtre doit être raffiné avec soin, de manière qu'il ne contienne pas plus de 2 à 3 millièmes de matières étrangères.

On fait usage du soufre en canon, la fleur de soufre contenant un peu d'acide sulfurique ou d'acide sulfureux.

Le charbon doit être sec, léger, sonore, facile à réduire en poudre. Pour la *poudre de guerre* et la *poudre de chasse*, on emploie le charbon provenant du bois de bourdaine; le saule, le peuplier et le tilleul fournissent le charbon nécessaire à la fabrication de la *poudre de mine*.

PROCÉDÉ DES PILONS

517. Des mortiers de bois, creusés dans une grande poutre de chêne, reçoivent le mélange de charbon, de soufre et de salpêtre légèrement humecté d'eau. Des pilons de fonte mus par une machine hydraulique et donnant chacun environ 55 coups par minute battent ce mélange, qui, au bout d'une journée, devient suffisamment homogène ; on le retire alors, puis on lui fait subir la *granulation*, c'est-à-dire qu'on le brise sur un crible jusqu'à ce que les morceaux forment des grains assez petits pour passer à travers ce crible. La poudre est enfin séchée soit au soleil, soit au moyen d'un courant d'air chaud.

PROCÉDÉ DE LA POUDRE RONDE

518. Ce procédé, très peu employé, consiste à mettre dans des tonneaux le soufre et le charbon en proportion convenable. Après les avoir triturés suffisamment, on ajoute l'azotate de potasse nécessaire. Le mélange étant ainsi intime et homogène, l'opération se termine comme dans le procédé précédent.

PROCÉDÉ DES MEULES

519. Dans ce procédé, surtout employé pour les poudres de chasse, on opère comme précédemment, si ce n'est qu'on remplace l'action des pilons par celle de meules qui font sur elles-mêmes 10 à 12 révolutions par minute.

La poudre de chasse subit une opération particulière, le *lissage*, autrement dit, le polissage des grains : on les fait frotter les uns contre les autres, soit dans un tonneau, soit dans des cylindres mobiles : on augmente ainsi la densité de la poudre et on la rend moins sensible à l'humidité.

FEUX D'ARTIFICE

520. Voici la composition des divers mélanges employés pour les feux d'artifice :

Feu rouge.

Azotate de strontiane...............	310	
Chlorate de potasse................	200	
Soufre...........................	100	681 parties.
Sulfure d'antimoine........	40	
Charbon fin.......................	1	

Feu vert.

Azotate de baryte...................	310	
Chlorate de potasse...............	200	
Soufre.........................	100	624 parties.
Sulfure d'antimoine..............	20	
Charbon fin....................	4	

Feu rouge non fumant.

Azotate de strontiane.............	83	100 parties.
Gomme laque.....................	17	

Feu vert non fumant.

Azotate de baryte.................	83	100 parties.
Gomme laque.....................	17	

Les matériaux employés doivent être bien secs et réduits en poudre très fine, séparément, puis mélangés avec précaution.

CARACTÈRES DES SELS DE POTASSIUM ET DE SODIUM

521. Les sels de potassium sont généralement solubles dans l'eau et d'une saveur lixivielle.

Une *allumette* trempée dans un sel potassique et brulée dans une flamme peu colorée émet des *flammes violettes rougeâtres*.

L'acide picrique agité avec une solution potassée donne peu à peu un précipité jaune insoluble. Du *sulfate d'alumine* y produit un précipité cristallin d'alun potassique.

L'acide sulfhydrique, le *sulfhydrate d'ammoniaque*, les *alcalis* et les *carbonates alcalins* ne donnent aucun précipité.

522. Les sels de sodium sont généralement solubles, incolores, d'une saveur salée ou lixivielle.

Une *allumette* plongée dans une dissolution d'un sel sodique et brulée dans la flamme de l'alcool la colore *en jaune intense*. Le *bimétaantimoniate de potasse* fraîchement préparé donne un précipité dans les sels de soude. *L'acide sulfhydrique*, le *sulfhydrate d'ammoniaque*, les *alcalins* ne produisent pas de précipité.

CALCIUM ET MAGNÉSIUM

CALCIUM (Ca)

(Équivalent = 20).

523. Le *calcium* a été isolé par Davy en même temps que le potassium et le sodium. C'est un corps solide de couleur jaune et d'un éclat très brillant. Il s'oxyde à l'air humide en donnant de la chaux. Il brûle avec une flamme très brillante et décompose l'eau à froid.

Nous parlerons plus loin de la *chaux* (nos 530 à 543), du *carbonate de chaux* (nos 544 à 546), du *sulfate de chaux* (nos 547 à 550) et du *phosphate de chaux* (nos 551).

MAGNÉSIUM (Mg)

(Équivalent = 12,2).

HISTORIQUE

524. Davy a obtenu le *magnésium* à l'état d'amalgame, sans pouvoir séparer le mercure ; plus tard Bussy, puis Bunsen parvinrent à isoler ce corps en décomposant le chlorure de magnésium, soit par le sodium, soit par la pile.

PROPRIÉTÉS PHYSIQUES

525. Le magnésium est un corps solide, malléable, possédant la couleur et l'éclat de l'argent ; mais il pèse environ 5 fois moins que ce dernier, sa densité étant seulement de 1,75. Il fond à 420° et distille vers 1000°.

PROPRIÉTÉS CHIMIQUES

526. Le magnésium décompose l'eau à 50°. Il est inaltérable à l'air sec. C'est un des métaux qui s'altèrent le moins à l'air humide. Sa propriété la plus remarquable est la faculté qu'il possède de s'enflammer facilement et de produire une lumière d'une intensité telle qu'un fil de magnésium de 2 millimètres éclaire autant que 100 bougies ordinaires de 100 grammes chacune.

Les composés les plus importants du magnésium sont la *magnésie* (n° 552) et le *sulfate de magnésie* (n° 553). Nous ne parlerons ni du carbonate ni du phosphate de magnésie, qui n'ont aucune application usuelle.

ÉTAT NATUREL

527. Le magnésium n'existe pas pur dans la nature; mais on le trouve en grande quantité dans une foule de corps composés, tels que la craie de Briançon, l'écume de mer, la serpentine, etc.

PRÉPARATION

528. Procédé industriel employé aujourd'hui : dans un creuset de fer porté à la température rouge on jette, par petits fragments, du chlorure de magnésium et environ 1/5 de son poids de sodium avec du chlorure de potassium et du fluorure de calcium ; on ferme le creuset, et la réaction se produit.

Le chlorure de potassium et le fluorure de calcium ont uniquement pour but de rendre fluide la masse ; le sodium prend le chlore du chlorure de magnésium, et ce dernier métal se trouve libre.

On livre le magnésium au commerce sous forme de fils ou de lamelles. Il doit être conservé dans un air parfaitement sec.

USAGES

529. Le magnésium, à cause de son pouvoir éclairant, est utilisé pour photographier les endroits obscurs, intérieurs de monuments, de grottes, etc., ainsi qu'on a fait pour l'intérieur des pyramides d'Égypte. Le magnésium produit les mêmes effets que la lumière électrique, sans nécessiter l'emploi d'appareils supplémentaires ; si l'usage n'en est pas plus répandu, c'est que ce métal coûte fort cher.

CHAUX (CaO)

(Équivalent = 28).

ÉTAT NATUREL

530. Le *protoxyde de calcium*, auquel on donne généralement le nom de *chaux*, est un des corps dont l'usage est le plus répandu; on le connaît depuis la plus haute antiquité. Il n'existe pas à l'état de liberté dans la nature; on ne l'y rencontre que sous la forme de carbonates, de sulfates et de phosphates.

PROPRIÉTÉS

531. La chaux est une matière amorphe, blanche, d'une saveur caustique. Sa densité est de 3,3. Elle est infusible et indécomposable par la chaleur.

532. La chaux a une grande affinité pour l'eau. Si l'on verse de ce liquide en quantité convenable sur de la chaux, il est absorbé, puis tout à coup la chaux s'échauffe au point de produire une élévation de température d'environ 300°; une partie de l'eau absorbée s'échappe à l'état de vapeur, en même temps que la chaux se gonfle, puis se fendille et enfin tombe en poussière. On obtient par ce moyen de la chaux hydratée (CaO, HO), qu'on appelle *chaux éteinte*, par opposition au nom de *chaux vive* donné à la chaux anhydre.

Si à la chaux éteinte on ajoute une assez grande quantité d'eau, on a une bouillie blanche appelée *lait de chaux*.

Si l'on agite dans un vase un mélange d'eau et de lait de chaux et qu'on le laisse reposer, la chaux se dépose au fond du vase, et il reste de *l'eau de chaux*, liqueur contenant en dissolution 1 gramme de chaux éteinte pour 1 000 grammes d'eau. Cette solution, employée en médecine contre la diarrhée, se trouble à l'air en absorbant son acide carbonique.

La chaux bleuit la teinture de tournesol et verdit le sirop de violette.

PRÉPARATION

533. Dans les laboratoires, on prépare la chaux en calcinant du marbre blanc dans un creuset. Dans l'industrie, on l'obtient en grande quantité en calcinant le carbonate de chaux dans des fours spéciaux appelés *fours à chaux* et dont il existe deux espèces : les *fours intermittents* et les *fours continus* ou *fours coulants*.

PRÉPARATION DANS LES FOURS INTERMITTENTS

534. Au-dessus d'un foyer A (fig. 105) on entasse, de manière à former une voûte, des fragments de carbonate de chaux d'autant plus petits qu'on se rapproche du sommet D. Lorsque le carbonate de chaux qui se trouve

Fig. 105. Fig. 106.

au sommet est suffisamment calciné, on retire la chaux par l'ouverture B et l'on charge de nouveau le four.

PRÉPARATION DANS LES FOURS COULANTS

535. Dans les fours coulants (fig. 106), le foyer A est sur le côté ; on retire la chaux par l'ouverture F et l'on introduit de nouveau carbonate de chaux par le gueulard C. L'emploi des fours coulants permet d'opérer sans interruption et empêche les débris du combustible qui alimente le foyer de se mêler à la chaux.

CHAUX MAIGRE, CHAUX GRASSE, CHAUX HYDRAULIQUE

536. Suivant que le carbonate de chaux employé pour la préparation de la chaux est plus ou moins pur, on obtient de la *chaux maigre*, de la *chaux grasse* ou de la *chaux hydraulique*.

537. La *chaux maigre* provient des carbonates mélangés, dans de fortes proportions, de magnésie, de silice, d'oxyde de fer, etc. ; elle est de couleur grise ou fauve, augmente peu de volume et s'échauffe peu en présence de l'eau, avec laquelle elle donne une bouillie peu liante.

538. La *chaux grasse* provient des carbonates de chaux les plus purs, craie, marbres, etc. ; elle est très blanche et assez pure ; mélangée avec l'eau, elle augmente beaucoup de volume, s'échauffe facilement et forme une pâte très forte et très liante.

539. La *chaux hydraulique* est une chaux qui a la propriété de se solidifier sous l'eau. C'est, ainsi que l'a établi M. Vicat, ingénieur des ponts et chaussées, un mélange de silicate de chaux, de silicate d'alumine et de chaux vive. M. Vicat est arrivé à former une chaux hydraulique artificielle qui porte son nom ; elle est formée de 4 parties de craie mélangées avec 1 partie d'argile.

MORTIERS, CIMENT, BÉTON

540. On nomme *mortier* un mélange de chaux, d'eau et de sable destiné à unir les pierres servant aux constructions. La chaux du mortier est à l'état de dissolution ; mais, au contact de l'air, elle s'empare de son acide carbonique, et l'eau en excès s'évapore ; d'où résultent un dépôt de carbonate de chaux sur les grains de sable, leur adhérence complète avec l'autre corps et l'adhérence du tout avec les matériaux qu'il s'agissait d'unir. Les grains de sable ont pour but d'empêcher d'être trop considérable le retrait qu'éprouve le mortier en se solidifiant. Ce mortier est dit *aérien*.

541. Les pierres à chaux dans lesquelles se trouve de 40 à 50 pour 100 d'argile, matière formée de silice et d'alumine, fournissent une chaux qui, mélangée avec l'eau, se solidifie presque immédiatement ; c'est ce qu'on nomme *mortier hydraulique* et souvent *ciment romain*. On trouve ces pierres à chaux, en France, à Pouilly, à Boulogne-sur-Mer et à Wassy; en Angleterre, dans divers comtés. La solidification du mortier hydraulique résulte de la formation d'un silicate double de chaux et d'alumine, silicate tout à fait insoluble.

542. Le *béton*, mélange de chaux hydraulique ou de ciment avec des cailloux ou de petites pierres, sert à rendre étanches les terrains et trouve son emploi dans la formation des assises des constructions aquatiques, piles des ponts, jetées des ports, etc.

USAGES

543. Pour débarrasser les peaux de leurs poils, avant le tannage, et leur donner de la souplesse, on les passe dans plusieurs bains d'eau de chaux de plus en plus concentrés. On emploie aussi la chaux pour saponifier les matières grasses destinées à la fabrication des bougies, pour amender les terres, et souvent, comme nous l'avons dit, pour purifier le gaz, notamment le gaz d'éclairage. En recouvrant de chaux vive les cadavres, on se met à l'abri des miasmes produits par la décomposition des matières animales. Au moyen d'eau de chaux tiède ou de lait de chaux, on détruit les germes de plusieurs maladies des grains. Dans la préparation de l'eau de javelle, on fait barboter du chlore dans une bouillie très étendue de chaux. Ce corps est aussi fort employé dans la préparation des alcalis, potasse, soude, ammoniaque. Mais son principal usage est de former les mortiers qui entrent dans les constructions.

CARBONATE DE CHAUX (CaO, CO^2)

PROPRIÉTÉS

544. Le *carbonate de chaux*, par la calcination duquel, comme nous venons de le voir, on obtient la chaux, est un corps solide, se présentant sous un grand nombre de formes et d'aspects qui lui ont fait donner autant de noms particuliers. Insoluble dans l'eau ordinaire, il est au contraire très soluble dans l'eau chargée d'acide carbonique.

545. Certaines fontaines dont les eaux sont très riches en acide carbonique tiennent en dissolution du carbonate de chaux, qu'elles déposent, lorsqu'elles sont stagnantes, sur tous les objets qui y sont plongés pendant un certain temps : c'est ce qu'on appelle les fontaines *pétrifiantes*.

L'eau qui filtre à travers la voûte de certaines grottes et

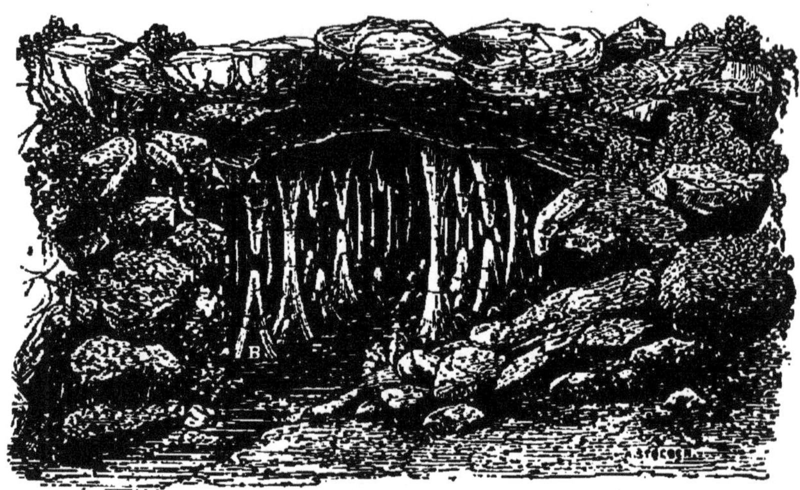

Fig. 107.

qui coule très lentement dépose également du carbonate de chaux à la partie supérieure de ces grottes et sur le sol, où, tombant goutte à goutte, elle forme à la longue de petites colonnes d'un aspect très élégant. Les colonnettes adhérentes à la voûte supérieure se nomment *stalactites* (fig. 107); les colonnettes adhérentes à la partie inférieure prennent le nom de *stalagmites*.

Le même phénomène de dépôt se produit quelquefois dans les tuyaux de conduite des eaux et finit par les obstruer presque entièrement.

ÉTAT NATUREL

546. Les principales variétés de carbonates de chaux, qui forment une grande partie de l'écorce terrestre, sont le spath d'Islande, l'aragonite, les marbres et les pierres appelées vulgairement calcaires : pierre lithographique, pierre à bâtir, craie, etc.

Le *spath d'Islande*, cristallisé sous forme rhomboédrique, est transparent et incolore. Il présente le phénomène de la double réfraction, propriété utilisée pour certaines expériences d'optique.

L'*aragonite*, cristallisée sous forme prismatique, est compacte et d'un blanc laiteux.

Le *marbre blanc*, d'un beau blanc ou légèrement coloré, demi-transparent, a l'aspect du sucre. C'est le marbre employé pour la statuaire.

Les *marbres de couleur*, dont il existe de nombreuses carrières, doivent leur aspect à des oxydes métalliques ou à leur mélange avec d'autres matières. On polit ces marbres en les frottant avec des poudres dures et de la limaille de plomb.

La *pierre lithographique* est un calcaire à grain fin qui sert à la *lithographie* : on écrit ou l'on dessine, au moyen d'une encre grasse, sur cette pierre, que l'on humecte ensuite et sur laquelle on passe un rouleau chargé d'encre d'imprimerie : cette encre n'adhère que sur les parties primitivement imprégnées d'encre grasse, ce qui permet de tirer des épreuves de ces parties.

La *pierre à bâtir* est un calcaire grossier, servant à faire des *pierres de taille* ou des *moellons*.

La *craie* est un calcaire très blanc, à grain très fin ; elle sert à fabriquer le *blanc d'Espagne*, à polir les métaux, etc.

L'*albâtre* est le nom que prennent les stalactites et les stalagmites, lorsqu'elles acquièrent une certaine grosseur et qu'on les emploie à faire des objets d'art.

Les coquilles de la plupart des mollusques, les coques d'œufs sont encore des carbonates de chaux.

SULFATE DE CHAUX

547. Il y a deux sortes de sulfate de chaux : le sulfate de chaux bihydraté ($CaO, SO^3 + 2HO$), le sulfate de chaux anhydre ($CaO\ SO^3$).

Le sulfate de chaux bihydraté, qu'on nomme communément *gypse* ou *pierre à plâtre*, existe en masses considérables dans l'intérieur de la terre, quelquefois à l'état de cristaux incolores, transparents, de formes variées, le plus souvent par couches compactes colorées en jaune, en gris ou en rouge. Le gypse est très abondant aux environs de Paris.

Le sulfate de chaux anhydre est rare dans la nature et

sans usages; nous ne nous occuperons donc ici que du sulfate de chaux bihydraté.

PROPRIÉTÉS

548. Le gypse est peu soluble dans l'eau, quoique certaines eaux naturelles, dites *séléniteuses*, le contiennent en dissolution; d'où les incrustations si dures des chaudières à vapeur. Il cristallise en prismes obliques à bases rhomboïdales. Le gypse chauffé peut perdre son eau en décrépitant : le cristal se gonfle et se fendille en lamelles anhydres, qui se séparent sous l'influence de la vapeur d'eau dégagée ; c'est vers 130° que se forment ces cristaux anhydres; ils peuvent alors reprendre de l'eau ; mais si l'on élève un peu trop la température, l'hydratation n'est plus possible.

PLATRE

549. Le *plâtre* est du sulfate de chaux anhydre qui n'a pas perdu la propriété de reprendre l'eau qu'on lui a enlevée ; pour obtenir ce sulfate, on cuit la pierre à plâtre dans des fours, comme on cuit la pierre à chaux pour obtenir la chaux vive ; on la laisse refroidir, puis on la réduit en poudre en la faisant passer sous les meules d'un moulin. C'est dans cet état que le *plâtre* est livré au commerce. Il suffit de rendre à cette poudre l'eau qu'elle a perdue en cuisant pour qu'elle se transforme en une pâte qui durcit en quelques instants. Cette propriété du plâtre le rend très propre au moulage. On l'emploie aussi pour revêtir les plafonds, les murs, pour cimenter les briques dans les constructions légères, etc.

550. Le *stuc*, qui imite parfaitement le marbre, est un mélange de plâtre et de colle forte avec des matières colorantes, qui varient suivant la teinte que l'on veut imiter. Il est susceptible d'un beau poli.

PHOSPHATE DE CHAUX $(3\,CaO, PhO^5)$.

551. Le *phosphate de chaux*, très répandu dans la nature, entre pour 80 pour 100 environ dans la composition des os. Une variété, formée d'ossements et d'excréments fossiles, connus sous le nom de *coprolithes*, est très employée comme engrais. Il est surtout utile dans les contrées dont le sol est granitique.

Le phosphate acide de chaux (CaO, $2HO$, PhO^5), qu'on obtient en traitant les cendres d'os par l'acide sulfurique, est également employé en agriculture.

MAGNÉSIE (MgO).

552. En s'unissant avec l'oxygène, le magnésium donne la *magnésie*, matière blanche, peu soluble dans l'eau, infusible aux plus hautes températures connues. C'est une base énergique. On l'obtient en calcinant l'*hydrocarbonate de magnésie*, ou *magnésie des pharmaciens* : l'acide carbonique et la vapeur d'eau se dégagent, et il reste une poudre blanche qu'on nomme *magnésie calcinée*.

La magnésie est surtout employée en médecine comme contrepoison de tous les acides, notamment de l'acide arsénieux, avec lequel elle forme un arséniate de magnésie insoluble. A la dose de 10 à 15 grammes délayés dans de l'eau, elle sert de purgatif.

SULFATE DE MAGNÉSIE (MgO, SO^3 + $7HO$).

553. Le *sulfate de magnésie* se trouve en grande quantité dans les eaux de la mer et dans les eaux de certaines sources minérales, telles que celles d'Epsom (Angleterre), de Sedlitz et de Pullna (Bohême). Pour le préparer, il suffit de faire évaporer ces eaux. C'est un corps solide, incolore, soluble dans l'eau et d'une saveur très amère ; on l'utilise en médecine comme purgatif.

CARACTÈRES DES SELS DE CALCIUM

554. L'*acide oxalique* produit un précipité blanc insoluble.

L'*acide sulfurique* provoque la formation d'un précipité soluble dans l'acide chlorhydrique.

La *potasse* donne un précipité, ainsi que les *carbonates alcalins*.

L'acide sulfhydrique et le *sulfhydrate d'ammoniaque* ne produisent rien.

CARACTÈRES DES SELS DE MAGNÉSIUM

555. La *potasse* et l'*ammoniaque* donnent des précipités.

Le *phosphate de soude* ajouté à une solution magnésienne ammoniacale précipite lentement.

L'acide sulfhydrique et le *sulfhydrate d'ammoniaque* ne forment aucun précipité.

ALUMINIUM ET SILICATES

ALUMINIUM (AL.)
(Équivalent = 13,7)

HISTORIQUE

556. C'est au chimiste Wohler qu'est due la découverte de l'*aluminium*. Le premier, il parvint à l'isoler, en 1827, en décomposant le chlorure d'aluminium par le potassium; mais c'est Henri Sainte-Claire Deville qui a fait connaître exactement les propriétés de ce corps.

PROPRIÉTÉS PHYSIQUES

557. L'aluminium, métal d'un blanc d'argent, est ductile, malléable et tenace. Toutes ses propriétés rappellent celles de l'argent; il est toutefois environ quatre fois plus léger, sa densité étant seulement de 2,56. Il est bon conducteur de la chaleur et de l'électricité, possède une très grande sonorité, ne fond que vers 750° et se volatilise difficilement.

PROPRIÉTÉS CHIMIQUES

558. L'aluminium s'oxyde difficilement et, par suite, est inaltérable au contact de l'air. À la température ordinaire, il résiste à l'action de l'acide sulfurique et de l'acide azotique, qui ne peuvent le dissoudre qu'à chaud. L'acide chlorhydrique est le seul qui le dissolve à froid. Les dissolutions alcalines l'attaquent avec facilité. Il ne forme pas directement d'amalgame avec le mercure. Avec l'oxygène il donne l'*alumine*.

ÉTAT NATUREL. — PRÉPARATION

559. On trouve l'aluminium dans l'argile, qui en contient environ 25 pour cent de son poids.

On prépare l'aluminium par un procédé dû à Henri Sainte-Claire Deville, à qui nous laissons la parole : « Dans un four à réverbère chauffé au rouge vif, on projette un mélange de 2 parties de sodium et de 12 parties de chlorure double d'aluminium et de sodium, auquel on ajoute 5 parties de cryolithe (fluorure double d'aluminium et de sodium), qui, augmentant la fusibilité de la matière, permet au métal de se rassembler plus facilement. En même temps, on supprime le passage de la flamme du foyer, qui va alors directement à la cheminée. Il se produit une vive réaction entre le sodium et le chlorure double :

$$\text{NaCl,Al}^2\text{Cl}^3 + 3\text{Na} = 2\text{Al} + 4\text{NaCl.}$$

« Quand la réaction est terminée, on laisse de nouveau la flamme passer dans le four et l'on élève un peu plus la température, pour augmenter la fluidité de la masse. En débouchant ensuite une ouverture, on fait écouler du four d'abord la scorie, mélange de chlorure et de fluorure de sodium qui surnage le métal, puis le métal lui-même, qu'on reçoit dans des caisses plates où il se refroidit aussitôt. L'aluminium ainsi obtenu est fondu de nouveau dans un creuset et coulé en lingots. Le rendement est d'environ 1 kilogramme d'aluminium pour 3 kilogrammes de sodium. »

USAGES

560. On se sert beaucoup de l'aluminium pour la confection des longues-vues, des lorgnettes de spectacle, des couverts de table, etc.; mais c'est surtout à l'état de bronze d'aluminium qu'il est employé à la fabrication d'une foule d'objets usuels. Ce bronze, d'un jaune doré, s'obtient par l'alliage du cuivre et de l'aluminium; il est très tenace.

ALUMINE (Al^2O^3).

(Équivalent = 51.)

ÉTAT NATUREL

561. L'alumine se présente dans la nature sous forme de cristaux rhomboédriques ; pure, incolore et transparente, c'est le *corindon;* colorée par des oxydes métalliques en rouge, en bleu, en jaune ou en violet, c'est le *rubis oriental,* le *saphir oriental*, la *topaze orientale* ou l'*améthyste*; rendue opaque par le sesquioxyde de fer, c'est l'*émeri*; combinée avec les silices, elle constitue les *argiles* et les *feldspaths*. L'alumine, soit anhydre, soit hydratée, préparée artificiellement est amorphe.

PROPRIÉTÉS

562. L'alumine est insoluble dans l'eau et ne peut être fondue qu'avec le chalumeau à gaz oxygène et hydrogène. Elle n'est décomposable ni par la chaleur ni par l'électricité, mais seulement par l'action combinée du chlore et du charbon. L'alumine artificielle est une poudre blanche, insipide et happant à la langue. L'alumine hydratée retient très énergiquement les matières colorantes et forme des laques.

PRÉPARATION

563. En calcinant du carbonate de soude avec une argile nommée *bauxite*, formée d'alumine et de sesquioxyde de fer ($Al^2O^3,2HO$), on obtient de l'aluminate de soude et du sesquioxyde de fer, le premier soluble dans l'eau, le second insoluble, ce qui permet de les séparer facilement. Une solution concentrée d'aluminate de soude traitée par un courant d'acide carbonique donne de l'alumine et régénère du carbonate de soude.

USAGES

564. L'alumine est utilisée dans la teinture et sert de base aux aluns, dont nous allons parler. Mélangée à l'argile, elle lui communique son infusibilité. Cristallisée, elle joue le rôle de pierre précieuse.

L'émeri sert à polir le fer, l'acier, les glaces.

ALUN ($KO,SO^3 + Al^2O^3, 3SO^3 + 24HO$).

565. Les sels doubles formés par le sulfate d'alumine et le sulfate de soude, d'ammoniaque ou de potasse reçoivent le nom d'*aluns*.

Dans le commerce, on désigne sous nom d'*alun* le sulfate double d'alumine et de potasse. C'est le seul dont nous ayons à nous occuper.

PROPRIÉTÉS

566. L'alun est un sel blanc, d'une saveur d'abord sucrée, puis astringente et amère. Il est soluble dans l'eau, bien plus à chaud qu'à froid. Il fond à 92°. Si, à cette température, on le refroidit, on obtient une masse vitreuse qui prend le nom d'*alun de roche*. A une température plus élevée, on obtient de l'*alun calciné*. A une température encore plus élevée, l'alun est décomposé en un mélange d'alumine et de sulfate de potasse et en oxygène et acide sulfureux.

ÉTAT NATUREL — PRÉPARATION

567. On trouve dans les environs de Rome et en Hongrie une espèce de roche contenant l'alun en grande quantité et nommée, pour cette raison, *pierre d'alun* ou *alunite*. Pour extraire l'alun de cette roche, on la chauffe dans des fours, puis on lave le résidu : l'alumine est précipitée, tandis que l'alun est dissous. On filtre cette dissolution, puis on la fait évaporer : on obtient ainsi de *gros cristaux* connus dans le commerce sous le nom d'*alun de Rome*.

On trouve à Pouzzolles une espèce de matière minérale renfermant également de l'alun : il suffit de la laver à l'eau chaude, de filtrer la liqueur et de la laisser évaporer pour obtenir des cristaux d'alun. On le rencontre aussi, mais en petite quantité, dans les environs des volcans.

En France et en Angleterre, on obtient l'alun, soit par l'argile, soit par les schistes pyriteux, que l'on traite par l'acide sulfurique.

USAGES

568. En médecine, on emploie l'alun comme astringent ou comme caustique peu énergique; dans l'industrie, on s'en sert pour fixer les couleurs sur les étoffes, pour la conservation des cuirs, pour coller le papier, etc.

CARACTÈRES DES SELS D'ALUMINIUM

569. L'*ammoniaque* précipite en blanc; ce précipité, chauffé avec de l'azotate de cobalt, donne un produit bleu.

Le sulfhydrate d'ammoniaque précipite l'alumine.

La potasse précipite en blanc; mais ce précipité se redissout dans un excès de réactif par formation d'un aluminate.

L'acide sulfhydrique ne donne rien.

SILICATES

570. Parmi les *silicates*, très nombreux, les deux plus importants sont le *silicate de potasse* et *l'argile pure*, qui est un *silicate d'alumine hydraté*.

SILICATE DE POTASSE (KO, SiO^2)

571. Le *silicate de potasse*, connu sous le nom de *verre soluble de Fuchs*, s'obtient en fondant ensemble 2 parties de potasse pour 3 de grès. C'est un verre soluble dans l'eau chaude. Une dissolution de silicate de potasse étendue sur des pierres ou du bois les revêt, en se desséchant, d'un enduit vitreux inaltérable à l'air. M. Kuhlmann a recommandé de l'employer pour préserver les statues et les ornements taillés dans les pierres tendres.

ARGILES

572. *L'argile pure* ou *silicate d'alumine* ressemble à de la farine, dont elle a la couleur blanche; au toucher, elle donne l'impression savonneuse du talc; en la pétrissant avec de l'eau, on obtient une masse facile à modeler. L'argile pure est presque infusible.

L'argile pure se nomme aussi *kaolin* ou terre à porcelaine; on la trouve en grande quantité dans les environs de Saint-Yrieix, de Limoges, des Eyzies, en France. On en trouve également en Saxe et en Chine.

Beaucoup d'argiles contiennent des matières étrangères, telles que des oxydes de fer ou de manganèse, dont la présence rend ces argiles d'autant plus fusibles qu'ils y sont en plus grande quantité. Celles qui sont plastiques servent à la fabrication des poteries. On en trouve de grandes quantités en France, notamment à Dreux et à Montereau.

POTERIES

573. Toutes les *poteries* sont fabriquées avec une plus ou moins grande quantité d'argile, à laquelle on ajoute un ciment qui non seulement la rend moins plastique, mais encore diminue le retrait qu'elle éprouve lors de la dessiccation des pièces et qui, si elle était pure, amènerait la rupture de ces pièces.

Les poteries d'argile sont recouvertes d'un vernis appelé *couverte;* ce vernis est destiné à les rendre imperméables ou à dissimuler une surface rugueuse.

On distingue deux catégories de poteries : 1° les poteries *à demi vitrifiées*, comme la *porcelaine* et le *grès*, que la cuisson a rendues imperméables, mais dont la surface est rugueuse; 2° les poteries à *pâte poreuse*, telles que les *faïences*, les *poteries communes*, les *terres cuites*, dont la pâte est poreuse et qui ont besoin du vernis pour être imperméables.

PORCELAINE

574. La *porcelaine* est fabriquée avec un mélange de kaolin, de sable et de feldspath. Le sable atténue le retrait du kaolin, le feldspath augmente la fusibilité de la masse. Ces matières sont broyées et délayées dans de l'eau, puis soumises à un long malaxage destiné à rendre la pâte homogène. On donne à cette pâte la forme voulue au moyen du *tournage*, du *moulage* ou du *coulage;* après quoi on soumet les pièces à une première cuisson, ce qui les dessèche et les durcit : on dit alors qu'elles sont *dégourdies*. On les plonge ensuite dans la *barbotine*, vernis formé par un mélange de quartz et de feldspath délayés dans l'eau. Ce vernis fond et s'étend à la surface de la porcelaine, de manière à lui donner la *glaçure*. On fait subir alors aux pièces une seconde et dernière cuisson.

Pour colorer la porcelaine, on se sert de matières colorantes mêlées à des matières vitrifiables assez fusibles, délayées dans l'essence de térébenthine et appliquées au pinceau. Ces matières colorantes sont généralement des oxydes métalliques, tels que l'oxyde de cobalt pour le bleu, le chromate de plomb pour le jaune, etc.

GRÈS

575. Les poteries de grès ou, plus exactement, de grès cérame, sont fabriquées avec une argile moins pure que la porcelaine. On les soumet à une cuisson dans des fours à très haute température. Pour les vernir, on jette dans le four, lorsqu'il est à la température la plus élevée, du sel marin, qui se fond, s'évapore et se décompose; il se forme alors un silicate de soude qui se combine avec le silicate d'alumine : on a ainsi un vernis fusible qui donne aux grès le vernis dont ils sont revêtus. Le grès cérame est, en somme, une porcelaine de second ordre.

FAÏENCES

576. La pâte dont on se sert pour fabriquer la *faïence* est un mélange d'argile plastique et de quartz. On rend ce mélange intime et homogène en opérant comme pour la porcelaine. Si l'argile ne contient pas d'oxyde métallique, la pâte est blanche; elle reçoit alors un vernis fusible et transparent composé de quartz, de carbonate de potasse et d'oxyde de plomb. Quand, au contraire, l'argile est colorée par un oxyde métallique, on forme la *couverte* avec un vernis rendu opaque par de l'oxyde d'étain.

Les objets de faïence se façonnent et se fabriquent comme les objets de porcelaine.

A la chaleur, la couverte de la faïence se fend parfois, ce qui n'est pas à redouter pour la porcelaine.

POTERIES COMMUNES

577. Pour la fabrication des poteries communes, on emploie des argiles très ferrugineuses, auxquelles on mêle de la chaux, de la marne et du quartz. Leur vernis est formé par un silicate double d'alumine et de plomb.

Le vinaigre et les corps gras ayant la propriété d'attaquer le vernis à base de plomb et de former avec lui des sels vénéneux, il faut avoir soin de ne pas les laisser séjourner dans des vases de poterie commune.

TERRES CUITES

578. Les *briques*, les *tuiles*, les *pots à fleurs*, les *alcarazas* sont fabriqués à la main, au tour ou au moule, avec des argiles impures contenant de la marne et auxquelles on ajoute du sable, pour éviter le retrait. Séchés d'abord au soleil, ils sont ensuite cuits dans des fours.

VERRES

579. On nomme *verre* une matière transparente douée d'un éclat spécial appelé *éclat vitreux* et d'une cassure particulière appelée *cassure vitreuse.*

La chaleur ramollit le verre, qui devient pâteux avant de fondre. C'est cette propriété qu'on utilise pour le travailler.

Le verre résiste à l'action de la plupart des corps : les acides ne l'attaquent que très lentement. Seul l'acide fluorhydrique l'attaque rapidement et énergiquement ; nous verrons plus tard comment on utilise cette propriété.

Le verre, en général, est un silicate double de potasse ou de soude combiné avec un silicate de chaux. Parfois il entre du plomb dans la combinaison : on a alors affaire à un verre très réfringent nommé *cristal.*

On distingue donc les *verres ordinaires* et les *cristaux.*

VERRES ORDINAIRES

580. Les *verres ordinaires*, ceux qu'on emploie pour la gobeleterie, les verres à vitre et les glaces coulées, sont, comme nous venons de le dire, des silicates doubles de potasse et de chaux ou de soude et de chaux.

On mélange intimement les matières premières, que l'on fond dans de grands creusets placés dans les fours à fusion. Chaque creuset se trouve en communication avec l'extérieur au moyen d'un *ouvreau*, ouverture ménagée dans la paroi du four. C'est la partie de la fabrication commune à tous les verres ordinaires. Nous allons examiner successivement et sommairement la fabrication de chaque catégorie d'objets.

VERRE A VITRE

581. Pour fabriquer le verre à vitre, on mélange 10 parties de sable fin, 4 parties de craie blanche et 3 parties de carbonate de soude. Lorsque les matières premières sont fondues, l'ouvrier plonge par l'*ouvreau* dans le creuset une canne, tube de fer terminé par une partie renflée appelée *nez* : il retire ainsi une certaine quantité de verre.

En soufflant dans la canne et en l'agitant, l'ouvrier finit par former un cylindre qui, coupé au diamant suivant une de ses directrices, est plongé dans un four où il se ramollit, ce qui permet, au moyen d'une règle de bois, de lui donner une surface plane. Il est ensuite remis dans un four à température moins élevée, où il se recuit.

VERRE A BOUTEILLES

582. *Le verre à bouteilles* doit sa couleur verte à la présence d'un silicate double d'alumine et de fer, car il entre du sable et de l'argile ferrugineux dans sa préparation.

Le verre étant en fusion, l'ouvrier prend avec la canne la quantité né-

Fig. 108.

Fig. 109.

cessaire pour faire une bouteille (fig. 108); puis, après avoir mis la masse vitreuse dans un moule (fig. 109), il souffle dans la canne jusqu'à ce que cette masse ait pris la forme du moule.

VERRES DE BOHÊME

583. Les *verres de Bohême*, si estimés, sont composés de 13 parties de quartz hyalin, 2 parties de chaux vive et 6 parties de carbonate de potasse. Il sert à la confection de vases à boire, carafes, flacons, tubes, etc.

14.

GLACES

584. Comme le verre à vitre, la glace est un silicate double de soude et de chaux. On la fabrique par le *coulage*. Le verre est fondu dans un creuset placé dans un four de manière à pouvoir être retiré et élevé au moyen d'une grue, dès que le verre est liquide, à environ 1 mètre au-dessus d'une table en fonte nommée *table de coulée*. Par un mouvement de bascule imprimé au creuset, le verre en fusion est répandu sur la table, où un rouleau de fonte l'étend d'une manière uniforme. Aussitôt après il est mis dans un four appelé *carcaisse*, où la glace se recuit.

CROWN-GLASS

585. Le *crown-glass*, employé surtout dans la fabrication des instruments d'optique, est formé des mêmes matières que le verre de Bohême; mais il est plus riche en potasse et en chaux.

VERRES COLORÉS

586. On colore le verre en ajoutant un oxyde métallique aux matières employées pour sa fabrication : l'oxyde de cobalt ou le bioxyde de cuivre donne le *bleu;* le peroxyde de manganèse, le *violet;* l'oxyde de chrome, le *vert;* le protoxyde de cuivre, le *rouge;* le noir de fumée, le *jaune;* le chlorure d'or, le *rose;* l'oxyde de cobalt et l'oxyde de fer mélangés, le *noir.*

CRISTAUX

587. Les verres à base de plomb sont appelés *cristaux.* Ce sont des silicates doubles de potasse et d'oxyde de plomb. On obtient le cristal en fondant ensemble 30 parties de sable fin pur, 20 de minium et 10 de carbonate de potasse.

Le *flint glass* contient plus d'oxyde de plomb : 30 parties de sable, 30 de minium et 9 de carbonate de potasse.

Le *stras* renferme encore plus d'oxyde de plomb. C'est le plus dense de tous les verres ; il sert à imiter les diamants et autres pierres précieuses.

GRAVURE SUR VERRE

588. On grave sur le verre au moyen de l'acide fluorhydrique. On commence par dessiner sur une feuille de papier très mince le sujet à graver, de manière à couvrir d'encre les parties qui doivent rester intactes; on applique ce papier mouillé sur le verre, auquel l'encre devient adhérente; on enlève alors le papier, puis on plonge le verre dans l'acide fluorhydrique, qui n'exerce aucune action sur les parties couvertes d'encre, tandis qu'il attaque les autres : celles-ci, quelques heures après, ont perdu leur transparence et le dessin ressort parfaitement. On peut aussi exécuter cette gravure en projetant un filet d'eau contenant de l'émeri sur une feuille de verre que protège un carton découpé à jour: le dessin s'y trouve reproduit en creux par le dépolissage du verre.

FER ET COMPOSÉS

FER (Fe)
(Équivalent = 28).

PROPRIÉTÉS PHYSIQUES

589. Le fer est un métal d'un blanc grisâtre, sans odeur et sans saveur. Sa densité est de 7,84. Il est ductile, malléable et possède une grande ténacité. A mesure qu'on le chauffe, il prend diverses couleurs et passe par divers états : vers 525°, il commence à rougir, il est au rouge naissant ; vers 700°, il est au rouge brun ou rouge obscur ; vers 900 ou 1 000°, il est au rouge cerise ; vers 1 300°, il est au rouge blanc, se ramollit et prend toutes les formes qu'on lui donne à l'aide du marteau ; vers 1500°, il arrive au rouge blanc soudant, éprouve presque un commencement de fusion et possède la propriété de se souder à lui-même, sans l'intervention d'une *soudure*, c'est-à-dire qu'à cette température, deux morceaux de fer, frappés au marteau, se collent l'un contre l'autre et ne font plus qu'un.

Le fer est un corps magnétique, c'est-à-dire qu'il est attiré par l'aimant et s'aimante facilement.

PROPRIÉTÉS CHIMIQUES

590. Le fer s'unit directement avec tous les métalloïdes, sauf avec l'azote ; il est facilement attaqué par les acides ; au rouge, il décompose la vapeur d'eau. Il forme avec l'oxygène plusieurs oxydes : le *protoxyde de fer* (FeO), le *sesquioxyde de fer* (Fe^2O^3), l'*oxyde magnétique* (Fe^3O^4) et l'*acide ferrique* (FeO^3) ; le deuxième et le troisième sont les seuls qui se trouvent dans la nature.

Le quatrième n'a aucun usage.

Le fer est inaltérable à l'air sec ; mais, à l'air humide, il se *rouille*, c'est-à-dire que, sous l'influence de l'oxygène, de la vapeur d'eau, de l'acide carbonique et de l'azote dissous dans l'eau, qui se trouvent dans l'air humide, le fer se transforme en *sesquioxyde hydraté de fer* et l'ammoniaque se dégage. On a vu (n° 443) comment on préserve le fer de l'oxydation.

591. Le fer *fondu* prend, en se solidifiant, une texture *grenue*. Dans le fer *forgé*, cette texture grenue devient d'abord *fibreuse*, puis, avec le temps, *cristalline*, ce qui rend le métal très cassant, sans que rien indique extérieurement ce changement. Les vibrations accélèrent cette transformation, à laquelle il faut attribuer la rupture brusque des câbles et des essieux de fer; d'où le danger que présentent les ponts suspendus et la nécessité de changer fréquemment les essieux des locomotives et des wagons.

On appelle *fer mou* le fer qui, possédant une texture grenue, devient fibreux après le martelage; *fer dur*, le fer qui, après le martelage, conserve sa texture grenue.

La présence de 1/10000 de soufre dans le fer le rend cassant au rouge; dans ce cas, on l'appelle *fer rouverain;* avec 3/10000 de soufre, le fer serait insoudable. Cette action du soufre peut être encore plus violente et produire un sulfure de fer sous l'influence de la chaleur.

Le phosphore, le carbone, le silicium et le chlore se combinent facilement avec le fer.

Nous parlerons plus loin des *sulfures de fer* (n° 599), du *sulfate de fer* (n° 600), du *carbonate de fer* (n° 601) et du *fer pyrophorique* (n° 609).

ÉTAT NATUREL.

592. Le fer à l'état natif est extrêmement rare dans la nature; il n'existe guère ainsi que dans les aérolithes. On le rencontre principalement à l'état d'oxyde, de carbonate, de sulfure, de sulfate; mais il n'y a que quatre minerais assez abondants pour donner lieu à une exploitation : l'oxyde magnétique, le fer oligiste, le fer oxydé hydraté, le fer carbonaté.

L'*oxyde magnétique* (n° 598) est le plus riche de tous les minerais, celui qui donne le fer le plus pur et le plus estimé. On le trouve en Suède, en Norvège, dans les monts Ourals, aux États-Unis, en Algérie.

Le *fer oligiste* ou fer oxydé rouge, ou hématite rouge

(n° 595) existe en Angleterre, en Belgique, en France, dans l'île d'Elbe surtout.

Il y a en France des gisements abondants de *fer oxydé hydraté*.

Le *fer carbonaté*, une des plus précieuses ressources du sol de l'Angleterre, se rencontre presque toujours avec les mines de houille.

On verra plus loin (n°s 602 à 604) le mode d'extraction du fer.

USAGES

593. Les usages du fer sont si multiples que nous ne pouvons les indiquer ici, et d'ailleurs, si connus, que l'énumération en serait superflue.

PROTOXYDE DE FER (FeO).

594. Le *protoxyde de fer* ne se trouve dans la nature qu'en combinaison avec diverses substances. On le prépare à l'état d'hydrate en versant une dissolution de potasse ou de soude dans une dissolution d'un sel de protoxyde de fer. Il est très avide d'oxygène. C'est une base énergique, qui donne des sels de couleur verte. Il n'est utilisé que dans les laboratoires et n'a encore reçu aucune application industrielle.

SESQUIOXYDE DE FER (Fe^2O^3).

595. Le *sesquioxyde de fer* se rencontre très fréquemment dans la nature dans différents états ; anhydre et cristallisé en rhomboèdres aplatis et brillants, c'est le *fer oligiste* ; anhydre et amorphe, c'est l'*hématite rouge* ou *sanguine* ; hydraté et amorphe, c'est l'*hématite brune* ou *limonite*, parce qu'elle colore les argiles et les terrains limoneux. Les argiles ainsi colorées par le sesquioxyde de fer sont connues sous le nom d'*ocres*. Les principales sont l'*ocre jaune*, qu'on peut rendre rouge en la déshydratant ; la terre d'ombre et la terre de Sienne.

En préparant l'acide sulfurique de Nordhausen, on obtient un sesquioxyde de fer anhydre et amorphe qui prend le nom de *colcothar*.

PRÉPARATION

596. Pour préparer le sesquioxyde de fer anhydre et cristallisé, on calcine un mélange d'une partie de sulfate de fer avec 3 parties de sel marin, puis on lave les cristaux obtenus, pour les débarrasser du sulfate de soude qui s'est formé.

On prépare le sesquioxyde de fer hydraté en versant de l'ammoniaque dans une dissolution d'un sel de sesquioxyde de fer; on a ainsi un composé qu'on représente par la formule 2 Fe²O³,3 HO, formule de la rouille.

USAGES

597. Le sesquioxyde de fer est un des minerais dont on extrait le fer. La sanguine et les différentes ocres sont utilisées en peinture.

Le colcothar sert au polissage des métaux et des glaces. On en fait une pâte pour affiler les rasoirs. On lui doit la couleur rouge employée pour peindre les carreaux des appartements et les grilles.

OXYDE MAGNÉTIQUE (Fe³O⁴).

598. L'*oxyde magnétique*, appelé aussi *oxyde des battitures* et connu vulgairement sous le nom de *pierre d'aimant*, se trouve en très grande quantité dans la nature, surtout en Suède et en Norvège, sous forme de cristaux octaédriques doués de l'éclat métallique. On peut l'obtenir artificiellement en faisant brûler du fer dans l'oxygène.

L'oxyde magnétique est le minerai le plus recherché, comme donnant les fers les plus purs. C'est lui qui constitue les aimants naturels.

SULFURES DE FER

599. Les plus importants des sulfures de fer sont le protosulfure (FeS) et le bisulfure (FeS²).

On prépare le *protosulfure de fer* en fondant ensemble un mélange, à poids égaux, de limaille de fer et de soufre en lleur. Il sert, comme nous l'avons vu, à la préparation de l'acide sulfhydrique.

Le *bisulfure de fer* ou *pyrite* se rencontre dans la nature sous plusieurs formes : en cristaux cubiques d'un jaune d'or, c'est la *pyrite martiale;* en cristaux prismatiques droits d'une couleur jaune verdâtre, c'est la *pyrite blanche.* Ces pyrites servent souvent à fabriquer le sulfate de fer du commerce.

SULFATE DE FER $(FeO,SO^3 + 7HO)$.

600. Le *sulfate de fer,* nommé aussi *vitriol vert* ou *couperose verte,* a une saveur astringente. Il se présente sous forme de cristaux prismatiques contenant 7 équivalents d'eau. Sa couleur est vert émeraude. On l'obtient : 1° par la dissolution du fer dans l'acide sulfurique étendu; 2° par l'oxydation des pyrites, dont on forme des meules en plein air. On l'emploie comme désinfectant, pour la fabrication des encres ordinaires, pour la confection de presque toutes les couleurs noires, pour la fabrication du colcothar, de l'acide sulfurique de Nordhausen et pour celle du bleu de Prusse.

CARBONATE DE FER (FeO,CO^2).

601. On rencontre le *carbonate de fer* ou *fer spathique* dans la nature, cristallisé en rhomboèdres. C'est le minerai le plus employé en Angleterre. Il existe également dans les eaux ferrugineuses. On l'utilise en médecine.

MÉTALLURGIE DU FER

602. La *métallurgie* est, d'une manière générale, l'art d'extraire des minerais trouvés dans le sein de la terre les métaux utiles à l'état de pureté.

On a vu (n° 592) quels sont les minerais de fer employés pour la préparation de ce métal. Ces minerais, en sortant de la mine, sont, comme nous l'avons dit, entourés de *gangue*, c'est-à-dire de matières terreuses, dont on les débarrasse au moyen d'opérations mécaniques : le *triage*, le *bocardage* ou *broyage* et le *lavage*. Ces préparatifs terminés, on commence l'extraction du fer par l'un des procédés suivants.

EXTRACTION DU FER

MÉTHODE CATALANE

603. La méthode catalane demande un minerai très riche et du charbon de bois ; on ne peut donc l'employer que dans les localités où le bois est abondant. Elle a l'inconvénient de laisser perdre une partie du fer, mais elle est très rapide.

La forge dont on se sert consiste en un creuset carré A (fig. 110) construit dans un massif de maçonnerie et mis en communication par la *tuyère* B avec une soufflerie hydraulique nommée *trompe*.

On remplit le creuset de charbon de bois incandescent jusqu'à la hauteur de la tuyère. On place au-dessus une masse de charbon et une masse de minerai réduit en morceaux gros comme la moitié du poing. Ces deux masses sont distinctes, mais contiguës. On fait ensuite marcher la soufflerie, d'abord lentement, puis en accélérant peu à peu le mouvement. Le charbon, en brûlant, dégage de l'acide carbonique qui, en traversant le charbon incandescent, se transforme en oxyde de carbone. Cet oxyde traverse le minerai, le réduit à l'état de fer métallique et revient lui-même à l'état d'acide carbonique. Une certaine quantité de sesquioxyde de fer seulement est ramenée à l'état de protoxyde de fer et se combine avec l'argile du minerai sous forme de silicate. Au bout de cinq ou six heures, le minerai est converti en fer ductile et en silicate double d'alumine et de protoxyde de fer : c'est ce qu'on appelle les *scories* ou le *laitier*. Au moyen d'un *ringard*, on opère une séparation un peu sommaire à la suite de laquelle une partie des scories s'écoule par une ouverture pratiquée au-dessous du creuset. L'autre partie reste mélangée au fer.

Le fer qui est dans le creuset, le *massé*, est porté sous un lourd marteau mû par une machine : la scorie encore liquide est exprimée et le fer cesse d'être

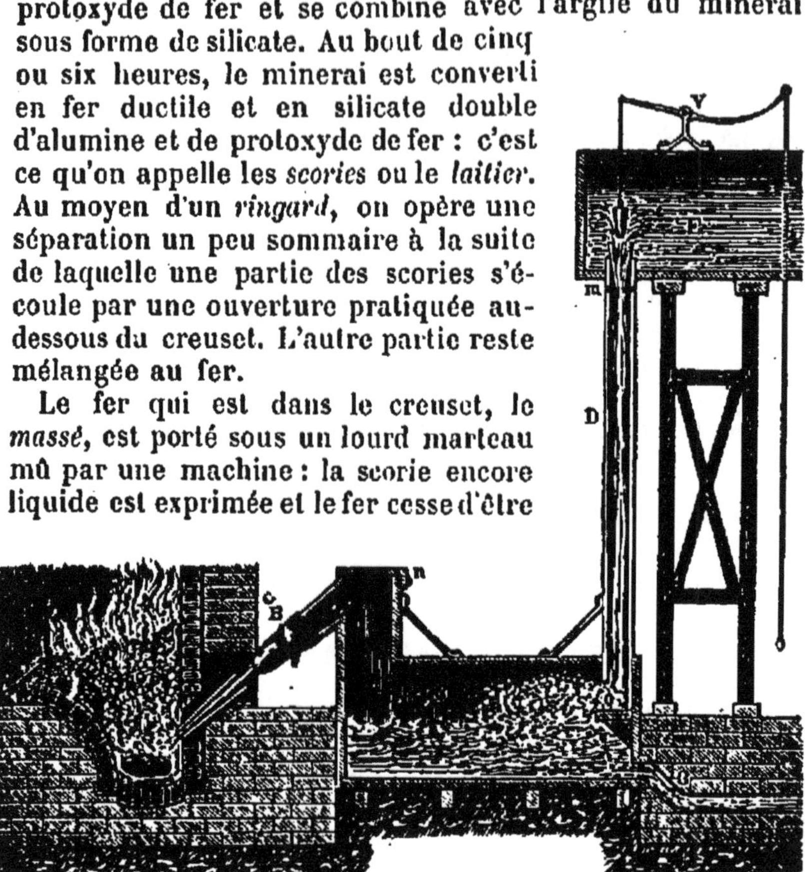

Fig. 110.

spongieux pour devenir compact. Il n'y a plus qu'à le chauffer de nouveau et à le mettre en barres pour le livrer au commerce.

MÉTHODE DES HAUTS FOURNEAUX

604. Le haut fourneau se compose de deux troncs de cône, C, A (fig. 111), construits en briques réfractaires et réunis par leurs bases. Le premier, nommé *cuve*, se termine par une cheminée E placée au-dessus de son ouverture supérieure, c'est-à-dire au-dessus du *gueulard*, et percée d'une ou de plusieurs portes par où sont introduits le minerai et le combustible. Le second tronc de cône A forme ce qu'on appelle les *étalages*, au-dessous desquels se trouve la partie cylindrique R nommée l'*ouvrage*. Celui-ci communique d'une part avec une tuyère de soufflerie mécanique H, et d'autre part avec un creuset L dans lequel est pratiquée une ouverture K appelée *trou de coulée* et fermée, pendant l'opération, avec un tampon d'argile.

On introduit du charbon de bois ou du coke dans le fourneau de manière à former une couche occupant l'es-

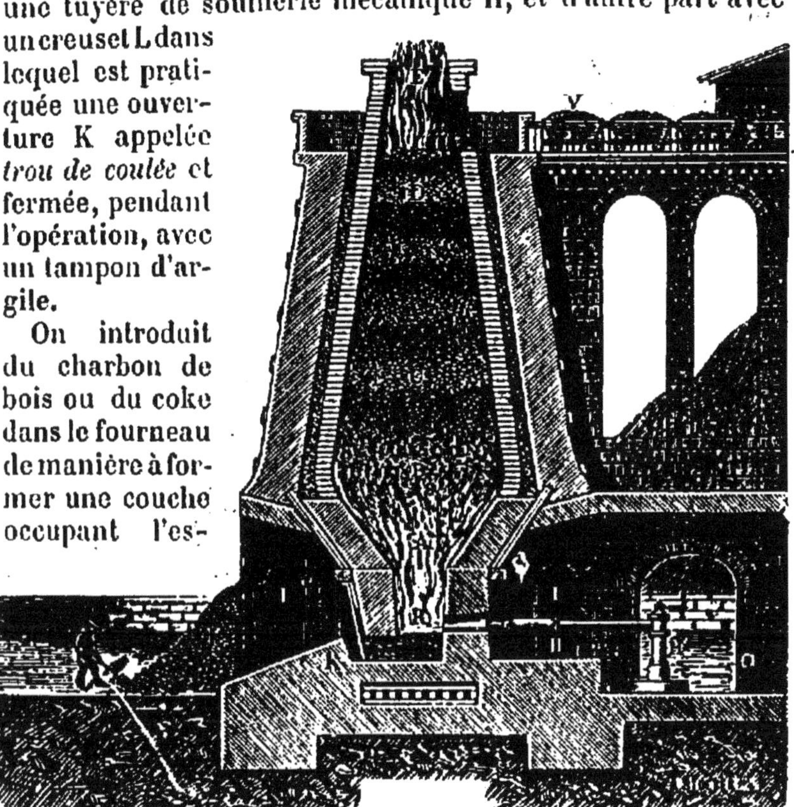

Fig. 111.

pace compris depuis l'ouvrage jusqu'à la cuve; on met au-dessus une couche de minerai mélangé avec du carbonate de chaux, puis une nouvelle couche de combustible et ainsi de suite, en alternant jusqu'à ce que la cuve soit pleine jusqu'au gueulard; puis on chauffe : le minerai fond, se combine avec du charbon et du silicium et forme ainsi la *fonte*. Il se produit également un silicate double d'alumine et de chaux, qui constitue les scories.

La fonte et les scories descendent à l'état liquide et sont confondues dans le creuset; mais les scories, étant moins denses que la fonte, surnagent et à une certaine hauteur débordent du creuset et coulent au dehors en suivant le plan incliné qui se trouve en K. Lorsque la fonte remplit le creuset, on retire le tampon d'argile qui en ferme l'ouverture : la fonte incandescente coule dans des canaux de sable ménagés dans le sol, où elle se solidifie et prend la forme de barres demi-cylindriques nommées *gueuses* ou *gueusets*, suivant leur longueur.

FONTES

605. Les *fontes*, ou carbures de fer, sont composées d'environ 95 pour 100 de fer, de 2 à 5 pour 100 de charbon et d'une petite quantité de silicium ; parfois elles contiennent aussi de faibles parties de soufre, de phosphore, d'azote et de manganèse.

On distingue deux espèces de fontes : la *fonte blanche* et la *fonte grise*. La première, plus riche que la seconde en carbone combiné, est plus cassante et sert particulièrement à la confection du fer ductile et de l'acier. La seconde, moins cassante, se prête facilement au moulage et sert à la fabrication des objets usuels en fonte, plaques de cheminées, poêles, marmites, colonnes, grilles, parapets, cylindres de machines à vapeur, conduites, statuettes, etc.

Le tableau suivant fera saisir les propriétés des fontes.

Fonte grise.	*Fonte blanche.*
Couleur du gris noir au gris clair.	Couleur argentine.
Densité entre 6,70 et 7,05.	Densité entre 7,14 et 7,81.
Fond à 1200°.	Fond entre 1050 et 1100°.
Peu cassante.	Cassante et très dure.
Se travaille à la lime.	Est attaquée difficilement par les outils de travail.
Renferme 4 à 5 0/0 de carbone.	Renferme 2 à 4 0/0 de carbone.
Renferme beaucoup de silicium.	Renferme peu de silicium.
Le carbone y est en partie à l'état de graphite.	Le carbone y est combiné avec le fer.
Avec l'acide chlorhydrique, elle donne de l'hydrogène carboné et du graphite.	Avec l'acide chlorhydrique, elle donne des carbures d'hydrogène d'odeur infecte, pas de graphite.

On peut facilement passer d'une fonte à l'autre : si l'on vient à fondre la fonte grise et qu'on la refroidisse brus-

quement, on a de la fonte blanche ; au contraire, de la
fonte blanche qu'on laisse déposer donne de la fonte
grise.

FER DUCTILE — AFFINAGE DE LA FONTE

606. On obtient le fer ductile et malléable, c'est-à-dire
capable de prendre toutes les formes qu'on veut lui donner
au moyen de divers instruments, en soumettant la fonte
blanche à l'affinage. Cet *affinage* repose sur les réactions
qui se produisent quand on fait arriver sur la fonte fondue
un courant d'air sec : cet air oxyde le silicate et un peu de
fer, pour former un silicate de fer, et le charbon s'unit à
l'oxygène de l'air pour former un oxyde de carbone. On a
ainsi du fer à peu près pur.

On emploie deux procédés d'affinage : le procédé comtois
et le procédé anglais.

PROCÉDÉ COMTOIS

607. Le procédé comtois ou *méthode des petits foyers* consiste à mettre la fonte sur du charbon incandescent, dans
un appareil ressemblant à une forge ordinaire : la fonte
entre en fusion et, en s'écoulant, passe devant la tuyère du
soufflet, où elle s'oxyde. Il se forme des scories qu'on sépare
du fer avec un ringard, puis on martèle, on *cingle* le métal
pour achever de le débarrasser des scories et le transformer en barres.

PROCÉDÉ ANGLAIS

608. Le procédé anglais ou *méthode des fours à puddler*
est plus compliqué, mais plus économique. Il comprend
trois opérations distinctes : le finage, le puddlage et le
réchauffage ou corroyage.

Le *finage*, inutile pour la fonte blanche, a pour but de
débarrasser la fonte grise de son excès de charbon et de la
transformer en fonte blanche, en *fine metal*, comme disent
nos voisins ; à cet effet, on la fait fondre dans un creuset et
on la soumet à un vif courant d'air.

Le *puddlage* s'opère dans des fours à reverbère ; lorsqu'ils
sont au rouge blanc, on y introduit du *fine metal*, auquel on

ajoute des battitures de fer. La flamme est rendue oxydante ou réductrice. On brûle ainsi le carbone, le soufre, le silicium, le phosphore, et il se forme de l'acide carbonique, de l'acide sulfureux, du silicate de fer, du phosphate de fer. Le métal une fois fondu, on le sépare des scories avec un ringard, puis on en fait de grosses boules qu'on martèle, pour les débarrasser des scories et les transformer en barres.

Pour procéder au *réchauffage* ou *corroyage*, les barres sont, à leur tour, introduites dans un four spécial nommé *four à réchauffer*. On les retire lorsque le four est à la température rouge, on les martèle de nouveau et l'on obtient le fer en barre, homogène et ductile, tel qu'il est livré au commerce.

FER PUR

609. Pour obtenir du fer à l'état véritablement pur, il faut traiter par l'acide chlorhydrique les clous longs et minces appelés *pointes de Paris :* le fer impur de ces pointes se transforme en perchlorure de fer et il y a un dépôt de charbon au fond de la liqueur. On la filtre, puis on traite le résidu par l'acide azotique, qui oxyde le fer. L'addition d'ammoniaque dans le liquide précipite le fer à l'état de sesquioxyde hydraté (Fe^2O^3, HO). On lave ce sesquioxyde, puis on le sèche et enfin on le traite à chaud par un courant d'hydrogène, qui le réduit facilement en fer pur. Ce fer se présente sous la forme d'une poudre noire inflammable au seul contact de l'air : c'est le fer *pyrophorique*. Il ne peut recevoir aucune application.

FER DES PHARMACIENS

610. Si l'on vient à chauffer très fort le mélange d'oxyde de fer et d'hydrogène, on obtient un fer moins altérable, servant en pharmacie.

FER PUR EN CULOT

611. Pour obtenir du fer pur en culot, il suffit de chauffer et de fondre dans un creuset de chaux vive le fer réduit par l'hydrogène. Le métal qui provient de cette opération est blanc et mou.

MANIPULATION

PRÉPARATION DU FER PYROPHORIQUE

612. Prendre : 1° un appareil à hydrogène ; 2° un tube présentant des ampoules et des étranglements ; 3° du sesquioxyde de fer en poudre ; 4° une grille à charbon.

Le tube à ampoules a une longueur d'environ 20 centimètres ; une de ses extrémités se termine en pointe effilée et ouverte ; l'autre extrémité est munie d'un bouchon dans lequel s'engage un tube communiquant avec l'appareil à hydrogène.

On introduit dans le tube à ampoules 7 à 8 grammes de sesquioxyde de fer pulvérulent, que l'on y étend d'une façon uniforme au moyen d'une saccade. On emmanche ce tube à l'appareil à hydrogène, puis on le place sur une grille soutenue par quelques briques. C'est à ce moment que l'appareil à hydrogène reçoit le zinc, l'eau et l'acide sulfurique. Il y a dégagement d'hydrogène, dégagement qui doit se faire lentement. On fait alors passer, pendant 5 ou 6 minutes, le courant d'hydrogène dans l'appareil, pour en chasser l'air ; enfin on chauffe le tube à ampoules au moyen de charbons placés sur la grille. Le sesquioxyde de fer se réduit et, au bout de 15 minutes, si l'on arrête l'opération, on voit le fer du tube s'enflammer si on le projette en l'air.

ANALYSE D'UN FER

613. On met 0^{gr},1 de fil de fer pur dans une solution renfermant 10 centimètres cubes d'acide chlorhydrique pur, puis on titre la liqueur par une solution de permanganate de potasse, à raison de 30 grammes pour 1 litre d'eau : le liquide vire au rose. On note la quantité de centimètres cubes de la solution manganique employée ; on prend un fragment du fer à essayer, que l'on dissout dans l'acide chlorhydrique bouillant ; on ajoute de l'eau et l'on titre cette nouvelle liqueur par la solution titrée de permanganate de potasse : on a tous les éléments nécessaires au dosage.

ACIER

614. L'*acier* est une combinaison de fer et de carbone, combinaison dans laquelle ce dernier entre à peine pour 1 pour 100, tandis que la fonte en contient, comme on l'a vu, 2 à 5 pour 100; c'est donc du carbure de fer moins riche en carbone que la fonte. Si, après l'avoir fortement chauffé, on le plonge brusquement dans un liquide froid, c'est-à-dire si on le *trempe*, il devient flexible, élastique, dur et cassant. Il est alors blanc et peut acquérir un très beau poli. Sa densité a diminué.

Dans le commerce, on distingue six espèces d'aciers : l'acier naturel, l'acier puddlé, l'acier de cémentation, l'acier fondu, l'acier Bessemer et l'acier damassé.

On obtient l'acier *naturel* en soumettant les fontes manganésifères à un affinage tel que tout le carbone ne soit pas brûlé. On fond alors la masse.

On obtient l'acier *puddlé* en enlevant à la fonte manganésifère une partie de son carbone dans les fours à puddler; cet acier est le plus grossier.

On obtient l'acier de *cémentation* en combinant directement le fer avec un cément, formé de charbon de bois pulvérisé, de sel marin et de cendres. On entoure de cément les barres de fer, après les avoir placées dans des cuves de briques réfractaires, puis on chauffe le tout jusqu'au rouge pendant une ou deux semaines. Enfin, le refroidissement lent suivi d'un martelage énergique donne de l'homogénéité à la masse.

On prépare l'acier *fondu* en faisant fondre l'acier cémenté coupé en barres et recouvert de charbon. On coule le liquide dans des moules de fonte, puis on le martèle pour rendre l'acier uniforme. Cet acier est très homogène et propre à la coutellerie.

L'acier *Bessemer* est un alliage de fer et de fonte, calculé de façon à obtenir le degré de carburation propre à l'acier.

L'acier *damassé* a été préparé pour la première fois à Damas, où l'on en fabriquait des cimeterres dont la réputation était universelle; si l'on attaque cet acier avec un acide faible, il donne des dessins moirés; on fabrique aujourd'hui cet acier en France en fondant ensemble du graphite, des battitures et de la dolomie.

La qualité de l'acier dépend de la *trempe*, opération dans laquelle l'habileté de l'ouvrier, la température du métal et celle du liquide jouent un grand rôle.

USAGES

615. L'acier naturel sert à la fabrication des sabres, des épées, des scies, des instruments aratoires, des cisailles, des essieux de voiture, etc ; l'acier de cémentation, à la fabrication des limes, des marteaux, des enclumes et autres objets de quincaillerie; l'acier fondu, à la fabrication des burins, des ciseaux à froid, des ressorts de montre, des couteaux, des instruments de chirurgie, scalpels, trépans, etc.; l'acier Bessemer, à la confection des coques de navire, des canons, etc.; l'acier damassé sert surtout pour les armes de luxe.

CARACTÈRES DES SELS DE FER

616. Les solutions des sels de fer sont jaunes, rouges ou verdâtres; leur saveur est toujours astringente.

Avec la *potasse* et l'*ammoniaque*, les sels ferreux donnent un précipité blanc verdâtre; les sels ferriques, un précipité couleur de rouille.

Avec le *ferrocyanure de potassium*, les sels ferreux donnent un précipité bleu clair; les sels ferriques, un précipité bleu foncé.

Avec l'*acide sulfhydrique*, les sels ferriques donnent un précipité de soufre; avec le *sulfocyanure de potassium*, un précipité rouge sang; avec la *noix de galle*, un précipité noir.

ZINC — ÉTAIN — CUIVRE — PLOMB

--

ZINC (Zn)
(Équivalent = 32,7).

PROPRIÉTÉS PHYSIQUES

617. Le *zinc* est un métal blanc bleuâtre, de texture cristalline à grandes lames, solide, mais un peu mou. Sa densité est de 6,85. Comme le zinc se rompt facilement à froid, il ne peut être travaillé que si sa température est de 100 à 130° ; or il est nécessaire de surveiller cette température, car vers 200° il est de nouveau très cassant ; au-dessus de 250°, on peut le piler dans un mortier et le réduire en poudre. Pur, il fond vers 410° et entre en ébullition vers 1000°.

PROPRIÉTÉS CHIMIQUES

618. — Dans l'air sec, le zinc n'éprouve aucune altération ; mais dans l'air humide, il s'oxyde facilement ; il se forme alors une fois pour toutes à sa surface une légère couche d'hydrocarbonate d'oxyde de zinc qui préserve le reste du métal. Chauffé au contact de l'air à quelques degrés au-dessus de son point de fusion, il brûle avec une superbe flamme blanc verdâtre, propriété utilisée pour les feux d'artifice : les étoiles que projettent les fusées ne sont autre chose que de la poussière de zinc en combustion.

Le zinc décompose l'eau sous l'influence de la chaleur. Il est attaqué par les acides, avec lesquels il forme des sels vénéneux.

Nous parlerons plus loin de l'*oxyde de zinc* (n°s 621 à 623) et du *sulfate de zinc* (n°s 624 et 625).

ÉTAT NATUREL. — EXTRACTION

619. Le zinc n'a pas encore été rencontré dans la nature à l'état libre. Il existe principalement sous forme de *blende* ou sulfure de zinc, et sous forme de *calamine* ou carbonate de zinc. Ces deux minerais sont très abondants en Sibérie, en Belgique, en Angleterre, en Chine, dans les Indes, et en petite quantité en France.

Pour en extraire le zinc, on soumet la blende à un *grillage* et la calamine à une *calcination* : ils sont ainsi transformés en oxyde de zinc, qui, mêlé avec du charbon et chauffé dans une cornue, abandonne son oxygène ; celui-ci se combine avec le charbon, et le zinc s'écoule dans des vaisseaux, où il se condense.

$$ZnO + C = Zn + CO.$$

USAGES

620. Par suite de son inaltérabilité à l'air, le zinc est employé pour faire des couvertures de toits, des ornements d'architecture, des baignoires, des seaux, des arrosoirs, etc.; mais, comme il forme des sels vénéneux avec les acides, on ne doit pas l'employer pour les ustensiles de ménage servant à la confection ou à la conservation des aliments : si, par exemple, du vinaigre était en contact avec du zinc, il se formerait rapidement de l'acétate de zinc, sel extrêmement dangereux.

Allié avec le cuivre et le nickel, le zinc forme le *maillechort*, qui a l'apparence de l'argent et avec lequel on fait des couverts, des bijoux, des harnais, etc. ; allié avec le cuivre seulement, il donne le *laiton* ou cuivre jaune ; on en recouvre le fer, dit alors *fer galvanisé*, pour le préserver de l'oxydation. On fait, avec le fer galvanisé, un grand nombre d'ustensiles, des clous, des fils pour télégraphes, pour blanchisseries, pour treillis, des couvertures de toits, etc.

Bien décapé, le zinc retient les caractères ou les dessins que l'on y trace avec des crayons gras et peut, de cette façon, servir à la reproduction des estampes, des cartes de géographie, etc. Ce mode d'impression est appelé *zincographie*.

OXYDE DE ZINC (ZnO).
(Équivalent = 41).

621. L'*oxyde de zinc*, le seul des trois oxydes de zinc dont nous ayons à nous occuper, était connu autrefois sous les noms de *fleurs de zinc, pompholix, nihil album, lana philosophica*. C'est un corps solide, très blanc à la température ordinaire, mais qui, à chaud, se teinte en jaune. On le prépare dans l'industrie en soumettant le zinc vaporisé dans des moufles à l'action d'un courant d'air : on obtient d'abord de l'oxyde de zinc sous un aspect pulvérulent qu'on nomme *blanc de zinc*, puis peu après sous une forme floconneuse appelée *blanc de neige*.

622. L'oxyde de zinc est utilisé en peinture pour remplacer le blanc de céruse, sur lequel il a l'avantage de ne pas noircir sous l'influence de l'hydrogène sulfuré et d'être inoffensif pour ceux qui le manient. Broyé, puis délayé avec de l'azotate de cobalt et chauffé au rouge dans un creuset fermé, il donne une couleur verte désignée sous le nom de *vert de Rihnmann*.

MANIPULATION
PRÉPARATION DE L'OXYDE DE ZINC.

623. Prendre : 1° du zinc; 2° un petit creuset de terre; 3° un ringard de fer; 4° un réchaud.

Le zinc en morceaux est introduit dans le creuset, que l'on chauffe dans le réchaud : le zinc fond et s'enflamme. On retourne alors la masse avec le ringard, puis on couvre le creuset. Au bout de quelque temps, si on le retire, on aperçoit toute la masse de zinc changée en oxyde blanc.

SULFATE DE ZINC $(ZnO, SO^3 + 7HO)$.

624. Le *sulfate de zinc*, appelé aussi *vitriol blanc, couperose blanche*, se présente sous la forme de cristaux prismatiques droits à base rectangulaire, incolores, d'une saveur âcre. On le prépare dans l'industrie par le grillage du sulfure de zinc à basse température.

625. Le sulfate de zinc est utilisé dans les fabriques d'indiennes et dans la peinture pour rendre plus siccatives les huiles employées dans la peinture au blanc de zinc.

CARACTÈRES DES SELS DE ZINC

626. Les sels de zinc sont légèrement solubles dans l'eau.

Une dissolution d'*acide sulfhydrique* dans une liqueur non acide donne naissance à un précipité blanc de sulfure de zinc.

Le sulfhydrate d'ammoniaque précipite aussi en blanc les sels de zinc.

Les *carbonates alcalins* provoquent des précipités blancs qui se dissolvent dans un excès de réactif.

ÉTAIN (Sn)

(Équivalent = 59).

627. L'étain se trouve dans la nature à l'état de protosulfure d'étain et de bioxyde d'étain ou acide stannique. C'est de ce dernier minerai, très abondant en Allemagne, en Angleterre et dans les Indes, qu'on extrait l'étain, par un procédé très simple : on chauffe le minerai avec un mélange de charbon : celui-ci s'unit à l'oxygène du bioxyde pour former de l'acide carbonique, qui se dégage, et l'étain, devenu libre, s'écoule dans un vase placé à la partie inférieure du fourneau : $SnO^2 + C = Sn + CO^2$. Il est ensuite livré au commerce en feuilles, en baguettes, en saumons et en lames nommées *grain-tin*.

PROPRIÉTÉS

628. L'étain est blanc et d'un éclat argentin. Il fond à 228° : c'est le plus fusible de tous les métaux. Sa densité est 7,2. Toujours mou et flexible, il est très malléable et d'une faible ténacité. Frotté, il dégage une odeur caractéristique ; plié, il fait entendre un cri spécial. Dépourvu d'élasticité, il n'est pas sonore. Il cristallise par refroidissement ; à — 40° il perd son éclat métallique, devient gris et très friable en augmentant de volume. Sa densité est alors 5,95. Chauffé à + 35°, il reprend ses propriétés primitives. Il s'altère très peu au contact de l'air froid, mais s'oxyde facilement à une haute température. Il se combine directement avec presque tous les métalloïdes.

L'étain forme avec l'oxygène le protoxyde et le bioxyde d'étain.

USAGES

629. L'étain sert à la confection du bronze et des ustensiles de ménage, ainsi qu'à l'étamage de ces ustensiles, lorsqu'ils sont en fer ou en cuivre ; réduit en feuilles très minces, on en enveloppe le chocolat, le thé, le tabac fin, certains fromages, etc.

Pour étamer le fer, il suffit de le plonger dans un bain d'étain fondu. Les feuilles très minces de tôle, ou fer laminé, étamées sur les deux faces, s'appellent du *fer-blanc;* si elles sont plus épaisses, on leur donne le nom de *fer battu.* C'est avec le fer-blanc et le fer battu qu'on fabrique des cafetières, des couvercles de cuisine, des casseroles et autres ustensiles.

On peut sans danger faire cuire toutes sortes d'aliments dans les vases de fer étamé; mais, si l'on y met, pendant la cuisson, du sel et du vinaigre, il se forme un sel soluble, le protochlorure d'étain, qui, sans être nuisible à la santé, communique aux aliments un goût désagréable.

On étame le cuivre en étalant dessus, avec un tampon d'étoupe, une couche d'étain fondu. Comme cette couche est très mince et peut être facilement détruite, les ustensiles de cuivre doivent être surveillés attentivement.

PROTOXYDE D'ÉTAIN (SnO).

630. Le *protoxyde d'étain,* hydraté, est un corps blanc. Si on le fait bouillir avec une solution de potasse, il perd son eau et se présente sous la forme de cristaux noirs. Le protoxyde noir, chauffé à 250 degrés, se transforme en une poudre brune. Enfin, en précipitant le protochlorure d'étain par un excès d'ammoniaque, on obtient le *protoxyde rouge d'étain.*

BIOXYDE D'ÉTAIN (SnO²).

631. Le *bioxyde d'étain,* comme nous l'avons vu, est le minerai dont on extrait l'étain. Il se rencontre dans la nature en cristaux dérivés du système quadratique; sous cette forme, il prend le nom de *cassitérite.* Ce bioxyde entre dans la composition des émaux. On peut le préparer artificiellement de deux manières, auxquels cas il prend le nom d'*acide stannique* et d'*acide métastannique.*

Pour préparer l'acide stannique (SnO², HO), on traite une dissolution de bichlorure d'étain par un carbonate quelconque de soude ou de chaux : il se forme un précipité : c'est l'acide stannique. Il est soluble dans l'acide chlorhydrique et dans l'acide sulfurique; avec la potasse, il forme un stannate; chauffé à une haute température, il devient insoluble dans les acides. Au contact de l'acide azotique, l'étain s'oxyde et donne du bioxyde d'étain hydraté, qui diffère de l'acide stannique : c'est l'acide métastannique; traité par la potasse, il donne le métastannate; les stannates de soude sont employés en teinture comme mordants.

MANIPULATIONS

PRÉPARATION DE L'ACIDE MÉTASTANNIQUE

632. Prendre : 1° de l'étain en feuilles; 2° de l'acide azotique pur; 3° de la potasse ; 4° un ballon.

On verse une certaine quantité d'acide azotique concentré sur de l'étain en feuilles, de façon à le recouvrir, et l'on chauffe le ballon où se trouve le mélange : l'acide azotique oxyde l'étain en perdant de l'oxygène et bientôt se dégagent des torrents de vapeurs d'acide hypoazotique, dont on doit s'éloigner. Quand la réaction a cessé, on précipite par la potasse et on filtre le liquide : l'azotate d'étain se décompose, l'oxyde d'étain insoluble apparaît et cet acide métastannique insoluble reste sur le filtre à l'état de poudre blanche.

PRÉPARATION DU BISULFURE D'ÉTAIN

633. Prendre : 1° 12 parties d'étain ; 2° 6 parties de mercure; 3° 7 parties de fleur de soufre; 4° 7 parties de chlorhydrate d'ammoniaque; 5° un ballon; 6° un mortier; 7° un creuset à sable; 8° un réchaud.

On broie dans le mortier le chlorhydrate d'ammoniaque, sur lequel on verse, par petites portions, un amalgame d'étain et un peu de fleur de soufre. On mélange ces corps peu à peu et avec grand soin par une trituration énergique. Lorsque les quantités des substances sont épuisées et que le mélange a pris un aspect bien homogène, on le verse dans un ballon de verre à fond plat, puis on place ce ballon dans un creuset contenant du sable fin, dont on l'entoure parfaitement.

Le tout est porté dans un réchaud et chauffé d'abord à feu doux, puis au rouge. Cette température maintenue pendant plusieurs heures consécutives permet d'obtenir au fond du ballon le sulfure jaune d'étain ou *or mussif*. La réussite de l'opération dépend beaucoup du mélange intime des substances et surtout du maintien de la haute température.

CARACTÈRES DES SELS D'ÉTAIN

634. Les sels d'étain sont réduits par le *fer* et le *zinc*.

Avec l'*acide sulfhydrique*, les sels stanneux donnent un précipité brun foncé ; les sels stanniques, un précipité jaune, soluble dans le sulfure d'ammonium (AzH⁴S).

Avec la *potasse* et le *carbonate de potassium*, les sels stanneux et les sels stanniques donnent un précipité blanc.

Avec le *ferrocyanure de potassium* et le *chlorure mercurique*, les sels stanneux donnent un précipité blanc.

Avec le *chlorure d'or*, les sels stanneux donnent un précipité brun.

CUIVRE (Cu)

(Équivalent = 31,8).

PROPRIÉTÉS PHYSIQUES

635. Le cuivre, l'un des métaux connus depuis la plus haute antiquité, est solide, rouge brun, ductile, malléable, dur, tenace et très sonore. Sa densité est de 8,79. Il fond au rouge vif, c'est-à-dire vers 1150° ; à une température plus élevée, il émet des vapeurs qui brûlent en produisant une flamme verte. Le cuivre cristallise par l'action de la galvanoplastie. Réduit en feuilles très minces, il laisse passer la lumière, qui est alors d'une belle couleur verte. Il acquiert, par le frottement, une odeur et une saveur désagréables.

PROPRIÉTÉS CHIMIQUES

636. A la température ordinaire, le cuivre est insensible à l'action de l'air ou de l'oxygène secs. Il peut brûler à l'air en formant de l'oxyde de cuivre. Exposé à l'air humide, il se recouvre d'une couche verte nommée *vert-de-gris* ou, quand il s'agit de vieilles statues, *patine antique* : c'est un carbonate de cuivre hydraté, qui préserve d'oxydation ultérieure la masse dont il recouvre la surface. On donne aussi le nom de *vert-de-gris* à un sous-acétate de cuivre.

Les acides faibles ont peu d'action sur le cuivre à l'abri de l'air ; mais ils favorisent l'oxydation de ce métal, sans que cette oxydation cesse d'être produite aux dépens de l'air. L'acide sulfhydrique, l'acide chlorhydrique, l'acide azotique, l'acide sulfurique, même étendus, attaquent le cuivre sous l'influence de l'air et forment avec lui des sels.

ÉTAT NATUREL. — EXTRACTION

637. En Europe, aux États-Unis, en Bolivie, on trouve le cuivre à l'état natif et sous forme de sous-oxyde ou de carbonate ; dans nombre de pays, notamment au Pérou, à l'état de pyrite cuivreuse ou sulfure double de cuivre et de fer.

638. On traite les sous-oxydes et les carbonates avec du charbon. Quant à la pyrite cuivreuse, elle exige un traitement assez compliqué. Après l'avoir grillée, pour la débarrasser du soufre et du fer, on la fait fondre en présence de matières siliceuses, puis on sépare les scories : on obtient alors une masse cuivreuse nommé *matte*, qui, soumise à des grillages et à des fusions successifs, donne un métal impur nommé *cuivre noir*. On raffine ce métal en le fondant et en insufflant de l'air dans la masse, pour oxyder le fer : on obtient de la sorte le *cuivre rosette*.

USAGES

639. Le cuivre sert à la confection des ustensiles de cuisine, de certaines chaudières, des alambics, au blindage de la coque des vaisseaux. La galvanoplastie a permis d'en faire des feuilles fort usitées dans la gravure sur cuivre.

Avec le *bronze*, alliage de cuivre et d'étain, on fait des statues, des médailles, des cloches, des cymbales, des tam-tam, des canons.

Allié avec le zinc, il constitue, suivant les proportions des deux métaux, le *chrysocale*, le *similor* ou le *laiton*, avec lesquels on fait de faux bijoux ; on emploie aussi le laiton pour faire des instruments de musique, des pièces d'horlogerie, des épingles.

On a vu plus haut (n° 620) ce que c'est que le *maillechort*.

OXYDES DE CUIVRE

640. Le cuivre, en se combinant avec l'oxygène, donne naissance à un sous-oxyde et à un protoxyde.

641. On trouve le *sous-oxyde de cuivre* (Cu^2O) dans la nature, au Pérou, dans les monts Ourals, sous forme de cristaux octaédriques rouges et transparents. Dans l'industrie, on s'en sert pour colorer les verres en rouge rubis.

642. Le *protoxyde de cuivre* (CuO) ne se trouve pas dans la nature; on le prépare artificiellement en faisant brûler de la tournure de cuivre au contact de l'air. Il est employé dans les laboratoires à l'analyse des matières organiques. Dans l'industrie, on s'en sert pour colorer les verres en vert.

MANIPULATION

PRÉPARATION DE L'OXYDE ROUGE DE CUIVRE

643. Prendre : 1° deux ballons de la contenance d'un litre; 2° de l'acétate de cuivre; 3° du sucre; 4° de l'acide chlorhydrique.

On verse dans le premier ballon environ 50 grammes d'acétate de cuivre, que l'on étend de 200 à 300 grammes d'eau, puis on fait bouillir cette dissolution.

On introduit dans le second ballon une dissolution saturée de sucre, à peu près 500 grammes; on l'additionne de quelques gouttes d'un acide énergique, l'acide chlorhydrique, par exemple; puis on fait bouillir le tout pendant un bon quart d'heure.

De temps en temps, on retire du premier ballon un peu de la liqueur d'acétate de cuivre, dans laquelle on verse, à titre d'essai, une petite quantité de la dissolution sucrée. Si le précipité formé est rouge, il suffira, pour avoir l'oxyde rouge de cuivre, de verser alors la dissolution bouillante de sucre dans le ballon contenant l'acétate de cuivre; en continuant à chauffer, le liquide se trouble et dépose l'oxyde de cuivre. C'est le dédoublement du sucre en glucose, sous l'influence de l'acide et de l'eau, qui permet de réduire l'acétate. Cette transformation du sucre ne se fait bien qu'à la condition que la quantité d'acide employée ne soit pas considérable; de plus, l'ébullition de la solution

sucrée doit être prolongée assez longtemps. Sans ces précautions, on s'expose à n'obtenir qu'un précipité défectueux
et de couleur grisâtre.

CARBONATES DE CUIVRE

644. Outre le vert-de-gris, on connaît un assez grand
nombre de carbonates de cuivre. Nous ne parlerons que de
l'azurite et de la malachite.

AZURITE ($3CuO, HO, 2CO^2$).

645. L'*azurite* consiste en beaux cristaux bleus d'hydrocarbonate de cuivre. On les réduit en une poudre qui, dans
les fabriques de papiers peints, est employée sous le nom
de *bleu de montagne* ou *cendres bleues naturelles*.

On prépare en grand des *cendres bleues artificielles* en
précipitant le sulfate de cuivre par la chaux.

MALACHITE ($2CuO, HO, CO^2$).

646. La *malachite*, qui est également un hydrocarbonate de cuivre, se présente en masses vertes dont on fait
des objets d'ornement, encriers, vases, coupes, guéri-
dons, etc. C'est surtout en Sibérie que se trouve ce minéral.

La préparation artificielle de la malachite ne donne
qu'une poudre verte dont on se sert en peinture sous le nom
de *vert minéral*.

SULFATE DE CUIVRE ($CuO, SO^3 + 5HO$).

647. Le *sulfate de cuivre*, plus généralement connu
sous les noms de *vitriol bleu, vitriol de Chypre, couperose
bleue*, se trouve dans le commerce en gros cristaux prismatiques bleus, se dissolvant facilement dans l'eau. On prépare ce sulfate de cuivre en faisant agir l'acide sulfurique
concentré sur des rognures de cuivre.

648. Le sulfate de cuivre est très employé pour *chau-
ler* le blé avant de le semer, pour obtenir les couleurs
violettes ou lilas sur la soie. Il entre dans la composition
de l'encre et dans celle du *vert de Scheele*. On s'en sert

également en galvanoplastie, dans les piles, etc. La médecine l'emploie pour faire de légères cautérisations. C'est avec le sulfate de cuivre et le sulfate de fer, avec la couperose bleue et la couperose verte que sont colorés les grands vases pleins d'eau exposés dans certaines pharmacies.

MANIPULATION

PRÉPARATION DE L'ARSÉNITE DE CUIVRE — VERT DE SCHEELE

649. Prendre : 1° deux ballons de la contenance d'un litre ; 2° de l'acide arsénieux ; 3° du sulfate de cuivre ; 4° du carbonate de soude.

Dans un des ballons, introduire une solution de carbonate de soude, 200 grammes environ, et y faire arriver 10 à 15 grammes d'acide arsénieux dissous. Chauffer le tout et le porter à l'ébullition.

Mettre dans l'autre ballon une solution saturée de sulfate de cuivre (100 grammes pour 300 d'eau). Porter aussi ce mélange à l'ébullition, le verser par petites portions dans le premier flacon, où s'est fait de l'arsénite de soude, et agiter le mélange avec une baguette de verre : peu à peu la liqueur se trouble et il se dépose un précipité vert d'arsénite de cuivre. On filtre le liquide et on recueille le *vert de Scheele*, qui est resté dans l'entonnoir.

DOSAGE DU CUIVRE

PROCÉDÉ CHIMIQUE

650. Faire dissoudre du cuivre dans l'ammoniaque, puis traiter la liqueur par le sulfhydrate d'ammoniaque ; faire la même expérience avec du cuivre pur : la quantité de sulfhydrate d'ammoniaque employée dans chacun des deux cas permet de déduire le titre de l'alliage.

PROCÉDÉ ÉLECTRIQUE

651. On dissout l'alliage dans l'acide sulfurique ; on met la liqueur dans une capsule de platine communiquant avec l'un des pôles d'une pile, dont l'autre pôle se rend à un fil de platine qui plonge dans la solution cuivrique : le courant passe et le cuivre se dépose sur la capsule, si on a eu la précaution de la mettre en rapport avec le pôle négatif. Quand on a obtenu la décoloration complète du liquide, on pèse la capsule de platine : l'augmentation de poids constatée donne la quantité de cuivre renfermée dans l'alliage soumis à l'expérience.

CARACTÈRES DES SELS DE CUIVRE

652. La dissolution des sels de cuivre est bleue.

La *potasse* provoque un précipité bleu, qui devient noir par la chaleur, dans les sels cuivriques. Il est blanc dans les sels cuivreux.

L'*ammoniaque* donne l'eau céleste.

Le *ferrocyanure* produit un précipité rouge brun.

Le *sulfhydrate d'ammoniaque* donne un sulfure noir.

La flamme d'un sel de cuivre, dans un brûleur, est verte.

Un *métal libre* (fer) précipite le cuivre de ses solutions.

En présence des matières organiques, les sels de cuivre ne réagissent pas comme il vient d'être dit ; seul, l'acide sulfhydrique donne toujours le précipité noir.

PLOMB (Pb)
(Équivalent = 103,5).

653. Comme le fer, l'étain et le cuivre, le *plomb* est un des métaux le plus anciennement connus.

PROPRIÉTÉS PHYSIQUES

654. Le plomb est un métal gris bleuâtre, très brillant toutefois lorsqu'on vient de le gratter ou de le couper. Il est très malléable, ce qui permet de le laminer et de le marteler ; mais il est peu tenace ; aussi ne peut-on l'étirer en fil très fin. Il laisse sur le papier une trace grise, ce qui le rend propre à être employé comme crayon. Il est très mou, facile à couper et à rayer. Sa densité est de 11,35 ; le plomb du commerce a même une densité de 11,45. Il a une odeur particulière, qui se développe surtout par le frottement. Il fond à 335° et commence à se vaporiser à la température rouge.

PROPRIÉTÉS CHIMIQUES

655. Le plomb, par suite de son oxydation dans l'air, prend une teinte gris mat; mais cette action de l'oxygène ne dépasse pas la surface. A une température supérieure à celle de son point de fusion, ce métal s'oxyde très rapidement au contact de l'air et il se forme un protoxyde nommé *litharge*.

Au contact de l'eau aérée, le plomb absorbe l'oxygène de l'air et donne un oxyde qui, en se combinant avec l'eau et l'acide carbonique, forme un hydrate et un carbonate de plomb. L'eau pluviale, en passant sur les toitures de plomb, entraîne un peu d'oxyde, qui donne à ce métal des propriétés vénéneuses et rend cette eau impropre aux usages domestiques. Les eaux de source et de rivière ne forment pas avec le plomb de composés vénéneux; aussi n'y a-t-il pas d'inconvénient à faire circuler l'eau ordinaire par des tuyaux de plomb. Ce corps est difficilement attaqué par les acides, si ce n'est par l'acide azotique.

Le plomb est très vénéneux. Les ouvriers qui le manient journellement éprouvent des perturbations graves, notamment des coliques appelées *coliques saturnines* ou *coliques de plomb*.

656. Le plomb forme avec l'oxygène quatre composés : le *sous-oxyde de plomb* (Pb^2O), le *protoxyde de plomb* (PbO), le *bioxyde de plomb* (PbO^2) et l'*oxyde salin* (Pb^3O^4). Nous ne nous occuperons que des trois derniers (nos 661 à 663).

ÉTAT NATUREL — EXTRACTION

657. Le plomb n'existe qu'accidentellement à l'état natif. Parmi les nombreux minerais où il se trouve en composition, il n'y en a que deux assez abondants pour donner lieu à une exploitation : le carbonate et surtout le sulfure de plomb ou galène.

658. Le traitement du carbonate de plomb est des plus simples : on le calcine avec du charbon : celui-ci réduit l'oxyde, et le métal liquide coule dans un creuset.

659. Le traitement de la galène est plus compliqué : après avoir trié, bocardé, puis lavé le minerai, on procède *par réduction*, s'il est pauvre et entouré d'une gangue contenant beaucoup de silice ; *par réaction*, s'il est riche.

La *méthode par réduction* consiste à chauffer le minerai dans un four en le mélangeant avec de la ferraille : le fer s'empare du soufre pour former un sulfure de fer, et le plomb reste libre. Celui-ci étant liquide, le sulfure de fer, moins dense, flotte à sa surface. On le fait écouler et on recueille le métal :

$$PbS + Fe = Pb + FeS.$$

La *méthode par réaction* consiste à faire réagir l'oxyde et le sulfate de plomb en présence du sulfure de plomb : il se forme de l'acide sulfureux et du plomb, qui contient encore un peu de sous-sulfure de plomb ; mais il est aisé de l'en débarrasser, car ce composé est très fusible.

Ces réactions peuvent se formuler ainsi :

$$2PbO + PbS = SO^2 + 3Pb.$$
$$PbO,SO^3 + PbS = 2SO^2 + Pb.$$

Le plus souvent le plomb ainsi obtenu contient de l'argent, dont on le débarrasse par affinage.

USAGES

660. On fabrique avec le plomb les mesures de capacité, les balles, le plomb de chasse, les gouttières, les caractères d'imprimerie, les tuyaux de conduite d'eau et de gaz ; on s'en sert pour les toitures, soit en feuilles très minces, soit en plongeant des feuilles de tôle dans un bain de plomb ; on l'emploie aussi pour la soudure des plombiers. Le jardinage l'utilise à l'état de fil pour lier les plantes délicates ; on en fait des réservoirs et des vases pour les acides industriels, par la plupart desquels il n'est pas attaquable : l'industrie de l'acide sulfurique exige, comme on l'a vu, que les chambres à réaction soient tapissées de plomb.

PROTOXYDE DE PLOMB (PbO).

661. Le *protoxyde de plomb* se présente, soit sous la forme d'une poudre jaune connue dans le commerce sous le nom de *massicot*, soit sous la forme de lamelles orange foncé qu'on appelle *litharge*. On le prépare en calcinant du plomb au contact de l'air ou en décomposant par la chaleur l'azotate de protoxyde de plomb. Il sert à la fabrication de certaines couleurs jaunes et de la céruse. La préparation de la glycérine se fait avec son aide dans les laboratoires.

BIOXYDE DE PLOMB (PbO_2).

662. Le *bioxyde de plomb*, qu'on nomme également *oxyde puce* ou *acide plombique*, n'a aucun usage en dehors des laboratoires. C'est un oxydant énergique.

OXYDE SALIN (Pb_3O_4).

663. L'*oxyde salin* ou *minium* est rouge orangé. On l'obtient en soumettant le protoxyde de plomb à un second grillage. Il sert à la fabrication des glaces, des vernis employés pour les poteries d'étain, à la coloration des papiers peints et de la cire à cacheter.

CARBONATE DE PLOMB

664. Le *carbonate de plomb* anhydre (PbO, CO_2) est sans application. Le carbonate de plomb hydraté ($2PbO, CO_2 + PbO, HO$), connu sous le nom de *blanc de plomb* ou de *céruse*, est un corps blanc, insipide, insoluble dans l'eau pure, mais un peu soluble dans l'eau chargée d'acide carbonique. Il se décompose sous l'influence de la chaleur, en laissant un résidu, la *mine orange*, qui a les mêmes propriétés que le minium, mais est plus estimé.

PRÉPARATION

665. Il y a deux procédés de préparation de la céruse : le procédé hollandais et le procédé de Clichy.

666. Le *procédé hollandais* est très ancien. Dans des vases de grès on met de légers rubans de plomb retenus par une grille au-dessus du fond, qui contient du vinaigre. On ferme ces vases, mais imparfaitement, avec un couvercle de plomb. On les place ensuite dans de grandes caisses, en séparant chaque rangée par une couche épaisse de fumier de cheval, ou mieux de tannée garnissant de grandes chambres de maçonnerie. Les vapeurs émises par l'acide acétique agissent en même temps que l'air et oxydent rapidement la surface du plomb, qui fournit bientôt de l'acétate tribasique de plomb. Cette réaction s'opère d'autant mieux que la fermentation du fumier dégage une grande quantité de chaleur. Le fumier donne en outre naissance à des gaz formés en majorité d'acide carbonique et qui, rencontrant l'acétate tribasique de plomb, le décomposent en formant du carbonate de plomb, ou céruse, adhérent à la surface des lames de plomb, et de l'acétate neutre, qui ronge le métal. On comprend sans peine que, si l'opération dure un temps suffisant, quelques mois, par exemple, on puisse avoir une couche de céruse d'une certaine épaisseur ; comme elle est adhérente au plomb, il est indispensable, pour la recueillir, de battre les lamelles.

667. Le *procédé de Clichy* est dû à Thénard. En faisant réagir de l'acide acétique sur de la litharge, on obtient un acétate tribasique d'oxyde de plomb, sur lequel on fait passer un courant d'acide carbonique : cet acide prend 2 équivalents d'oxyde de plomb pour former de la céruse et il ne reste plus qu'un acétate neutre de plomb.

USAGES

668. La céruse est beaucoup employée dans la peinture à l'huile, dont elle produit la dessiccation et détruit la teinte propre ; c'est la base d'un grand nombre de couleurs minérales. Broyée avec une huile siccative, elle constitue le mastic des vitriers ; mêlée par parties égales avec de l'huile de lin et du minium, elle forme un mastic qui, en séchant, prend la dureté de la pierre et qu'on emploie pour relier les pièces des machines et rendre les jointures hermétiques. Il entre dans la composition des fards, si nuisibles au teint et à la santé.

CHROMATE DE PLOMB (PbO, CrO³).

669. Le *chromate de plomb* se trouve en grande quantité dans la nature, : c'est alors une substance rouge cristallisée en prismes rhomboïdaux ; on l'obtient artificiellement en versant une dissolution d'acétate de plomb dans une dissolution de chromate neutre de potasse: c'est alors le *jaune de chrome*, très employé dans la peinture.

EXTRAIT DE SATURNE

670. En chauffant l'acétate de plomb dans une capsule jusqu'à ce que la masse devienne poreuse et blanche, on a un acétate sesquibasique de plomb ($3PbO, 2C^4, H^3O^3 + HO$). Ce sel est très soluble dans l'eau; sa dissolution forme l'*extrait de Saturne*, liqueur d'un blanc bleuâtre connue sous le nom d'*eau blanche*. On l'emploie en médecine comme siccatif et astringent dans les contusions, les entorses et les brûlures.

MANIPULATIONS

PRÉPARATION DU PLOMB

671. Prendre: 1° une cornue de grès; 2° un tube à dégagement; 3° un verre à pied; 4° du sulfure de plomb; 5° du sulfate de plomb.

Parties égales de sulfure et de sulfate de plomb sont broyées et mélangées aussi intimement que possible dans un mortier, puis introduites dans la cornue de grès en même temps qu'une certaine quantité de rognures de bouchon ou de sciure. Cette matière organique est destinée à réduire l'acide sulfurique, ainsi que les oxydes qui pourraient se former.

Le tube à dégagement part du bouchon de la cornue et va plonger dans le verre rempli d'eau, chargée de retenir le gaz sulfureux.

On porte la cornue dans un fourneau à réverbère et on donne un coup de chauffe énergique pendant trois quarts d'heure : le plomb métallique doit fondre et se rassembler en un culot au fond de la cornue, que l'on brise à la fin de l'expérience, après qu'elle s'est refroidie.

PRÉPARATION DE LA MINE ORANGE

672. On chauffe au contact de l'air, dans un vase de terre large et non fermé, 25 à 30 grammes de plomb pulvérulent. De temps à autre on retourne la masse avec une spatule, d'où on la laisse retomber par petites portions dans le bassin chauffé; peu à peu elle se colore et la teinte orange apparaît; on cesse alors l'opération.

ESSAI DES MINERAIS DE PLOMB

673. On chauffe jusqu'à complète liquéfaction un mélange de 1 à 2 grammes de charbon en poudre, 30 grammes de carbonate de soude, 10 grammes de galène. La matière refroidie, on trouve le plomb rassemblé au fond du creuset; la quantité retirée est à peu près 75 pour 100 de la galène pure.

CARACTÈRES DES SELS DE PLOMB

674. La saveur des sels de plomb est d'abord sucrée, puis astringente.

L'acide sulfhydrique donne un précipité noir insoluble dans le sulfure d'ammonium.

L'acide chlorhydrique amène la formation d'un précipité blanc insoluble dans l'eau froide, mais soluble dans l'eau bouillante.

La potasse, *l'ammoniaque* et les *carbonates alcalins* fournissent des précipités blancs.

L'acide sulfurique donne un précipité blanc à peu près insoluble.

Le chromate de potasse produit un précipité d'un beau jaune.

Le zinc peut déplacer le plomb.

MERCURE — ARGENT — OR — PLATINE

MERCURE (Hg)

(Équivalent = 100).

PROPRIÉTÉS PHYSIQUES

675. Le *mercure*, le seul métal liquide à la température ordinaire, est blanc bleuâtre, très brillant. A 40° au-dessous de 0 il se solidifie et ressemble à l'argent. Vers 357 à 360° au-dessus de 0, il entre en ébullition et se résout rapidement en vapeur. Il émet, du reste, des vapeurs à toute température, ce qui rend malsaine et dangereuse la manipulation de ce métal. Sa densité est de 13,60 à l'état liquide et 14,40 à l'état solide.

PROPRIÉTÉS CHIMIQUES

676. Pur, le mercure s'altère difficilement à la température ordinaire, même à l'air humide. A une température plus élevée, il y a fixation d'oxygène et formation d'oxyde rouge de mercure, appelé *précipité per se*. Si la température continue à augmenter, il se produit une réduction de l'oxyde formé : le mercure revient à l'état libre, tandis que l'oxygène très pur se dégage.

Le *soufre*, chauffé avec du mercure, donne lieu à une combinaison énergique qui peut se faire avec explosion : on a ainsi des sulfures.

Le *chlore* et les autres corps de la même famille agissent aussi directement sur le mercure par réaction très violente.

L'*acide chlorhydrique*, même bouillant, n'a que très peu d'action sur ce métal.

L'*acide azotique* attaque le mercure et donne des sels mercureux, si le métal est en excès ; des sels mercuriques, si l'acide est concentré ou en excès. Cette combinaison du mercure avec l'acide azotique a lieu même à froid.

L'*acide sulfurique* corrode le mercure en donnant des sulfates et de l'acide sulfureux ; mais, pour arriver à la réaction, il est nécessaire de chauffer le mélange. Cette propriété est utilisée dans la préparation de l'acide sulfureux.

ÉTAT NATUREL — EXTRACTION

677. On rencontre rarement le mercure à l'état natif, mais il en existe de nombreux composés. Le minerai le plus répandu et le seul exploité est le *cinabre*, ou *sulfure de mercure*, dont les mines les plus riches se trouvent en Espagne et en Bavière. On l'extrait par un simple grillage : l'oxygène de l'air s'unit au soufre pour former de l'acide sulfureux, et il se dégage des vapeurs de mercure qui vont se condenser dans des appareils spéciaux. Le mercure ainsi obtenu n'est pas toujours pur. Pour le purifier, on le distille.

PROPRIÉTÉS PHYSIOLOGIQUES

678. Le mercure est un poison violent, qui peut donner la mort immédiatement, si l'on en absorbe une grande quantité. Un usage abusif de ce métal provoque une salivation et plus tard des tremblements particuliers. Les ouvriers qui manient le mercure, ceux qui font usage des pommades, des onguents ou des médicaments à base de mercure sont exposés à cette salivation et à ces tremblements mercuriels. L'iodure de potassium et, d'après certains médecins, le chlorate de potasse sont des contrepoisons efficaces.

USAGES

679. Le mercure est utilisé pour l'étamage des glaces et la construction des thermomètres, des baromètres et des manomètres; on l'emploie fréquemment dans les laboratoires; il sert en outre à l'extraction de l'or et de l'argent.

COMPOSÉS USUELS DU MERCURE

680. Nous ne citerons que quelques composés usuels du mercure.

Le *protosulfure de mercure* (HgS) ou *cinabre* est employé en teinture et en peinture sous le nom de *vermillon*.

Le *sous-chlorure de mercure* (Hg^2Cl), connu sous le nom de *calomel* ou *mercure doux*, est employé en médecine comme vermifuge ou vomitif.

Le *protochlorure de mercure* ($HgCl$), connu sous le nom de *sublimé corrosif*, est également employé en médecine. C'est un poison très énergique. Comme il a la propriété de rendre imputrescibles les matières organiques, on l'emploie pour

16.

conserver les préparations anatomiques : en les plongeant dans une dissolution alcoolique de sublimé corrosif, elles y deviennent en peu de temps très dures et inattaquables par les insectes.

On emploie fréquemment aussi en médecine, dans les maladies scrofuleuses, du *protoïodure de mercure* ($HgIo$).

MANIPULATION

PRÉPARATION DU CALOMEL

681. Prendre : 1° un ballon à fond plat; 2° une dissolution de sulfate mercureux; 3° du mercure; 4° du sel (chlorure de sodium); 5° une cornue à sable et un réchaud.

100 grammes de la dissolution de sulfate mercureux sont introduits dans le ballon, ainsi que 10 à 15 grammes de sel ; à ce mélange on ajoute d'ordinaire quelques grammes de mercure, pour que le métal soit en excès. Le ballon à fond plat est enterré dans le sable d'un creuset spécial. On chauffe le tout d'une façon modérée, jusqu'à évaporation. On reprend ensuite par l'eau, et le calomel est obtenu par filtration dans l'entonnoir.

CARACTÈRES DES SELS DE MERCURE

682. Les sels de mercure sont incolores et solubles dans l'eau, à l'exception du calomel, un des corps les plus insolubles que l'on connaisse.

Le sulfate et l'azotate mercuriques sont décomposables par l'eau et il y a formation d'un précipité jaune. Cependant cette réaction est limitée.

Avec l'*acide chlorhydrique*, les sels mercureux forment le calomel.

Avec l'*acide sulfhydrique*, les sels mercureux donnent un précipité noir; les sels mercuriques, un précipité d'abord blanc, puis noir.

Avec la *potasse*, les sels mercureux donnent un précipité noir; les sels mercuriques, un précipité rouge brun ou jaune.

Avec le *carbonate de potasse*, les sels mercureux donnent un précipité jaune; les sels mercuriques, un précipité rouge brun.

Avec le *ferrocyanure*, les sels mercureux donnent un précipité blanc ; les sels mercuriques, un précipité blanc qui bleuit.

Avec l'*iodure de potassium*, les sels mercureux donnent un précipité jaune vert ; les sels mercuriques, un précipité rouge qui se redissout dans un excès d'iodure de potassium.

Avec le *cuivre*, les sels mercureux et les sels mercuriques donnent un dépôt de mercure.

ARGENT (Ag)
(Équivalent = 108).

PROPRIÉTÉS PHYSIQUES

683. L'*argent*, connu depuis la plus haute antiquité, est très blanc, inodore, insipide, tenace, malléable, ductile et capable de prendre un très beau poli. On peut le réduire en feuilles n'ayant qu'une épaisseur de 0,002 de millimètre. Il fond à 1000° et se volatilise à une température supérieure. Sa densité est de 10,45. L'argent se forge à froid ; quand il est fondu, il dissout l'oxygène, qu'il rend avec projection lors de son refroidissement : c'est le *rochage*.

PROPRIÉTÉS CHIMIQUES

ACTION DES MÉTALLOÏDES

684. L'argent ne s'altère pas à l'air, si ce n'est dans des conditions particulières.

Le *soufre* et les autres corps de la même famille, à l'exception de l'oxygène, donnent facilement des composés. Ainsi, de la vapeur de soufre sur de l'argent produit des cristaux de sulfure d'argent.

Le *chlore*, le *brome* et l'*iode* offrent des réactions très vives et forment des composés très stables avec l'argent. Le *phosphore* s'y dissout facilement.

ACTION DES ACIDES

685. L'*acide chlorhydrique* et l'*acide fluorhydrique* n'attaquent pas l'argent. L'*acide sulfurique* agit de même à froid ; mais, à température élevée, il y a production de sulfate d'oxyde d'argent.

L'acide azotique est le véritable dissolvant de l'argent et donne un azotate d'oxyde d'argent.

ACTION DES ALCALIS

686. L'argent n'est corrodé ni par la potasse ou l'azotate de potasse, ni par l'acide chromique. Aussi, pour obtenir de la potasse pure, on la fond dans des creusets d'argent, dont on se sert également pour préparer l'acide chromique.

ÉTAT NATUREL

687. On trouve l'argent dans la nature sous un grand nombre de formes : dans l'Amérique du Nord, à l'état natif; dans l'Amérique du Sud et en Europe, à l'état de sulfure, de chlorure, de bromure, d'alliages d'or, d'antimoine et de mercure.

EXTRACTION

688. Si le minerai d'argent est pauvre, on extrait le métal par le procédé de chloruration et d'amalgamation, qui consiste à faire passer tout l'argent à l'état de chlorure, que l'on dissout dans du chlorure de sodium; l'argent est ensuite précipité à l'aide d'un autre métal plus chlorurable. Agité avec du mercure, l'argent se dissout et forme un amalgame qu'on décompose par la chaleur.

Le *procédé d'amalgamation* américain, employé pour traiter le minerai d'argent, s'effectue de la manière suivante : on réduit le minerai en poudre impalpable, puis on le mêle à 2 ou 3 pour 100 de son poids de sel marin en le faisant piétiner par des mules sur une aire circulaire pavée. Après quelques heures, quand le sel marin est bien mélangé à la matière, on ajoute 1 pour 100 de pyrite de cuivre grillée à l'air, consistant surtout en sulfate de cuivre. Il se forme alors du chlorure de cuivre et du sulfate de soude. Le chlorure de cuivre réagit sur le sulfure d'argent et donne du chlorure d'argent, qui se dissout dans le sel marin. On ajoute ensuite du mercure, qui forme un amalgame d'argent et de chlorure de mercure; car le mercure agit comme réducteur et comme dissolvant. Au bout de quinze jours, le mercure a dissous assez d'argent pour former une masse solide; on continue d'ajouter du mercure jusqu'à 7 et même 8 fois sa quantité pour une d'argent à extraire. Au bout de 1 à 3 mois l'opéra'ion est achevée. On lave le tout à grande eau, pour entraîner les matières salines. Il reste au fond du vase l'amalgame d'argent. Cet amalgame est retiré et on en extrait l'argent en le distillant.

Un autre procédé, plus employé encore que le procédé américain et connu sous le nom de procédé de Freiberg, consiste à soumettre d'abord le minerai au bocardage; ensuite, après l'avoir mêlé à 1/10 de chlorure de sodium, on le grille dans un fourneau. Ce mélange donne de l'acide sulfureux et du chlore, qui provoque la formation de chlorure d'argent. Comme l'oxygène de l'air intervient, de l'acide sulfurique prend naissance, réagit sur le sel et peut amener la formation d'acide chlorhydrique et de sulfate de soude; mais le sel sera toujours en excès. En reprenant par l'eau, il y a dissolution du chlorure double d'argent et du sodium ($AgCl + NaCl$). Cette liqueur, mise dans des tonneaux qui tournent autour d'un axe horizontal, est réduite par des fragments de fer capables de déplacer l'argent : il y a production d'argent métallique et de chlorure de fer. Pour obtenir l'argent, il suffit de verser dans les tonneaux du mercure, qui dissout le premier métal. On décante l'amalgame et on le distille : le mercure s'évapore, l'argent reste.

Si le minerai d'argent est riche, on extrait le métal par le procédé de fondage.

Dans le *procédé de fondage*, on commence par bocarder et mélanger le minerai cuivreux riche en argent avec une certaine quantité de plomb, puis on fond le tout et on brasse. Si à ce moment on refroidit très vite la masse, on a un alliage intime de plomb, de cuivre et d'argent. On opère la séparation de l'argent en chauffant à nouveau, mais lentement, l'alliage obtenu : peu à peu le plomb, en fondant, dissout l'argent, et un alliage de plomb et d'argent seul peut être séparé. On soumet ce dernier corps à la coupellation, c'est-à-dire qu'on le chauffe à l'air libre dans une coupelle poreuse capable de laisser filtrer l'oxyde de plomb qui se forme : l'argent reste dans la coupelle.

PRÉPARATION DE L'ARGENT PUR

689. Prendre de l'argent d'affinage contenant des traces de cuivre et d'or; le dissoudre dans de l'acide azotique;

fondre ensuite le nitrate d'argent obtenu, pour décomposer les matières étrangères : le cuivre, ainsi que le fer, est amené à l'état d'oxyde insoluble, et il reste le nitrate d'argent, que l'on reprend par l'eau et que l'on filtre. Cette dissolution, traitée par de l'acide chlorhydrique, donne du chlorure d'argent, que l'on transforme en oxyde d'argent par la potasse. Enfin, cet oxyde, soumis à une calcination avec une matière organique telle que le sucre, est réduit en argent métallique. Celui-ci, rassemblé au fond d'un creuset de terre, y est fondu et se présente sous la forme d'un bouton d'argent absolument pur.

USAGES

690. L'argent sert à la fabrication des monnaies, des bijoux, etc., mais toujours allié à un peu de cuivre, destiné à lui donner plus de dureté. Dans les laboratoires, on l'emploie pour faire des creusets.

TITRES DE L'ARGENT

691. Le rapport qui existe entre le poids d'or ou d'argent fin contenu dans un alliage et le poids total de cet alliage est ce qu'on nomme le *titre de l'alliage*.

Pour déterminer le titre d'un alliage, on choisit d'ordinaire un poids d'alliage de 1000 unités, par exemple 1000 grammes, 1000 kilogrammes, etc.

Voici les titres prescrits en France pour l'argent :

	Titre.	Grammes d'argent.	Grammes de cuivre.
Vaisselle et médailles d'argent.	$\frac{950}{1000}$	950	50
Monnaies (pièces de 5ᶠ)	$\frac{900}{1000}$	900	100
Monnaies (pièces de 2ᶠ, 1ᶠ, 0ᶠ,50 et 0ᶠ,20)	$\frac{835}{1000}$	835	165
Bijouterie d'argent	$\frac{800}{1000}$	800	200

Comme il serait impossible d'arriver à des proportions si exactes, on permet une erreur qui peut varier au-dessus et au-dessous jusqu'à 2 millièmes pour les monnaies et les médailles, jusqu'à 5 millièmes pour la vaisselle et la bijouterie : c'est ce qu'on nomme *tolérance*.

692. Toutes les pièces d'orfèvrerie et de bijouterie sont contrôlées par des fonctionnaires de l'État, qui doivent les briser, si elles n'ont pas le titre légal et, dans le cas contraire, les revêtir d'un poinçon spécial. A cet effet, il y a des *bureaux d'essai*.

Pour essayer l'argent, il existe deux procédés : la *coupellation* et *l'essai par voie humide*. Nous ne décrirons que le second, qui est le plus usité.

693. *L'essai par voie humide*, dû à Gay-Lussac, exige l'emploi de deux liqueurs : 1o la *liqueur normale*, contenant 0g,5417 de chlorure de sodium par décilitre, ce qui est suffisant pour précipiter un gramme d'argent ; 2o *une liqueur décime*, qui contient cette même quantité de chlorure de sodium par litre; d'où il résulte qu'un centimètre cube de cette liqueur précipitera 1 milligramme d'argent. Cette méthode repose sur ce fait que le chlorure de sodium, versé dans une dissolution d'un mélange d'azotate d'oxyde d'argent et d'azotate d'oxyde de cuivre précipite tout l'argent à l'état de chlorure, laissant en dissolution tout le cuivre.

On prend un poids (p) de l'alliage tel qu'au titre annoncé il contienne 1 gramme d'argent. Après l'avoir fait chauffer avec un peu d'acide azotique, où il se dissout, on y verse de la liqueur normale : un gramme d'argent est précipité. On ajoute alors 1 centimètre cube de liqueur décime : s'il y a encore de l'argent, il y aura 1 milligramme de précipité, et ainsi de suite, jusqu'à ce qu'il n'y ait plus d'argent; chaque centimètre cube de liqueur décime ajouté précipitera un milligramme d'argent. Le poids de l'argent précipité sera

p' ou 1gr + 1ng et le titre sera $\dfrac{p}{p'}$.

AZOTATE D'ARGENT (AgO, AzO^5).

694. *L'azotate d'argent*, nommé aussi *pierre infernale*, lorsqu'il a été fondu et coulé en petits cylindres, est gris, s'il est pur ; noir, s'il contient de l'oxyde de cuivre. On l'obtient en faisant dissoudre de l'argent dans l'acide azotique. La lumière du soleil le décompose lentement. Il est surtout employé en photographie, de même que le chlorure, le bromure et l'iodure d'argent. En médecine, on en fait usage pour cautériser.

Comme il a la propriété de noircir les matières or-
niques, on en fait une encre ineffaçable, qui sert à marqu
le linge, préalablement mouillé avec une dissolution
8 parties d'eau, une partie de gomme arabique et u
partie de cristaux de soude. On en fait aussi une eau po
noircir ou, ce qui serait mieux dit, pour détruire les cl
veux. C'est le point de départ de l'argenture des méta
et de l'argenture des glaces, pour laquelle on réduit l'az
tate d'argent par de la glucose ou de l'acide tartrique.

CARACTÈRES DES SELS D'ARGENT

695. Généralement les sels d'argent sont incolores.

L'*acide chlorhydrique* produit un précipité blanc noirci
sant à la lumière.

L'*acide sulfhydrique* donne un sulfure noir.

La *potasse* provoque un précipité brun d'oxyde.

L'*iodure de potassium* produit un précipité jaune.

Le *zinc*, agité dans la solution d'un sel d'argent, déplac
ce métal, qui se dépose en poudre grise au fond du vas
Cette poudre, rassemblée et comprimée, offre les propriét
de l'argent.

OR (Au)

(Équivalent = 98,3).

PROPRIÉTÉS PHYSIQUES

696. L'*or*, un des métaux le plus anciennement connus
est d'une belle couleur jaune ; lorsqu'on le polit, il acquier
un éclat remarquable. Sa densité est de 19,3. C'est le plu
malléable et le plus ductile de tous les métaux : on peut l
réduire en feuilles d'un millième de millimètre d'épaisseu
et avec un gramme de ce métal faire un fil de 3 kilomètre
de longueur. L'or fond à 1200° et se volatilise à une température plus élevée.

PROPRIÉTÉS CHIMIQUES

ACTION DES MÉTALLOIDES

697. A aucune température, l'*oxygène* n'a d'action sur l'or.
Au contraire, le *chlore* l'attaque avec la plus grande facilité,

en donnant du chlorure d'or. Si le chlore agit à une température ne dépassant pas 250° à 300°, la combinaison se présente sous la forme de belles aiguilles cristallisées.

ACTION DES MÉTAUX

698. Le *mercure* est le métal qui attaque l'or le plus facilement : il le dissout à toutes les températures.

Le *plomb*, l'*étain*, le *bismuth*, chauffés avec de l'or, le percent, s'allient avec lui, le rendent cassant et impropre à la fabrication des monnaies, inconvénient auquel on remédie en faisant passer un courant de chlore dans l'or en fusion.

ACTION DES ACIDES

699. L'eau régale est le véritable dissolvant de l'or. Les polysulfures alcalins, tels que le sulfhydrate d'ammoniaque, l'attaquent aussi assez facilement en produisant des sulfures acides solubles dans un excès d'alcalin.

ÉTAT NATUREL. — EXTRACTION

700. L'or est un des métaux les plus répandus à l'état natif. On le trouve mêlé aux argiles, aux terrains d'alluvion, aux sables des rivières, dans les roches quartzeuses, soit en paillettes, soit sous forme de petits grains arrondis qui portent le nom de *pépites*. On le trouve également combiné avec des sulfures d'argent, de cuivre, de plomb, etc.

701. Pour extraire l'or des sables, on les soumet à des lavages répétés dans des sébiles de bois : le sable, étant plus léger que l'or, est entraîné, tandis que le métal reste au fond des sébiles. Lorsqu'il ne reste plus que très peu de sable, on ajoute du mercure et l'on obtient un amalgame d'or, dont on extrait l'excès de mercure en le pressant dans une peau de chamois. Enfin on en retire l'or par la distillation. Pour extraire l'or des argiles, des terrains d'alluvion et des roches quartzeuses, on les réduit en une poussière avec laquelle on procède comme avec les sables. L'or obtenu par cette méthode ou par des méthodes analogues n'est pas pur ; il a besoin d'être affiné.

702. C'est généralement de l'argent et du cuivre qui restent mélangés à l'or ; pour l'en débarrasser, on le réduit en petits grains qu'on plonge dans de l'acide sulfurique concentré bouillant : il se forme des sulfates d'argent et de cuivre, et l'or reste libre ; il est alors en poussière ; on le fait fondre et on le coule en lingots.

USAGES

703. L'or sert à fabriquer les monnaies, les médailles, la bijouterie ; à recouvrir divers objets pour les orner ou les préserver de l'action de l'air. A l'état de chlorure, il est employé en photographie et sert à la préparation du *pourpre de Cassius*, dont on fait usage dans la peinture sur porcelaine et sur verre.

TITRES DE L'OR

704. On ajoute à l'or un peu de cuivre pour le rendre plus dur.

Voici les titres prescrits en France pour l'or :

	Titres.	Parties d'or.	Parties de cuivre.
Monnaies....................	$\dfrac{900}{1000}$	900	100
Médailles....................	$\dfrac{916}{1000}$	916	84
Bijoux....................	$\dfrac{750}{1000}$	750	250
	$\dfrac{810}{1000}$	810	160
	$\dfrac{920}{1000}$	920	80

La tolérance sur le titre de l'or des monnaies est de 2 millièmes, dont 1 millième en dessous et 1 millième en dessus. Elle s'élève à 5 millièmes sur le titre des autres objets d'or, tels que les bijoux et les médailles.

DORURE

705. Pour dorer les métaux, on emploie deux méthodes : la dorure au trempé et la dorure galvanique.

Voici en quoi consiste la *dorure au trempé :* on nettoie rigoureusement le métal à dorer, puis on le plonge dans un bain bouillant, contenant 10 kilogrammes d'eau, 5 kilogrammes de bicarbonate de potasse et 75 grammes d'or réduit en chlorure ; on laisse dans le bain le métal à dorer un temps suffisant pour qu'il se couvre d'une couche d'or ; puis on le *met en couleur*, c'est-à-dire qu'on le plonge dans une liqueur contenant de l'azotate de potasse et des sulfates de fer et de zinc.

La *dorure galvanique* est du domaine de la physique.

ESSAI DES ALLIAGES D'OR

706. On peut essayer les alliages d'or par la *coupellation* ou avec la *pierre de touche*; nous ne décrirons que le dernier procédé, qui est le plus employé.

On a : 1° une *pierre de touche*, pierre noire siliceuse très dure, qu'on appelle le *touchau*; 2° des alliages connus disposés en étoile à cinq branches (fig. 112); 3° une liqueur composée d'un mélange de 98 parties d'acide azotique et de 2 parties d'acide chlorhydrique. On trace sur la pierre une raie avec l'or à essayer, puis à côté de cette raie on en trace deux ou trois autres avec les alliages connus. On frotte enfin toutes ces raies avec un bouchon de verre trempé dans la liqueur : le cuivre est dissous et, en comparant l'épaisseur de l'or pur resté sur la pierre pour chaque raie, on peut déterminer le titre de l'or essayé.

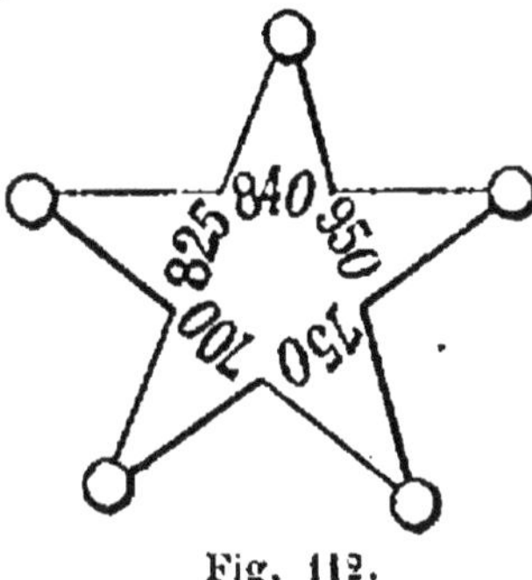

Fig. 112.

CARACTÈRES DES SELS D'OR

707. Les sels d'or en solution sont de couleur jaune.

L'*acide sulfhydrique* produit un sulfure noir soluble dans le sulfhydrate d'ammoniaque.

La *potasse*, versée en très petite quantité, donne un précipité jaune rouge qui se dissout rapidement dans un excès de réactif.

L'*ammoniaque* forme un précipité jaune d'or, qui est fulminant.

L'*acide oxalique* donne d'abord une coloration verte, puis peu à peu un précipité d'or. Il est bon de faire cette réaction à chaud.

Avec l'*iodure de potassium*, il y a mise en liberté de l'iode qui colore la liqueur.

Le *zinc* peut déplacer l'or de ses solutions.

PLATINE (Pt)

(Équivalent = 98,5.)

HISTORIQUE

708. Le *platine* se rencontre dans des sables analogues à ceux où l'on trouve l'or; aussi les mineurs américains le connaissaient depuis longtemps sous le nom de *platina*, mot qui signifie petit argent (de l'espagnol *plata*, argent); mais ce n'est qu'en 1741 qu'il a été introduit en Europe.

PROPRIÉTÉS PHYSIQUES

709. Le *platine* est un métal d'un blanc grisâtre, très malléable, très ductile et très tenace. On peut l'étirer en fils d'un centième de millimètre de diamètre et dont la ténacité est comparable à celle du fer. Des fils de platine presque invisibles sont employés dans certains instruments d'optique.

Chauffé au rouge blanc, le platine, comme le fer, se ramollit ; on peut alors le forger et le souder à lui-même et à l'or sans l'intervention d'un autre métal. Il ne fond qu'aux feux les plus violents de nos forges, mais il fond assez facilement sous la flamme du chalumeau à gaz oxygène et hydrogène.

Le platine se présente soit en poudre, soit en plaque. Dans le premier cas, on l'appelle *éponge* ou *mousse de platine ;* sous tous ses états, il peut absorber et condenser les gaz dans ses pores.

La densité du platine est de 21,5.

PROPRIÉTÉS CHIMIQUES

ACTION DES MÉTALLOÏDES

710. Le platine ne s'oxyde pas à la température ordinaire, mais il devient incandescent au contact d'un mélange d'oxygène et d'hydrogène, qu'il enflamme; ce phénomène se produit surtout lorsque le mélange arrive sur la *mousse* ou l'*éponge de platine*, platine très poreux obtenu par la calcination du chlorure double de platine et d'ammoniaque.

Le *chlore* n'attaque le platine que s'il est pulvérulent et chauffé à 300°.

Le *phosphore* est un des corps qui corrodent le plus facilement le platine ; on doit noter cette action et éviter, dans les laboratoires, de chauffer dans un creuset de platine des substances capables de donner du phosphore, car infailliblement le creuset serait percé.

ACTION DES MÉTAUX

711. Le *plomb*, le *cuivre*, l'*argent* et le *zinc* s'allient facilement au platine.

ACTION DES ACIDES

712. L'acide sulfurique attaque à la longue le platine :

1 000 kilogrammes d'acide sulfurique à 66 pour 100 dissolvent 1 gramme de platine.

1 000 kilogrammes d'acide sulfurique à 95 pour 100 dissolvent 7 grammes de platine.

1 000 kilogrammes d'acide sulfurique à 99 pour 100 dissolvent 9 grammes de platine.

L'eau régale l'attaque aussi.

Le cyanure de potassium peut se combiner avec le platine et former du platino-cyanure de potassium. Ce sel, ainsi que le chlorure de platine, peut donner lieu à des combinaisons cristallines avec l'ammoniaque. Les produits obtenus sont généralement remarquables par leurs effets.

ÉTAT NATUREL. — EXTRACTION

713. On trouve le platine à l'état natif, mais allié avec beaucoup d'autres métaux, notamment l'or et l'argent, dont on le débarrasse en le mélangeant avec du mercure, qui s'empare de ces deux métaux. On traite ensuite le minerai par l'eau régale concentrée. On obtient ainsi de la mousse de platine, qu'on réduisait autrefois en lames par le marteau, mais que MM. Debray et Henri Sainte-Claire-Deville ont trouvé le moyen de fondre.

USAGES

714. Le platine est surtout employé pour la fabrication des appareils de laboratoire, creusets, alambics, etc.; l'usage n'en est pas très répandu, parce que le prix en est très élevé.

CARACTÈRES DES SELS DE PLATINE

715. L'*acide sulfhydrique* provoque une coloration brune suivie peu après d'un précipité de sulfure noir.

La *potasse*, l'*ammoniaque*, le *carbonate de potasse* produisent des précipités jaunes ou jaune brun.

L'*iodure de potassium* donne naissance à une coloration brun rouge et ensuite à un précipité très brun.

716. Tableau résumant les propriétés des métaux.

NOMS.	PROPRIÉTÉS PHYSIQUES.	PROPRIÉTÉS CHIMIQUES.	PRÉPARATION.
Potassium, K.	Dur à 0° : mou à la température ordinaire : densité = 0,865 : blanc, fusible à 62°.	S'oxyde à l'air : avec HO donne KOH ; attaqué par Cl: amalgame avec Hg.	1° Potasse électrolysée. 2° Carbonate de potasse traité par le charbon.
Sodium, Na.	Mou : densité = 0,97 ; fusible à 95° : blanc d'argent.	O l'oxyde, ainsi que HO ; Cl, Br, le l'attaquent.	1° Soude électrolysée. 2° Carbonate de soude réduit par le charbon.
Calcium, Ca.	Blanc jaunâtre.	L'oxygène humide l'attaque.	Électrolyse de son chlorure.
Aluminium, Al.	Bleuâtre ; densité = 2,56 ; fond vers 750° : sonore, ductile.	Seuls l'acide chlorhydrique et les alcalis s'y combinent.	Chlorure d'aluminium traité par le sodium.
Magnésium, Mg.	Blanc : densité = 1,75 ; fond à 520° ; peu ductile.	O humide le corrode ; brûle dans O avec rayons très photogéniques ; décompose l'eau avec acides faibles.	Chlorure de magnésium décomposé par le sodium.
Zinc, Zn.	Bleu gris : densité = 6,85 ; fusible à 410° ; ductile à 100° à 150.	Ses vapeurs brûlent dans O: attaqué par les alcalis ; décompose l'eau avec les acides.	Blende grillée traitée par le charbon.
Fer, Fe.	Blanc gris ; densité = 7,84 : fusible à 1500° : ductile, malléable, magnétique.	S'unit à tous les métalloïdes ; décompose l'eau à haute température.	Réduction d'un oxyde par le charbon.
Étain, Sn.	Blanc, odorant; densité = 7,2 ; fond à 228° : cristallin.	S'oxyde à 200° ; attaqué par AzO5.	Bioxyde et charbon.
Plomb, Pb.	Blanc, mou, malléable ; densité = 11,35 fusible à 335°.	Chauffé, donne des oxydes: oxydé dans l'eau pure : non oxydé dans l'eau ordinaire.	Sulfure de plomb et sulfate de plomb.
Cuivre, Cu.	Rouge, odorant, malléable : densité = 8,79 ; fond à 1150°.	Altérable à l'air humide, soluble dans AzH3 et dans les acides.	Griller le sulfure.
Mercure, Hg.	Liquide, blanc, solide à — 40° ; bout vers 357 à 360°.	Oxydé à l'air par la chaleur, attaqué par Cl, S et AzO5 ou SO3.	Sulfure chauffé.
Argent, Ag.	Blanc : roche ; densité = 10,55 ; fond à 1000°; ductile.	Attaqué par S et Cl, puis par les acides, surtout AzO5.	Naturel ou chloruration et amalgame.
Or, Au.	Jaune rouge : densité = 19,3 ; fond à 1200°: ductile, malléable.	Corrodé par Ph, As, Cl, Br, Hg.	Naturel (amalgamation).
Platine, Pt.	Blanc, mou : densité = 21,5; fond à 2000° ; absorbe les gaz.	Attaqué par S, As, Ph, Si, Zn et Pb.	Eau régale, minerai et AzH4, Cl.

717. Tableaux des protoxydes.

NOMS.	PROPRIÉTÉS PHYSIQUES.	PROPRIÉTÉS CHIMIQUES.	PRÉPARATION.
otasse, KO,HO.	Solide, blanc, fusible, soluble, caustique.	Base énergique, prend CO^2 à l'air. Précipite les oxydes.	Carbonate de potasse traité par la chaux éteinte.
oude, NaO,HO.	Solide, fusible, soluble, caustique.	Se décompose au rouge blanc, prend CO^2 à l'air.	Carbonate de soude et chaux éteinte.
haux, CaO.	Blanche, infusible.	Indécomposable par la chaleur, absorbe CO^2 et HO.	Chauffer de la craie.
CaO,HO.	Cristaux peu solubles.	Absorbe CO^2.	Eau sur la chaux vive.
lagnésie. MgO.	Blanche, infusible, soluble.	Indécomposable par la chaleur, base énergique, s'hydrate difficilement.	Calciner l'hydrocarbonate de magnésie.
MgO,HO.	Blanche.	Absorbe CO^2.	Sel de magnésie traité par une solution de KO,HO.
Protoxyde de zinc, ZnO.	Blanc, presque insoluble, infusible, jaunit par la chaleur.	Oxyde indifférent; n'absorbe pas CO^2; s'hydrate; se combine aux alcalis.	Oxydation directe du zinc.
Protoxyde de fer, FeO,HO.	Précipité blanc.	Passe rapidement à l'état de Fe^2O^3 par l'oxygène.	Potasse sur sel de fer.
Protoxyde de plomb, PbO.	Poudre jaune fusible, soluble dans l'eau distillée.	Soluble dans la potasse. Absorbe l'oxygène; réduit par C.	Calciner le plomb à l'air.
PbO,HO.	Précipité blanc soluble dans l'eau distillée.	Id.	Sel de plomb traité par l'ammoniaque.

718. Tableau des protoxydes (suite).

NOMS.	PROPRIÉTÉS PHYSIQUES.	PROPRIÉTÉS CHIMIQUES.	PRÉPARATION
Oxyde de cuivre, CuO. CuO,HO.	Poudre noire, insoluble. Précipité bleu.	Soluble dans AzH^3, réduit par C et H. Bouilli avec de l'eau, donne CuO. Soluble dans l'ammoniaque; dissout la cellulose.	Calciner l'azotate de cuivre. Traiter un sel cuivrique par une solution de potasse.
Oxyde de mercure, HgO.	Poudre rouge ou jaune, suivant le mode de préparation.	Rouge, peu attaqué par Cl; jaune, attaqué par Cl, combinaison avec AzH^3.	1° Calciner le mercure. 2° Précipiter un sel mercurique par KO,HO.
Oxyde d'argent, AgO. AgO,HO.	Poudre noire, insoluble. Poudre brun clair.	Donne un fulminate avec l'ammoniaque. Base puissante.	Faire bouillir du chlorure d'argent avec de la potasse. Traiter de l'azotate d'argent par une solution de potasse.
Oxyde de platine, PtO.	Poudre noire, insoluble.	Est décomposable par la chaleur; se dissout dans les acides et surtout dans la potasse bouillante.	Faire passer une dissolution de potasse dans du protochlorure de platine.

719. Tableau des sesquioxydes.

NOMS.	PROPRIÉTÉS PHYSIQUES.	PROPRIÉTÉS CHIMIQUES.	PRÉPARATION.
Sesquioxyde d'alumine (corindon, rubis, émeri, terre glaise). Al^2O^3.	Corps cristallisé naturellement ; peut être malaxé avec de l'eau ; insoluble, infusible.	Presque insoluble dans les acides.	Calcination de l'alun ammoniacal.
$Al^2O^3,3HO$.	Précipité gélatineux insoluble.	Indécomposable par la chaleur, soluble dans les acides et dans les alcalis ; retient les matières colorantes.	Traiter l'alun par le carbonate d'ammoniaque.
Sesquioxyde de fer (fer oligiste, hématite rouge), Fe^2O^3.	Corps cristallisé ou amorphe, couleur rougeâtre.	Insoluble dans les acides. Minerai de fer.	Calciner le sulfate ferrique.
$2Fe^2O^3,3HO$ (limonite)	Poudre brune, insoluble.	Soluble dans les acides quand il n'a pas été chauffé. Oxyde indifférent ; indécomposable par la chaleur.	Traiter un sel ferrique par l'ammoniaque.
Sesquioxyde d'or, Au^2O^3.	Poudre noire, insoluble.	Décomposable par la lumière et par la chaleur ; forme des combinaisons avec les bases.	Calcination de l'hydrate.
$Au^2O^3 + 8HO$.	Poudre brune.	Id.	Prendre du chlorure d'or et le traiter par le carbonate de soude.

720. Tableau des sous-chlorures et des protochlorures.

NOMS.	PROPRIÉTÉS PHYSIQUES.	PROPRIÉTÉS CHIMIQUES.	PRÉPARATION.
Sous-chlorure de cuivre, Cu^2Cl.	Poudre blanche, cristalline, insoluble dans l'eau pure.	Soluble dans AzH^3 et dans HCl ; absorbe O. Décomposé par la lumière.	Cuivre, acide chlorhydrique, puis étendre d'eau.
Sous-chlorure de mercure, Hg^2Cl.	Cristaux transparents, insolubles.	Décomposé par la lumière, noirci par l'ammoniaque.	Sulfate mercurique traité par le sel et mercure en excès.
Chlorure de sodium, $NaCl$.	Cristaux cubiques, fusibles, solubles dans l'eau.	S'hydrate par refroidissement.	1° Sel gemme. 2° Sel marin.
Chlorure de calcium, $CaCl$.	Corps cristallisé, soluble.	Très avide d'eau.	Calciner le chlorure hydraté.
Chlorure de magnésium, $MgCl$.	Cristallisé, soluble.	Très avide d'eau.	Précipiter par le chlorhydrate d'ammoniaque le chlorure hydraté.
Chlorure de zinc, $ZnCl$.	Corps blanc, fusible à 250°, soluble.	Très avide d'eau, caustique.	Zinc et acide chlorhydrique.
Chlorure de plomb, $PbCl$.	Poudre blanche, insoluble à froid, soluble à chaud.	Pord du chlore à l'air et s'y oxyde.	Litharge et acide chlorhydrique.
Chlorure mercurique, $HgCl$.	Solide, incolore ; soluble dans l'eau, l'alcool, l'éther. Poison.	Dissout HgO, se combine à HCl et avec les chlorures alcalins.	Sulfate mercurique et sel.
Chlorure d'argent, $AgCl$.	Précipité blanc caillebotté ; insoluble ; fond à 260°.	Décomposé par la lumière ; soluble dans AzH^3. Décomposé par le fer, le zinc, la potasse.	Argent et acide chlorhydrique.

721. Tableau des protosulfures métalliques.

NOMS.	PROPRIÉTÉS PHYSIQUES.	PROPRIÉTÉS CHIMIQUES.	PRÉPARATION.
Sulfure de potassium, KS.	Solution incolore.	S'oxyde à l'air et se colore ; donne des polysulfures avec du soufre ; très altérable.	Traiter la potasse par l'acide sulfhydrique.
Sulfure de sodium. NaS $+ 9$HO.	Cristaux peu solubles.	Moins altérable que le sulfure précédent.	Acide sulfhydrique et soude concentrée.
Sulfure de zinc, ZnS (blende)	Solide, dimorphe ; cristallise en cube ou en hexagone.	Oxydé par le grillage à l'air.	Naturel.
ZnS, HO	Sulfure blanc.		Traiter un sel de zinc par AzH⁴S.
Sulfure de fer, FeS.	Noir (fer météorique).	Avec l'acide chlorhydrique donne HS et Fe²Cl³.	Chauffer du soufre avec de la limaille de fer.
Sulfure d'étain, SnS.	Solide noir brun, insoluble dans l'eau.	Soluble dans les sulfures alcalins, décomposable par l'acide sulfurique.	Sel de protoxyde avec solution de HS.
Sulfure de plomb, PbS (galène).	Cristaux cubiques à l'état bleuâtre ou poudre noire volatilisable au rouge.	L'acide chlorhydrique donne HS et Pb Cl ; l'acide azotique l'oxyde énergiquement.	Naturel. Sel de plomb et HS.
Sulfure de cuivre, CuS.	Solide noir, insoluble.	S'oxyde à l'air humide ; se décompose par la chaleur.	Sel de cuivre et HS.
Sulfure de mercure, HgS (cinabre).	Solide en masses rouges violacées ou noir par précipitation, devenant rouge par la chaleur.	Grillé à l'air, on a Hg et SO² ; réduit par l'hydrogène, le charbon et les métaux ; soluble dans l'eau régale.	Naturel. Sel de mercure et HS, mercure et soufre.

722. Tableau des carbonates.

NOMS.	PROPRIÉTÉS PHYSIQUES.	PROPRIÉTÉS CHIMIQUES.	PRÉPARATION.
Carbonate de potasse. KO, CO^2. (Potasse du commerce).	Solide, blanc déliquescent, soluble, fond au rouge.	Décomposable par l'eau, et on a KO, HO, par le charbon.	1° Lessiver des cendres et faire cristalliser. 2° Calciner du bioxalate de potasse.
Carbonate de soude, NaO, CO^2.	Prismes obliques, efflorescents, solubles dans l'eau.	Décomposable par l'eau et le carbone.	1° Traiter le sulfate de soude par le charbon et la craie. 2° Sel et chlorhydrate d'ammoniaque et acide carbonique
Carbonate de chaux, CaO, CO^2.	Solide { Spath, a-ragonite, amorphe } Insoluble dans l'eau non chargée d'acide carbonique	Décomposable par la chaleur en chaux et CO^2; soluble dans les acides.	1° CO^2 sur la chaux en vase clos. 2° Sel de chaux et carbonate de soude.
Carbonate de magnésie, $MgO, CO^2 + 3 HO$.	Aiguilles cristallines.	Perdent leur eau par la chaleur.	Sel de magnésie traité par le carbonate de soude.
Carbonate de fer, FeO, CO^2.	Cristaux rhomboïdaux.	Décomposable en acide carbonique et en Fe^2O^3 par la chaleur. Le carbonate artificiel absorbe l'oxygène de l'air.	Naturel. Traiter le sulfate ferreux par le carbonate de soude.
Carbonate de plomb, PbO, CO^2 (céruse).	Corps cristallisé, ou en poudre amorphe (céruse), blanc, insoluble dans l'eau.	Corps soluble dans les acides ; traité par la chaleur, on obtient de la mine orange (oxyde de plomb).	Plomb traité par l'acide acétique, puis par un courant d'acide carbonique.
Carbonate de cuivre, malachite $(CuO, CO^2) + CuO, OH$.	Poudre verte } insolubles.	Solubles dans les acides.	Solution chaude de sulfate de cuivre et carbonate de soude.
Azurite $2 (CuO, CO^2) + CuO, HO$.	Poudre bleue }		

723. Tableau des sulfates.

NOMS.	PROPRIÉTÉS PHYSIQUES.	PROPRIÉTÉS CHIMIQUES.	PRÉPARATION.
Sulfate de potasse, KO, SO^3.	Cristaux peu solubles, saveur amère.	Indécomposable par la chaleur ; donne un bisulfate avec SO^3 et un alun avec $Al^2O^3, 3SO^3$.	1° Lessiver des cendres de varechs. 2° Calciner le sulfate acide.
Sulfate de soude, NaO, SO^3 (sel de Glauber).	Cristaux solubles dans l'eau ; peut donner la sursaturation.	S'empare de l'eau et peut devenir efflorescent ; non décomposable par la chaleur.	Sel et acide sulfurique.
Sulfate d'ammoniaque, AzH^3, HO, SO^3.	Cristaux très solubles dans l'eau.	Décomposable par la chaleur.	Ammoniaque et acide sulfurique.
Sulfate de chaux. $CaO, SO^3 + 2HO$.	Cristaux blancs, clivables, un peu solubles dans l'eau.	Perd de l'eau par la chaleur en donnant le plâtre, mais la décomposition ne va pas plus loin.	Naturel.
Sulfate d'alumine, $Al^2O^3, 3SO^3 + 18HO$.	Cristaux solubles dans 2 fois leur poids d'eau.	Se déshydrate par la chaleur, puis se décompose en SO^3 et Al^2O^3.	Naturel. Alumine et acide sulfurique.
Sulfate de magnésie, $MgO, SO^3 + 7HO$.	Aiguilles soyeuses, solubles dans l'eau ; saveur amère.	Décomposable au rouge, après avoir perdu son eau. Sel purgatif.	1° Évaporer l'eau de certaines sources. 2° Sulfate de chaux en solution et dolomie.
Sulfate de zinc, $ZnO, SO^3 + 7HO$.	Cristaux efflorescents, peu solubles dans l'eau ; saveur âcre.	Se déshydrate par la chaleur, et au rouge vif on a SO^3, SO^2, O et ZnO.	1° SO^3 sur zinc. 2° Grillage de la blende.
Sulfate de fer, $FeO, SO^3 + 7HO$.	Cristaux verts, solubles dans l'eau.	Se déshydrate par la chaleur, puis donne SO^3 et $SO^2 Fe^2O^3$; s'oxyde à l'air ; réduit les sels d'or ; réducteur.	Grillage des pyrites.
Sulfate de cuivre. $CuO, SO^3 + 5HO$.	Cristaux bleus, très solubles dans l'eau.	Se déshydrate par la chaleur et donne SO^3, SO^2, O, CuO.	1° Pyrites cuivreuses grillées. 2° Cuivre, soufre, grillage. 3° SO^3 sur cuivre.

NOMS.	PROPRIÉTÉS PHYSIQUES.	PROPRIÉTÉS CHIMIQUES.	PRÉPARATION.
Azotate de potasse, KO,AzO^5.	Cristaux fort solubles dans l'eau chaude, blancs.	Décomposé par la chaleur en O, Az et KO. Oxydant énergique.	Naturel. Nitrate de soude et chlorure de potassium.
Azotate de soude, NaO,AzO^5.	Cristaux solubles, blancs, déliquescents.	Inaltérable à l'air sec; se décompose comme le précédent.	Naturel. — Mines du Pérou.
Azotate de plomb, PbO,AzO^5.	Cristaux solubles, blancs.	Décomposable par la chaleur en O et en AzO^4. Dissout l'oxyde de plomb.	Dissoudre la litharge dans l'acide azotique.
Azotate de cuivre, $CuO,AzO^5 + 3HO$.	Cristaux bleus, solubles dans l'eau.	La chaleur le transforme en sous-azotate, puis en oxyde cuivrique (CuO).	Cuivre traité par l'acide azotique.
Azotate mercurique, $HgO,AzO^5 + 1/2HO$.	Sel soluble, blanc.	Caustique. Avec l'eau donne différents hydrates.	Mercure avec acide azotique à l'ébullition.
Azotate d'argent, AgO,AzO^5.	Cristaux solubles dans leur poids d'eau froide, fusibles, blancs.	Au rouge vif, on a $Az + O$ et Ag. Caustique. Décomposé par la lumière; attaque les tissus organiques; réduit par les glucoses. Corps vénéneux.	Monnaie d'argent traitée par l'acide azotique.

ANALYSE DES SELS ET DES GAZ

RECHERCHE DE LA BASE D'UN SEL

725. La reconnaissance d'un sel métallique a pour base l'emploi des propriétés caractéristiques du métal qui y entre. La solubilité ou l'insolubilité des métaux dans certains corps appelés réactifs, ainsi que la coloration des précipités qui peuvent se former au cours des opérations, sont les points de repère qui permettent d'arriver à la solution du problème.

L'analyse qualitative d'un sel nécessite un outillage dont voici le détail : 1° réactifs très purs ; 2° tubes de verre dits tubes à analyse, longs de 15 à 20 centimètres et fermés à une de leurs extrémités ; 3° coupelles de porcelaine, entonnoirs de verre et baguettes de verre ; 4° lampe à alcool et à bec de Bunsen.

Voici le tableau des réactifs nécessaires :

Eau distillée.	Sulfhydrate d'ammoniaque.
Acide chlorhydrique.	Chlorure de baryum.
Acide sulfhydrique.	Cyanure jaune.
Acide sulfurique.	Carbonate de potasse.
Acide acétique.	Carbonate de soude.
Acide azotique.	Carbonate d'ammoniaque.
Azotate d'argent.	Phosphate de soude.
Papiers de tournesol.	Iodure de potassium.
Potasse (oxyde).	Zinc métallique.
Soude (oxyde).	Sulfate ferreux.
Ammoniaque.	Cyanure rouge.
Chlorhydrate d'ammoniaque.	

Ces différents corps, très purs et en solution, sont placés dans des flacons d'où on les puise au moyen d'un tube de verre droit traversant leur bouchon et formant pipette.

726. Il y a d'abord deux cas à considérer : 1° le corps soumis à l'analyse est solide ; 2° le corps est dissous ou soluble dans l'eau sans résidu.

727. Quand le corps soumis à l'analyse est solide, on essaye de le dissoudre par l'eau ; s'il reste un résidu, on filtre la liqueur et l'on reprend ce résidu par l'acide chlorhydrique, l'acide sulfurique ou l'acide azotique, tant qu'il reste de la substance.

Les diverses solutions sont mises à part dans des verres séparés et sont traitées comme dans le second cas.

728. Quand le corps est dissous ou soluble dans l'eau sans résidu, on met dans un tube à essai un peu de la solution, qui est alors acidulée de quelques gouttes *d'acide chlorhydrique* et d'eau distillée ; il se présente deux cas : 1° il y a un précipité blanc ; 2° il n'y a pas de précipité.

729. 1° *La solution chlorhydrique donne un précipité blanc.*

Si le précipité noircit à la lumière et se dissout dans l'ammoniaque......	la base est *argent.*
Si le précipité, traité par l'ammoniaque, noircit......	— *mercure.*
Si le précipité est soluble à chaud et si la liqueur primitive avec du chromate de potasse donne un précipité jaune......	— *plomb.*

2° *La solution chlorhydrique ne donne pas de précipité.*

730. Si la solution chlorhydrique ne donne pas de précipité, ajouter de l'*acide sulfhydrique*, qui donne (A) ou ne donne pas de précipité (B).

731. (A) *L'acide sulfhydrique donne un précipité.*

Si l'acide sulfhydrique donne un précipité, on attaque ce précipité par le sulfhydrate d'ammoniaque.

732. (a) *Le sulfure précipité par l'acide sulfhydrique est soluble dans le sulfhydrate d'ammoniaque.*

Sulfure brun.	La liqueur primitive traitée par le chlorure d'or donne un précipité couleur pourpre......	la base est *étain.*
Sulfure noir.	La liqueur primitive donne avec l'acide oxalique un précipité de sous-oxyde...... avec le sous-chlorure de zinc un précipité brun......	— *or.*
Sulfure orange	La liqueur primitive se trouble par l'eau......	— *antimoine.*
Sulfure jaune.	Ce sulfure grillé dans une coupelle donne un corps blanc insoluble dans l'ammoniaque...	— *étain.*
	Avec l'azotate d'argent on a un précipité rouge brique......	— *arsenic.*

733. *(b) Le sulfure précipité par l'acide sulfhydrique et attaqué par le sulfhydrate d'ammoniaque y est insoluble.*

Sulfure noir.	La liqueur primitive avec la potasse(KO,HO)donne	un précipité jaune.	la base est	*mercure.*
		un précipité bleu.	—	*cuivre.*
	La liqueur primitive avec l'iodure de potassium donne	un précipité brun....	—	*bismuth.*
Sulfure jaune.	Avec la potasse (KO,HO) la liqueur primitive donne un précipité blanc...............		—	*cadmium.*

734. *(B). L'acide sulfhydrique ne donne pas de précipité.*

Si l'acide sulfhydrique ne donne pas de précipité, reprendre la liqueur primitive, y ajouter quelques gouttes d'*acide azotique*, puis chauffer légèrement le tube. Cela fait, mettre dans le mélange du *chlorhydrate d'ammoniaque* en excès, puis *de l'ammoniaque :* il y a un précipité (C); il n'y a pas de précipité (D).

735. (C). *Il y a un précipité.*

Si ce précipité est blanc gélatineux ou opalescent..	la base est	*aluminium.*
— brun rouille.................	—	*fer.*
— vert ou violacé.............	—	*chrome.*

736. (D). *Il n'y a pas de précipité.*

S'il n'y a pas de précipité, on neutralise la liqueur par l'ammoniaque, ce que l'on voit en y plongeant un papier rouge de tournesol, qui doit y bleuir; puis on verse dans cette liqueur du *sulfhydrate d'ammoniaque :* 1° il y a un précipité de sulfure; 2° il n'y a pas de précipité.

737. 1° *Il y a un précipité de sulfure.*

Sulfure blanc...........................		la base est	*zinc.*
— rose clair....................		—	*manganèse.*
— noir. La potasse donne un précipité bleu.		—	*nickel.*
	— — précipité vert.	—	*cobalt.*

738. 2° *Il n'y a pas de précipité.*

S'il n'y a pas de précipité, ajouter à la liqueur primitive du *carbonate de soude* et faire bouillir la solution pendant quelque temps : (c) il y a un précipité; (d) il n'y a pas de précipité.

739. (c). *Il y a un précipité.*

S'il y a un précipité, on le redissout dans l'*acide chlorhy-*

drique et l'on verse dans la liqueur du *chlorhydrate d'ammoniaque*, puis du *carbonate d'ammoniaque* :

Pas de précipité. Le phosphate de soude y donne un précipité cristallin........................... la base est *magnésium.*

Précipité blanc.	Tremper une allumette dans la solution primitive et brûler.	Si la flamme est violacée.	—	*calcium.*
		— rouge..	—	*strontium.*
		— verte ..	—	*baryum.*

740. (*d*). *Il n'y a pas de précipité.*

La liqueur primitive avec l'acide picrique donne un précipité jaune.......................... La base est *potassium.*
Une allumette trempée dans la solution et brûlée donne une flamme jaune..................... — *sodium.*

RECHERCHE DE L'ACIDE D'UN SEL

741. Les sels que l'on peut donner dans les manipulations étant généralement des chlorures, des sulfates, des carbonates ou des azotates, nous ne nous occuperons que de ceux-là.

On verse en petite quantité la solution saline dans un tube à essai, puis on y fait tomber quelques gouttes d'*acétate de baryum :* 1° il n'y a pas de précipité; 2° il y a un précipité.

742. 1° *Il n'y a pas de précipité.*

On met dans la liqueur quelques copeaux de cuivre et l'on chauffe. S'il se produit des vapeurs rouges, le sel est un *azotate.*

Il n'y a pas de vapeurs rouges; traitée par quelques gouttes d'*azotate d'argent*, la liqueur donne un précipité blanc noircissant à la lumière et soluble dans l'ammoniaque : le sel analysé est un *chlorure.*

743. 2° *Il y a un précipité.*

Mettre de l'acide azotique.

Pas de résidu, dégagement avec effervescence : le sel employé est un *carbonate.*

Un résidu et pas d'effervescence : le sel employé est un *sulfate.*

ANALYSE DES GAZ

744. Le gaz à analyser est contenu dans un tube à essai plongé verticalement dans une cuve à eau. On fait passer dans ce tube un fragment de potasse avec un peu d'eau, on en bouche l'orifice avec le pouce, puis on agite la solution alcaline.

Il y a deux cas : 1° absorption du gaz ; 2° pas d'absorption du gaz.

Une autre éprouvette remplie du même gaz étant approchée d'une flamme, on voit que le gaz est ou n'est pas inflammable.

Ces réactions permettent déjà d'avoir un classement de ces corps ; d'autres réactions permettent d'en déterminer exactement la nature ; en voici le tableau :

Gaz absorbables par une solution alcaline.

Gaz inflammables. — On a sur l'éprouvette un dépôt :
- jaune.................... Acide sulfhydrique.
- rouge.................... Acide sélénhydrique.
- gris..................... Acide tellurhydrique.

La flamme est pourpre................................. Cyanogène.

Gaz non inflammables.

Le gaz est rouge.
- Il ternit le mercure.................... Brome.
- Vapeurs rutilantes.................... Acide hypoazotique.

Le gaz est verdâtre.................................... Chlore.

Le gaz est incolore.
- Fumées blanches à l'air, odeur d'acide........ Acide chlorhydrique.
- Pas de fumée à l'air.
  - Odeur irritante. Bleuit le papier de tournesol.............. Ammoniaque.
  - Odeur vive. Acide azotique donne vapeurs rutilantes........ Acide sulfureux.
  - Pas d'odeur. Trouble l'eau de chaux.................... Acide carbonique.

Gaz non absorbables par une solution alcaline.

Gaz inflammables.

Flamme éclairante.
- Dépôt rougeâtre..................... Hydrogène phosphoré.
- Odeur d'ail :..................... Hydrogène arsénié.

Flamme éclairante.
- Avec le sous-chlorure ammoniacal.
  - Dépôt rougeâtre. Odeur...... Acétylène.
  - Rien......... Hydrogène bicarboné.
- Flamme pâle....................... Hydrogène.

Gaz non inflammables.
- Rougit à l'air. Absorbé par sulfate ferreux.................. Bioxyde d'azote.
- Avec bioxyde d'azote donne vapeurs rutilantes............... Oxygène.
- Avec bioxyde d'azote pas de vapeurs rutilantes............. Protoxyde d'azote.
- Propriétés négatives, nulles................................ Azote.

QUATRIÈME PARTIE

SUBSTANCES ORGANIQUES

NOTIONS GÉNÉRALES

COMPOSITION ÉLÉMENTAIRE

745. On a donné le nom de *matières organiques, substances organiques*, aux matières provenant des organes des êtres organisés vivants, c'est-à-dire des animaux et des végétaux. Ces matières contiennent toutes du carbone combiné avec de l'hydrogène, de l'oxygène ou de l'azote. Les unes sont des composés binaires, ne comprenant que du carbone et de l'hydrogène, comme l'*essence de térébenthine;* les autres, des composés ternaires, ne comprenant que du carbone, de l'hydrogène et de l'oxygène, comme le *sucre;* quelques-unes des composés quaternaires, contenant du carbone, de l'hydrogène, de l'oxygène et de l'azote, comme la *quinine.* On y rencontre parfois, mais en très petite quantité, du phosphore, du soufre, du chlore, du brome, de l'iode et quelques métaux. Le carbone, comme on le voit, existe dans toutes; aussi a-t-on pu dire que la chimie organique n'est qu'un chapitre de la chimie générale ayant pour objet l'étude du carbone et de ses composés.

ANALYSE

746. Pour étudier les matières organiques, on a recours à deux espèces d'analyses : l'analyse immédiate et l'analyse élémentaire.

Les matières organiques sont mélangées entre elles dans les êtres vivants; pour pouvoir les étudier, il est indispensable de les séparer les unes des autres : c'est le but de *l'analyse immédiate.* Suivant les substances à analyser, on emploie des moyens mécaniques ou des réactifs chimiques

Dès qu'on a obtenu une substance organique isolée et pure, on la soumet à *l'analyse élémentaire*, qui a pour but de déterminer la composition de cette substance en corps simples.

747. A un autre point de vue, on distingue l'analyse qualitative et l'analyse quantitative.

Par *l'analyse qualitative* on recherche la nature des corps simples composant la matière donnée.

Pour savoir si le corps composé contient du carbone, on le calcine et on en envoie les vapeurs dans un tube de porcelaine rouge ; quelle que soit la méthode employée, les corps contenant du carbone laissent un dépôt de charbon.

On reconnaît qu'un corps composé contient de l'hydrogène, à ce que, ce corps étant décomposé par la chaleur, il se dégage un gaz qu'on peut enflammer à l'air et qui réduit l'oxyde de cuivre.

Si le corps composé contient de l'oxygène, on trouve des traces d'eau ou d'acide carbonique lorsqu'on fait passer sa vapeur à travers un tube chauffé au rouge ou qu'on le distille.

Si l'azote entre dans le corps composé, des vapeurs ammoniacales s'en dégagent lorsqu'on le chauffe avec un hydrate alcalin.

On reconnaît facilement la présence du phosphore et du soufre dans le corps composé en le mélangeant avec un sel de potasse et en jetant le mélange dans un creuset chauffé au rouge : le phosphore et le soufre forment de l'acide phosphorique et de l'acide sulfurique, etc.

L'analyse quantitative est la recherche des proportions des corps qui entrent dans la combinaison. On décompose la matière donnée et l'on recueille, soit directement, soit en les mettant en contact avec des substances absorbantes, les corps simples dont cette matière est formée : dans les deux cas, la pesée donne les résultats cherchés.

SYNTHÈSE

748. On est arrivé à reconstituer par la *synthèse* les matières organiques ; c'est à M. Berthelot qu'est due la synthèse la plus complète. Il a recomposé l'acétylène avec ses éléments, en faisant passer un courant d'hydrogène dans un ballon où, entre deux crayons de charbon de cornue, se produit un arc voltaïque d'une pile de 50 éléments.

CLASSIFICATION

749. On a partagé les substances organiques, d'après leurs propriétés chimiques, en sept classes : 1° les carbures d'hydrogène, 2° les alcools, 3° les éthers, 4° les aldéhydes, 5° les acides, 6° les alcalis, 7° les amides.

750. Les *carbures d'hydrogène* sont les composés organiques les plus simples ; ils ne contiennent que deux éléments : charbon et hydrogène. Nous citerons parmi ces carbures le *protocarbure d'hydrogène* ou *gaz des marais* (C^2H^4), le *bicarbure d'hydrogène* ou *gaz oléfiant* (C^4H^4), l'*acétylène* (C^4H^2), la *benzine* ($C^{12}H^6$), la *naphtaline* ($C^{20}H^8$), l'*anthracène* ($C^{28}H^{10}$), l'*essence de térébenthine* ($C^{20}H^{16}$), les *pétroles* (équivalents variables).

751. Les *alcools* sont des combinaisons de carbures d'hydrogène avec les éléments de l'eau : tel est l'alcool ordinaire ($C^4H^6O^2$).

752. Les *éthers* renferment les mêmes éléments que les alcools, mais ce sont des corps plus compliqués. Exemples : l'*éther acétique* [C^4H^4 ($C^4H^4O^4$)], l'*éther ordinaire* ($C^8H^{10}O^2$).

753. Les *aldéhydes* ont les mêmes éléments que les alcools et les éthers ; mais le nombre des éléments d'hydrogène y est moindre. Exemples : l'*essence d'amandes amères* ou *aldéhyde benzylique* ($C^{14}H^6O^2$), le *camphre* ($C^{20}H^{16}O^2$).

754. Les *acides* sont eux aussi composés des mêmes éléments que les alcools, les éthers et les aldéhydes ; mais le nombre des éléments d'oxygène est augmenté. Exemples : l'*acide formique* ($C^2H^2O^4$), l'*acide acétique* ($C^4H^4O^4$), l'*acide oxalique* ($C^4H^2O^8$), l'*acide tartrique* ($C^8H^6O^{12}$), l'*acide citrique* ($C^{12}H^8O^{14}$), l'*acide lactique* ($C^8H^6O^6$), l'*acide stéarique* ($C^{36}H^{36}O^4$).

755. Les *alcalis* sont des combinaisons des alcools et des aldéhydes avec l'ammoniaque ; il y a lieu, par suite, de remarquer que l'azote entre dans les alcalis. Exemples : l'*aniline* ($C^{12}H^4$, AzH^3) ; la *nicotine* ($C^{20}H^{14}Az^2$) ; la *cicutine*, nommée aussi *conicine* ou *conine* ($C^{16}H^{13}Az$) ; la *morphine* ($C^{34}H^{19}AzO^6$) ; la *quinine* ($C^{40}H^{24}Az^2O^4$) ; la *strychnine* ($C^{42}H^{22}Az^2O^4$). Les alcalis se divisent en *amines* et *alcaloïdes*.

756. Les *amides* sont des combinaisons des acides avec l'ammoniaque ; l'azote fait donc partie de ces combinaisons. Exemples : l'*urée* ($C^2H^4Az^2O^2$), l'*indigo* ($C^{16}H^5AzO^2$).

CARBURES D'HYDROGÈNE

757. Nous avons déjà vu (n° 396) qu'on trouve dans l[a]
nature un grand nombre de carbures d'hydrogène. Nous e[n]
avons même étudié deux très importants : le *protocarbur[e]
d'hydrogène* ou *gaz des marais* (n°s 397 à 402) et le *bicarbur[e]
d'hydrogène* ou *gaz oléfiant* (n°s 403 à 407). Nous n'avo[ns]
donc à nous occuper ici que des autres carbures d'hydro[-]
gène, après avoir rappelé que tous brûlent facilement e[t]
sont décomposables par la chaleur en carbone et en hydro[-]
gène. Le chlore peut les attaquer. A mesure que le nombr[e]
d'équivalents de carbone augmente, les carbures tenden[t]
vers l'état solide.

ACÉTYLÈNE (C^4H^2).

(Équivalent en poids = 26; en volume = 4.)

758. L'*acétylène* a été découvert par Davy; mais c'es[t]
M. Berthelot qui l'a le mieux étudié et nous en a fait con[-]
naître les propriétés.

PROPRIÉTÉS PHYSIQUES

759. L'acétylène est un gaz incolore, dont l'odeur rappell[e]
celle du gaz d'éclairage. Il est peu soluble dans l'eau. S[a]
densité est de 0,92.

PROPRIÉTÉS CHIMIQUES

760. Sous l'influence de la chaleur, l'acétylène se condens[e]
et donne des produits dont les plus importants sont l[a]
benzine et la *naphtaline*, que nous étudierons plus loin[.]
Chauffé avec de l'hydrogène, il s'y combine pour donner d[e]
l'éthylène. Avec le protochlorure de cuivre ammoniaca[l]
l'acétylène donne un précipité rouge d'acétylure de cuivr[e]
et dans l'azotate d'argent ammoniacal, un précipité blan[c]
d'acétylure d'argent. Ces corps sont généralement employé[s]
comme réactifs pour reconnaître la présence de l'acétylène[.]

PRÉPARATION

761. La manière la plus simple de préparer l'acétylène est de faire agir la chaleur sur le gaz d'éclairage. Pour constater la présence de l'acétylène dans le gaz d'éclairage, il suffit de faire passer un courant de ce gaz dans une solution ammoniacale de sous-chlorure de cuivre : l'acétylure de cuivre produit est rendu visible par sa couleur rouge. On peut encore placer 5 ou 6 gouttes d'éther dans une éprouvette, y ajouter un peu de sous-chlorure de cuivre et approcher une lumière de la vapeur dégagée : cette vapeur s'enflamme, et, si on a le soin de faire tourner l'éprouvette sur elle-même, on voit bientôt ses parois intérieures devenir rouges, par suite de la présence de l'acétylure de cuivre précipité. On recueille ce dernier corps, puis on le chauffe avec de l'acide chlorhydrique dans une cornue munie d'un tube à dégagement : il se décompose en acétylène et en sous-chlorure de cuivre.

On peut aussi provoquer la formation de l'acétylène par l'union de l'hydrogène et du charbon sous l'influence d'un courant électrique. Cette synthèse est due à M. Berthelot. (V. n° 748.)

BENZINE ($C^{12}H^6$).

(Équivalent en poids = 88; — en volume = 4.)

762. La *benzine*, ou *benzol*, a été découverte en 1825 par Faraday et préparée plus tard par Péligot. Comme nous l'avons vu (n° 760), on peut l'obtenir en faisant condenser de l'acétylène par l'influence de la chaleur. On l'extrait surtout du goudron de houille; c'est un des sous-produits des usines à gaz.

PROPRIÉTÉS PHYSIQUES

763. La benzine est un liquide incolore, doué d'une odeur particulière assez désagréable et d'une saveur douce. Sa densité est de 0,89. La benzine est fusible à 4°, bout à 80° et se solidifie à 0° en octaèdres droits à base rhomboïdale. Elle est insoluble dans l'eau, soluble dans l'alcool et l'éther. Elle dissout facilement un grand nombre de corps : le soufre, le phosphore, l'iode, les corps gras, les huiles.

PROPRIÉTÉS CHIMIQUES

764. La benzine rentre dans la catégorie des *carbures pyrogénés*, c'est-à-dire produits par l'action prolongée de la chaleur sur les carbures d'hydrogène.

Par inflammation dans l'*oxygène*, la benzine donne de l'eau et de l'acide carbonique, en produisant une flamme éclairante : $C^{12}H^6 + 18 O = 12 CO^2 + 6 HO$.

Le *chlore* donne avec la benzine deux sortes de produits : 1° *des composés d'addition;* 2° *des composés de substitution.* On a $C^{12}H^6Cl^6$, ou $C^{12}H^5Cl$, ou $C^{12}H^4Cl^2$, ou enfin $C^{12}Cl^{12}$.

L'*acide sulfurique* et l'*acide azotique* attaquent facilement la benzine; traitée par ce dernier acide, elle donne la *nitrobenzine* ($C^{12}H^5,AzO^4$), qui, par réduction, peut fournir de l'*aniline* et, par suite, une série de couleurs artificielles.

$$AzO^5,HO + C^{12}H^6 = 2HO + C^{12}H^5,AzO^4.$$

PRÉPARATION

765. La benzine industrielle se retire du goudron de houille distillé à une température de 80° à 85°. Cette benzine brute, renfermant de nombreux produits étrangers, carbures et autres, est traitée par l'acide sulfurique, puis par les alcalis, qui neutralisent les acides ; enfin, après un soigneux lavage à l'eau, la benzine est soumise à une distillation sur de la chaux, qui la dessèche.

USAGES

766. La benzine, par suite de son action dissolvante sur un grand nombre de corps, est employée pour enlever des étoffes les taches de graisse, d'huile et de fruits. Ses propriétés antiseptiques sont mises à profit pour arrêter les fermentations et pour combattre certaines maladies de la peau. Elle sert, comme nous l'avons dit, et c'est là son usage le plus important, à la préparation de la nitrobenzine, ou *essence de mirbane*, douée d'une odeur prononcée d'amandes amères et utilisée pour aromatiser les savons de toilette et autres objets de parfumerie. Avec la nitrobenzine on prépare l'aniline, d'où l'on tire la *fuchsine*, belle couleur rouge, et un grand nombre d'autres matières colorantes. La benzine rectifiée, mélangée à l'alcool, donne le *gazogène*.

MANIPULATION

PRÉPARATION DE LA NITROBENZINE

767. Prendre : 1° un cristallisoir de verre; 2° un verre à pied très grand; 3° de la benzine; 4° de l'acide azotique; 5° une cuvette à eau.

Le cristallisoir de verre, après avoir reçu une certaine quantité de benzine, 20 grammes, par exemple, est placé dans la cuve à eau, où l'on entretient un courant d'eau froide. Dans cette benzine on verse goutte à goutte, en agitant le mélange, 7 à 8 centimètres cubes d'acide azotique concentré fumant. La quantité d'acide épuisée, il s'est formé une liqueur noirâtre, qu'on verse dans un grand verre rempli d'eau, et l'on agite le mélange : quelques minutes après, un dépôt huileux jaunâtre se forme au fond de l'éprouvette : c'est la nitrobenzine. Il est nécessaire que la température à laquelle se fait la réaction soit assez basse; si donc on plaçait le cristallisoir dans un mélange réfrigérant, les chances de réussite de l'opération seraient augmentées.

NAPHTALINE ($C^{20}H^8$).

768. La *naphtaline*, découverte par Garden en 1820, a été étudiée par Laurent. Elle se présente sous la forme de lamelles cristallines rhomboïdales, incolores, et dont l'odeur rappelle celle du goudron. Elle est insoluble dans l'eau, soluble dans l'alcool et dans l'éther, fond à 79° et bout à 215°. Sa densité est 1,048. On la retire principalement des huiles lourdes de goudron, en distillant le goudron de houille et en refroidissant les huiles lourdes distillées ; celles-ci cristallisent : on distille de nouveau et on sublime. Le chlore et l'acide azotique agissent sur la naphtaline comme sur la benzine, c'est-à-dire donnent des produits chlorés et des dérivés nitrés.

La naphtaline sert à éloigner les insectes des pelleteries et des étoffes.

ANTHRACÈNE ($C^{14}H^{10}$).

769. L'*anthracène* se présente sous la forme de lamelles rhomboïdales incolores. Il fond à 210° et bout à 350°. On l'extrait des huiles lourdes de goudron. Par oxydation, ce carbure donne l'*anthraquinone*, qui permet d'arriver à l'*alizarine* ou garance artificielle. Le chlore agit encore très violemment sur l'anthracène et forme des carbures chlorés.

ESSENCE DE TÉRÉBENTHINE ($C^{10}H^{16}$).

770. En pratiquant des incisions dans les pins, on obtient une résine qu'on nomme dans le commerce *térébenthine*. Cette résine contient 20 pour 100 d'*essence de térébenthine* et 80 pour 100 de *colophane*. On peut séparer l'essence de cette résine par la distillation, puis la rectifier sur du chlorure de calcium en morceaux; mais l'essence ainsi obtenue est impure. Si on veut l'avoir pure, il est préférable de mélanger du carbonate de potasse et du carbonate de chaux avec la térébenthine du commerce et de distiller le mélange dans le vide en le chauffant très lentement. Il existe un nombre assez considérable de corps de même formule que la térébenthine; parmi ces corps, connus sous le nom de *carbures camphéniques*, nous citerons les essences de poivre, de bouleau, de girofle, de genièvre.

PROPRIÉTÉS PHYSIQUES

771. L'essence de térébenthine est un liquide incolore, d'une odeur pénétrante et d'une saveur âcre. Sa densité est 0,86. Elle bout à 156°, est insoluble dans l'eau, soluble dans l'alcool et l'éther. Elle dissout le soufre, le phosphore, les corps gras, les résines.

PROPRIÉTÉS CHIMIQUES

772. L'essence de térébenthine brûle assez difficilement, en donnant une fumée abondante; elle dissout l'oxygène de l'air et s'oxyde lentement en formant une espèce de résine.

Tous les oxydants analogues à l'acide azotique provoquent des réactions très vives.

L'action de l'*acide chlorhydrique* varie suivant son état de concentration : une dissolution concentrée donne, au bout d'un mois environ, un produit solide d'odeur camphrée : c'est un chlorhydrate appelé *camphre artificiel*. L'acide chlorhydrique gazeux donne naissance à deux monochlorhydrates.

USAGES

773. La peinture et les vernis consomment de grandes quantités d'essence de térébenthine. On l'emploie en médecine comme balsamique et contre les rhumatismes. Mélangée avec 9/10 d'alcool, elle constitue ce qu'on appelle le gaz *liquide*, qu'on a utilisé pour l'éclairage et qui, mélangé par parties égales avec de l'essence de citron, sert à enlever les taches de graisse sur les étoffes et à nettoyer les meubles.

PÉTROLE

774. Le pétrole est une huile minérale dont il existe des sources en Perse, en Russie, en Grèce, en Sicile ; mais ces sources sont peu abondantes ; aussi le pétrole a-t-il été à peu près inconnu jusqu'au jour, assez récent, où l'on en a découvert d'immenses quantités dans diverses parties de l'Amérique du Nord, surtout en Pensylvanie. Là, le pétrole ne coule pas à la surface du sol ; il se trouve en nappes immenses dans la terre, quelquefois à de grandes profondeurs. Quand on soupçonne ou constate sa présence, on creuse un trou de sonde et on le garnit d'un tube de tôle par lequel, au moyen d'une pompe aspirante, on amène le liquide à l'extérieur.

Le pétrole brut, tel qu'on l'extrait du sol, est un liquide visqueux, plus ou moins brun, brûlant avec production de fumée épaisse et d'odeur désagréable. On peut le séparer, par une distillation bien conduite, en un certain nombre de corps que l'on recueille successivement d'après leur degré de volatilité.

On a d'abord des vapeurs ou des gaz, puis des *éthers de pétrole*, huiles légères bouillant entre 40 et 70° ; puis des *essences de pétrole*, huiles moins légères bouillant entre 70 et 120°. L'usage de ces substances est dangereux, parce que les vapeurs qu'elles émettent, à la température ordinaire, forment avec l'air des mélanges combustibles.

Après les essences de pétrole vient l'*huile de naphte* ou *essence minérale*, qui se sépare du pétrole un peu avant que la température ait atteint 150°. L'huile de naphte étant chassée, on continue la distillation et l'on recueille, puis on condense toutes les vapeurs qui passent entre 150 et 300° : c'est du pétrole qui contient encore des matières solubles, dont on le débarrasse en le traitant par l'acide sulfurique concentré et par la soude caustique : on a alors l'*huile de pétrole rectifiée* ou *huile lampante*, celle qui est propre à l'éclairage et dont les vapeurs ne présentent aucun danger ; car elles ne s'enflamment qu'à une température supérieure à 40°. Les accidents occasionnés par le pétrole sont dus, le plus souvent, à ce qu'il est impur, c'est-à-dire incomplètement débarrassé de l'huile de naphte, ce dont on peut s'assurer facilement : on verse une petite quantité de pétrole dans une soucoupe et l'on jette dessus une allumette enflammée ; si le liquide prend feu, il contient de l'huile de naphte ; sinon, il est bien préparé.

Il reste encore dans la cornue des huiles lourdes dont le point d'ébullition est entre 300 et 400° et dont on obtient la *paraffine* et la *vaseline*. La paraffine ($C^{38}H^{50}$), qui a l'apparence de la cire, est employée dans la fabrication de certaines allumettes. Elle a été découverte en 1829 par Reichembach dans les produits goudronneux de la distillation du bois. C'est une substance blanche, cristallisable, qui fond à 40°. On l'emploie pour la fabrication des bougies translucides, qui brûlent sans fumée.

Le résidu final de la distillation est du goudron.

Il y a lieu de remarquer que les carbures d'hydrogène sont la principale source de l'éclairage moderne : ils sont d'ailleurs tantôt gazeux, tantôt liquides et tantôt solides.

ALCOOLS

FERMENTATION

775. On nomme *fermentation* la décomposition des matières organiques dans certaines conditions. M. Pasteur a établi que cette décomposition est due à l'action d'êtres organisés vivant aux dépens de ces matières, dont ils enlèvent l'oxygène ou qu'ils oxydent ; d'où la production de nouveaux corps.

La fermentation varie avec les produits résultant de la décomposition et reçoit le nom du corps principal auquel elle donne naissance : si l'on met de la *levure de bière* dans du sucre, elle provoque une effervescence due à un dégagement d'acide carbonique ; ce dégagement terminé, il reste dans l'appareil un liquide contenant de l'alcool : c'est une *fermentation alcoolique.*

HISTORIQUE. — COMPOSITION ($C^4H^6O^2$).

776. L'*alcool* était connu des Arabes au moyen âge; il a été étudié en 1827 par Boullay et Dumas; en 1854, M. Berthelot en a fait la synthèse.

L'alcool est constitué par l'union d'un carbure d'hydrogène nommé *éthylène* (C^4H^4) avec les éléments de l'eau. C'est un corps neutre composé de carbone, d'hydrogène et d'oxygène et capable de s'unir directement aux acides en les neutralisant pour former des éthers avec séparation d'eau. On l'obtient en distillant, dans des appareils analogues à ceux que nous avons décrits pour la distillation de l'eau et en opérant de la même façon, le produit de la fermentation alcoolique.

DIVERS DEGRÉS D'ALCOOL

777. L'eau bout à 100 degrés, tandis que l'alcool bout à 78 degrés seulement; il est donc possible de distiller l'alcool avant que l'eau se volatilise. Cependant, la tension de la vapeur d'eau étant considérable à 78 degrés, l'alcool distillé est mélangé d'une certaine quantité d'eau. Pour enlever cette eau, on distille plusieurs fois l'alcool entre 78 et 100°; on obtient ainsi de l'alcool de plus en plus concentré, mais qui ne pourra jamais dépasser le titre 92 centièmes, c'est-à-dire de 92 degrés.

Si l'on veut obtenir des alcools plus concentrés, on distille sous une pression inférieure à la pression atmosphérique, en faisant un vide partiel dans l'alambic, les alcools précédemment obtenus par distillation simple.

Les produits de ces diverses distillations sont chauffés avec du carbonate de potasse : on a ainsi des alcools *rectifiés*.

Pour obtenir de l'alcool anhydre ou *alcool absolu*, on distille de l'alcool rectifié préalablement mélangé avec de la chaux vive concassée et de la baryte.

On nomme *alcoométrie* la mesure des titres des liqueurs alcooliques. Pour connaître le degré de ces liqueurs, on se sert du pèse-esprit, du pèse-bière, de l'alcoomètre centésimal, variétés d'aéromètres, instruments qui sont du ressort de la physique.

PROPRIÉTÉS PHYSIQUES

778. L'alcool est un liquide incolore, agréablement aromatique et d'une saveur brûlante. Il devient visqueux dans un mélange de protoxyde d'azote liquide et d'acide carbonique solide à — 100°; à -- 130°,5 il a été solidifié par MM. Wroblewski et Olszewski; comme nous l'avons dit, il entre en ébullition à 78°; sa densité, de 0 à 15°, varie entre 0,808 et 0,795; il est donc très dilatable et propre à servir aux indications thermométriques.

L'alcool dissout les résines, les corps gras, les essences, les matières colorantes, les alcaloïdes, etc.

L'alcool pur est très avide d'eau; aussi prévient-il, en les desséchant, la putréfaction des corps avec lesquels il se trouve en contact; lorsqu'on le mêle avec une certaine quantité d'eau, la température du mélange augmente et celui-ci diminue de volume; le maximum de cette contraction a lieu lorsque le mélange est de 6 parties d'eau et d'une partie d'alcool. C'est une hydratation chimique; si ces quantités sont dépassées, on a simplement affaire à une dissolution. Par suite de son affinité pour l'eau, l'alcool, en contact avec la glace, la fond très rapidement et produit un froid qui peut aller jusqu'à — 37°.

PROPRIÉTÉS CHIMIQUES

ACTION DES MÉTALLOÏDES

779. L'alcool peut s'enflammer et brûler dans l'oxygène ou dans l'air avec une flamme bleuâtre très chaude.

L'oxydation ménagée de l'alcool lui enlève de l'hydrogène et le transforme en aldéhyde ; son oxydation profonde et énergique donne de l'acide acétique et même une décomposition plus avancée.

Un courant lent de *chlore* passant dans de l'alcool fournit du *chloral*, corps renfermant du chlore substitué à une certaine quantité d'hydrogène.

ACTION DES MÉTAUX

780. Le *sodium* et le *potassium* peuvent se combiner avec l'alcool, qui joue à leur égard le rôle d'acide ; il en est de même des *oxydes alcalins*, qui, chauffés avec lui, le transforment en acétate.

ACTION DES ACIDES ET DES SELS

781. L'alcool forme avec tous les *acides*, soit organiques, soit inorganiques, des sels appelés *éthers*, corps possédant, en général, une odeur suave.

Certains *sels*, tels que les chlorures de zinc et de calcium, se combinent avec l'alcool.

USAGES

782. L'alcool sert comme boisson excitante. La parfumerie l'emploie comme dissolvant d'une grande quantité de matières. Il précipite nombre de corps de leurs solutions et permet de les séparer.

DIFFÉRENTES SORTES D'ALCOOLS

783. L'alcool ordinaire est surtout le produit de la distillation du vin. On en obtient encore en distillant le cidre, le marc de raisin, les pommes de terre, les graines de céréales saccharinées et fermentées, les betteraves, les cerises (d'où le *kirsch*), les écumes de la canne à sucre (d'où le *rhum*), les baies de genièvre (d'où le *genièvre*).

Le produit de la distillation du vin prend le nom *d'esprit-de-vin* ou *d'eau-de-vie*, selon que l'alcool entre dans ce produit pour plus ou moins de 50 pour 100. Les eaux-de-vie les plus renommées sont celles des Charentes; suivant leur qualité, elles portent dans le commerce différents noms : *eau-de-vie de Cognac* ou simplement *cognac*, *fine champagne* et *champagne de bois*. Les vins du Gers fournissent aussi une eau-de-vie estimée connue sous l'appellation d'*armagnac*.

On donne, dans le commerce, le nom de *trois-six* à de l'alcool de vin à 85°, parce que trois parties d'eau et trois parties de trois-six mélangées donnent six parties d'eau-de-vie à 50° (preuve de Hollande).

Les eaux-de-vie de cidre, de marc, etc., le kirsch, le rhum, etc., se distinguent de l'eau-de-vie de vin par leur odeur et leur goût.

PURIFICATION DES ALCOOLS DE MAUVAIS GOUT

784. Les alcools provenant des marcs de raisins ont toujours un goût caractéristique et une odeur assez peu agréable, dont on peut les débarrasser, mais non d'une façon absolue, par plusieurs procédés, dont l'un consiste à filtrer plusieurs fois ces alcools sur du noir animal; un autre, à les distiller sur de la potasse; un troisième, à jeter les flegmes alcooliques dans des vases remplis de chlorure de zinc, puis à faire passer le liquide, renfermant alors des composés aldéhydiques, dans d'immenses voltamètres où se produit une oxydation qui enlève le mauvais goût.

VIN

785. Le *vin* est une liqueur qu'on obtient en faisant fermenter le jus du raisin. Sa couleur varie du rouge brun au blanc; son goût est également très variable; mais il conserve toujours, à ces deux points de vue, certaines qualités générales qui permettent de le reconnaître aisément. Le vin renferme 6 à 17 pour 100 d'alcool.

FABRICATION

786. Quand le raisin est mûr, ce qui arrive en France vers la fin de septembre, on le récolte, on fait les *vendanges* ; on le foule aux pieds pour en exprimer le jus ; le jus exprimé, ou *moût*, est mis, avec le résidu du foulage, dans une cuve qu'on laisse ouverte, et la fermentation s'opère. Environ un mois et demi après, on retire le *jus*, qui est alors du vin, et on le met dans des tonneaux.

Quand on veut obtenir un vin fin, délicat, on égrappe les raisins avant de les fouler.

Si le vin n'est pas suffisamment clair, on le *colle ;* autrement dit, on y introduit du blanc d'œuf, qui, formant par sa coagulation comme un réseau dont les mailles retiennent toutes les matières en suspension, entraîne lentement ces matières au fond du tonneau.

MARC

787. Le traitement du *marc*, résidu restant dans la cuve, varie suivant les pays. Les uns, en petit nombre aujourd'hui, jettent dans la cuve une quantité d'eau égale à la quantité de vin sortie, laissent fermenter ce mélange et obtiennent ainsi la *piquette*, liqueur légèrement rosée au goût aigrelet. Les autres soumettent le marc au pressurage, pour en extraire tout le vin retenu par les rafles. D'autres, enfin, ajoutent au marc de l'eau et une certaine quantité de sucre, laissent fermenter le mélange et obtiennent un vin qui diffère peu du vin ordinaire.

VIN BLANC — VINS MOUSSEUX

788. Pour obtenir du *vin blanc*, on sépare le jus des pellicules des grains avant la fermentation, la coloration du vin étant due à la matière colorante contenue dans ces pellicules.

On peut fabriquer des *vins mousseux* en y introduisant de l'acide carbonique à l'aide de pompes ; mais, dans les vrais vins mousseux, les vins de Champagne, par exemple, on retient l'acide carbonique en empêchant en partie la fermentation du moût.

SUBSTANCES CONTENUES DANS LE VIN

789. Les principes que renferment les vins sont très nor
breux; voici la nomenclature des plus communs :

Eau.	Lactates de soude et de chau
Alcools.	Citrates —
Ethers (bouquet).	Sulfates —
Sucres.	Azotates —
Glycérine.	Phosphates.
Matières colorantes.	Silice.
Acide carbonique.	Silicates.
Acide tannique.	Alumine.
Acide malique.	Oxyde de fer.
Tartrates.	

BIÈRE

790. La *bière* est une boisson obtenue par la ferment:
tion du sucre d'amidon et aromatisée avec des fleurs
houblon.

Le sucre d'amidon provient du *malt*, orge germée
séchée dans des conditions particulières qu'on nomme
maltage; après le maltage, on porte l'orge dans de grande
cuves à double fond, dont l'un; celui sur lequel repo:
l'orge, est percé de trous, et l'on fait arriver dessus de l'ea
à 60° à 90°; on *brasse*, autrement dit, on remue le m
lange, qu'on laisse ensuite reposer pendant trois heure
La liqueur ainsi obtenue, on procède au *houblonnage*, c'es
à-dire qu'on porte cette liqueur dans de grandes cuves où o
la fait bouillir avec des fleurs de houblon, qui lui donne:
à la fois son goût amer et son parfum. Cette opération te:
minée, la liqueur est transportée à la *guilloire*, autre cuv
où on la fait fermenter au moyen de la levure de bièr
Au bout de vingt-quatre heures, on clarifie la bière avec d
la colle de poisson. La bière contient 2 à 3 pour 100 d'alcoo

---

CIDRE

791. Le *cidre* provient de la fermentlon du jus d
pommes; le *poiré*, de la fermentation du jus de poires. L
moyen de fabrication est le même pour l'une et l'autr

boisson. On écrase le fruit, on l'abandonne vingt-quatre heures à lui-même, puis on le soumet au pressoir. Le jus obtenu est placé dans des cuves, où il fermente ; la fermentation terminée, on le met dans des tonneaux, où il acquiert un goût aigrelet, ou dans des bouteilles, où il devient mousseux. Quand il est de bonne qualité, il renferme environ 6 0/0 d'alcool.

Le cidre le plus estimé est celui de Normandie.

ÉTHERS

792. On obtient les *éthers* en faisant agir un acide sur un alcool : il s'élimine deux équivalents d'eau.

L'eau décompose les éthers en reproduisant l'alcool et l'acide. C'est à l'humidité atmosphérique qu'on doit la production de cristaux d'acide oxalique dans les flacons d'éther oxalique.

Les points d'ébullition des divers éthers varient d'après les acides dont ils dérivent ; mais on a remarqué que le point d'ébullition d'un éther est à environ 45° au-dessous de celui de l'acide qui l'a formé.

Les éthers les plus connus sont l'*éther ordinaire* ($C^8H^{10}O^2$) et l'*éther acétique* [$C^4H^4(C^4H^4O^4)$], liquide incolore, d'une odeur agréable, qui est contenu en petite quantité dans le vinaigre et dans la plupart des vins.

On peut dire que les éthers sont des sels alcooliques.

ÉTHER ORDINAIRE ($C^8H^{10}O^2$).

793. L'*éther ordinaire*, souvent désigné sous le nom impropre d'*éther sulfurique*, est de l'alcool condensé qui a perdu de l'eau. Il se produit chaque fois que l'alcool est chauffé convenablement avec un acide très avide d'eau, comme l'acide sulfurique ou phosphorique.

PROPRIÉTÉS PHYSIQUES

794. L'éther ordinaire est un liquide incolore, très volatil, d'une saveur âcre, d'une odeur pénétrante et caractéristique. Sa densité est de 0,75. Il bout à 35° et se solidifie en lames blanches à — 31°. Il est peu soluble dans l'eau, mais il est soluble dans l'alcool et les huiles essentielles. Il dissout quelque peu le soufre, le phosphore, l'iode, le brome, certains chlorures, quelques sels, et en grande quantité les huiles et les graisses, c'est-à-dire les substances riches en carbone. C'est un anesthésique aussi puissant que le chloroforme. L'évaporation rapide de l'éther donne lieu à un grand froid.

PROPRIÉTÉS CHIMIQUES

795. L'éther brûle en donnant une belle flamme blanche et en produisant de l'acide carbonique et de l'eau. Ses vapeurs sont très inflammables, même à une certaine distance ; aussi ne doit-on jamais le manier dans le voisinage d'un corps en ignition.

PRÉPARATION — USAGES

796. En faisant chauffer dans un ballon, jusqu'à la température de 140°, 120 gr. d'alcool à 90° avec 200 gr. d'acide sulfurique, et en introduisant lentement dans le mélange, maintenu à la même température, de l'alcool concentré, on obtient des vapeurs qui vont se condenser dans un flacon continuellement refroidi : le produit est de l'éther ordinaire, de l'alcool, de l'eau et de l'acide sulfureux. On y ajoute de l'eau, pour dissoudre l'alcool : l'éther surnage ; on le décante, on le verse dans un lait de chaux et on le rectifie au bain-marie sur du sodium, qui enlève les dernières traces d'eau et d'alcool. Il doit marquer 65° Baumé.

En médecine, l'éther fait l'office de calmant, de réfrigérant et d'anesthésique. Respiré avec l'air, il provoque le sommeil et détermine l'insensibilité, comme le chloroforme. Dans les laboratoires, on l'emploie comme dissolvant.

GLYCÉRINE $(C^6H^8O^6)$.

797. La *glycérine*, découverte par Scheele en 1779, a été étudiée par Pelouze, Chevreul et M. Berthelot. C'est une substance qui, sans avoir les propriétés fondamentales de l'alcool, en joue le rôle vis-à-vis de l'acide oléique, de l'acide stéarique et de l'acide margarique, avec lesquels il forme les éthers connus sous les noms d'*oléine*, de *stéarine* et de *margarine*.

PROPRIÉTÉS

798. La glycérine est un liquide sirupeux, incolore, inodore, déliquescent, d'une saveur sucrée. Elle distille vers 280° ; sous l'action d'une température plus élevée, elle se décompose en divers produits. La glycérine est soluble dans l'eau et dans l'alcool, presque insoluble dans l'éther. Elle ne dissout pas les huiles, mais elle sert de dissolvant aux savons et aux sucres. Sa densité est de 1,264.

La glycérine brûle à l'air avec une flamme brillante. Sous l'influence de l'oxygène ou des corps qui en peuvent céder, elle produit de l'acide glycérique. Dissoute dans l'eau, elle peut fermenter. Les alcalis (hydrates), longtemps chauffés avec elle, donnent des sels, par suite de sa décomposition en acides.

PRÉPARATION

799. On obtient la glycérine par la décomposition des corps gras neutres en présence de l'eau. Scheele l'a obtenue en chauffant de l'axonge avec de l'oxyde de plomb et de l'eau. On agite sans cesse le mélange jusqu'à ce que la graisse soit complètement saponifiée. On obtient ainsi un savon, et l'eau qui surnage contient la glycérine et un oxyde de plomb, que l'on précipite par un courant d'acide sulfhydrique. On filtre la matière et on laisse évaporer. Elle existe en grande quantité dans le commerce; c'est un sous-produit de la fabrication des bougies. La glycérine du commerce contient beaucoup de chaux. On l'obtient pure en la distillant dans le vide.

USAGES

800. La glycérine permet de masquer la verdeur des vins et, par conséquent, de les améliorer. Les conserves alimentaires, les confitures et certains chocolats en contiennent.

Dans la teinture, si l'on ajoute de la glycérine aux apprêts, les couleurs se dessèchent plus lentement; on l'emploie aussi pour maintenir humide l'argile à modeler, les ciments, les mortiers, etc.; on l'utilise pour le graissage des pièces d'acier dans les machines et dans les armes.

La médecine emploie la glycérine à l'extérieur, seule ou sous forme de pommades, d'huiles et de cérats, pour empêcher le contact de l'air avec les chairs meurtries ou contusionnées et mettre obstacle à la fermentation putride qui pourrait s'établir dans les plaies, etc.

La glycérine sert à la fabrication de la nitroglycérine et de la dynamite.

NITROGLYCÉRINE [$C^4H^5(HO,AzO^5)^3$].

801. On obtient la *nitroglycérine* en versant de la glycérine dans un mélange d'acide sulfurique et d'acide azotique concentrés. C'est un liquide huileux, jaunâtre, qui détone très violemment par le choc ou sous l'influence de la chaleur.

DYNAMITE

802. Si l'on mélange 75 parties de nitroglycérine avec 25 parties de sable, de brique pilée, etc., on obtient la *dynamite*, corps qui détone violemment sous l'action d'un choc ou d'une capsule de fulminate, même sous l'eau. La dynamite a les mêmes usages que la poudre de mine.

Il est à noter que le sable, la brique pilée, etc., jouent ici un rôle purement physique : ils absorbent le liquide, font éponge et rendent moins dangereux le maniement de la nitroglycérine.

CORPS GRAS NEUTRES

803. Les *corps gras* sont des matières solides ou liquides onctueuses au toucher, qui proviennent du règne animal ou du règne végétal ; de là leur division en graisse ou en suif et en huiles.

Le mouton et le bœuf fournissent le *suif;* le porc, les oies, etc., fournissent la *graisse.* Au règne végétal sont dues les *huiles* de colza, d'olive, d'amandes douces, etc.

804. Les corps gras présentent de grandes analogies dans leur constitution. Les huiles et le beurre de vache sont composés d'une matière blanche et huileuse, l'*oléine,* et d'une matière dure comme le suif, la *margarine.* Les corps gras d'origine animale contiennent en outre un corps solide, la *stéarine.* L'oléine, la margarine et la stéarine sont, comme on l'a vu, des combinaisons de la glycérine avec l'acide oléique, l'acide margarique ou l'acide stéarique. Les corps gras sont donc des éthers oléiques, margariques ou stéariques de glycérine.

Tous les corps gras sont moins denses que l'eau, peu volatils et facilement fusibles, s'il s'agit de graisses et de suifs, mais n'entrent en ébullition qu'à une température très élevée; chauffés au-dessus de cette température, ils se décomposent en acide carbonique et en *acroléine,* huile volatile très âcre.

SUIF ET GRAISSE

805. Le *suif* et la *graisse* sont tirés des tissus des animaux herbivores (moutons, bœufs) par fusion et filtration.

La graisse diffère du suif seulement en ce que celui-ci est plus solide et ne fond qu'à une température plus élevée (38°).

HUILES

806. Les *huiles* peuvent se diviser en huiles siccatives et huiles non siccatives.

Les huiles siccatives, celles qui, laissées au contact de l'air, perdent leur limpidité et finissent par se solidifier, sont les huiles de lin, de noix, d'œillette, de ricin.

Les huiles *non siccatives* sont les huiles d'olive, de colza, d'amandes douces, de faîne, de noisette.

On extrait généralement les huiles des fruits qui les contiennent en écrasant ces derniers sous des cylindres métalliques ou sous des meules verticales pouvant exercer une grande pression.

SAVON

807. Le *savon* est fabriqué avec des corps gras auxquels on a fait subir la *saponification*, qui consiste à mettre ces corps en présence d'une base énergique, de telle sorte que cette base s'empare de l'acide gras et met la glycérine en liberté.

808. On prépare les savons : 1° en saponifiant des huiles de qualité inférieure avec la soude ou la potasse, ce qui produit de véritables sels : oléates, margarates, stéarates ; 2° en combinant avec la soude l'acide oléique, qu'on obtient en fabriquant les bougies.

Les savons ordinaires sont les savons *durs* à base de soude et les savons *mous* à base de potasse.

On obtient le *savon de Marseille*, le *savon blanc* et le *savon marbré* en faisant bouillir avec des huiles inférieures une lessive de soude rendue caustique par la chaux. Le savon marbré est réputé le meilleur, parce qu'il contient le moins d'eau.

Le *savon économique*, savon unicolore, est fabriqué avec la soude et des huiles de palme, de coco, des suifs d'os et des graisses de qualité inférieure. Il est à très bon marché, mais contient jusqu'à 75 pour 100 d'eau.

Le *savon noir* est préparé dans le Nord avec la potasse et les huiles de colza, de chènevis, de lin, de qualités très inférieures. Il est d'abord jaune. Pour le rendre noir, on le colore avec du campêche ou du sulfate de cuivre. On le colore parfois en vert avec du sulfate d'indigo.

BOUGIES STÉARIQUES

809. L'invention des *bougies stéariques* est due à Gay-Lussac et à Chevreul. On les fabrique en saponifiant les suifs avec de la chaux : on obtient ainsi un *savon calcaire*. Ce savon est pulvérisé, puis traité par l'acide sulfurique, qui forme un sulfate de chaux et met en liberté les acides gras. On les recueille et on soumet la masse à l'action d'une presse hydraulique: l'acide oléique, qui est seul liquide, se trouve ainsi éliminé, et l'on a une masse blanche formée de *margarine* et de *stéarine*. On fond cette masse, puis on la coule dans des moules en métal (fig. 113)

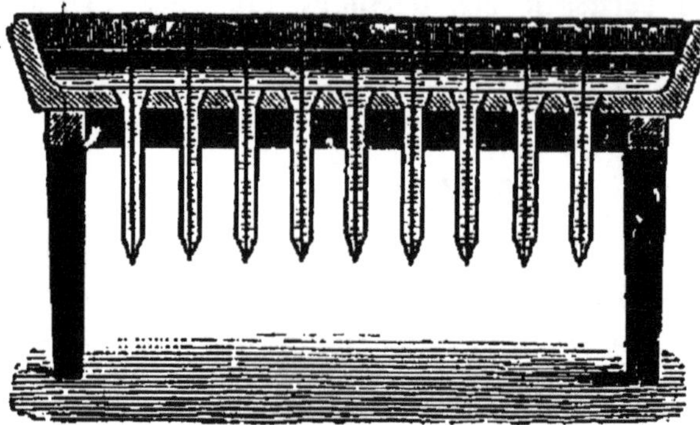

Fig. 113.

dans l'axe de chacun desquels se trouve une mèche nattée et imprégnée d'acide borique. On blanchit les bougies en les exposant à la lumière et à l'air humide.

Comme nous l'avons dit tout à l'heure, l'acide oléique est utilisé pour la fabrication des savons.

SUCRES

810. Les *sucres* sont des corps à saveur douce qui, sous l'action d'un ferment et de l'eau, se transforment en alcool et en acide carbonique. Les principaux sucres sont la glucose, la lévulose, le sucre proprement dit.

GLUCOSE

811 La *glucose* existe dans la plupart des fruits mûrs ; c'est elle qui forme à la surface des raisins et des figues sèches ces efflorescences blanches qu'on y remarque ; on en trouve aussi dans les urines des personnes affectées du *diabète* et dans le miel mêlé à la lévulose.

PROPRIÉTÉS PHYSIQUES

812. La glucose du commerce ($C^{12} H^{12} O^{12}$) se présente sous la forme de cristaux agglomérés inaltérables à l'air, légèrement sucrés et inodores, ou en masses molles, amorphes, d'un blanc jaunâtre. Elle fond à 80° et se dissout dans l'eau assez facilement. A 100°, elle perd ses deux équivalents d'eau de cristallisation.

PROPRIÉTÉS CHIMIQUES

813. A 170° la glucose anhydre perd deux équivalents d'eau et donne la *glucosane* ($C^{12} H^{10} O^{10}$) ; à une température de 200°, elle perd encore un équivalent d'eau et produit du *caramel* ($C^{12} H^{9} O^{9}$).

Les alcalis concentrés colorent fortement en brun la glucose, ce qui permet d'en reconnaître la présence dans le sucre ordinaire : on fait dissoudre un peu de sucre dans de l'eau, on fait bouillir le mélange et l'on y ajoute de la potasse : s'il y a de la glucose dans le sucre, la liqueur brunira.

La glucose réduit certains sels métalliques, propriété qu'on utilise non seulement pour découvrir la présence de ce corps, mais encore pour en déterminer la quantité ; à cet effet, on mélange une solution de glucose bouillante avec la liqueur *cupropotassique*, contenant, pour 1 litre d'eau, 40 gr.

de sulfate de cuivre, 50 gr. de bitartrate de potasse et 40 à 50 gr. de carbonate de potasse.

Cette solution précipite en rouge le sous-oxyde de cuivre (Cu^2O), sous l'action de la glucose à l'ébullition.

Le dosage de la glucose s'effectue aussi par la fermentation d'un poids connu de la substance glucosique et par le pesage des produits de la fermentation (CO^2).

PRÉPARATION

814. Dans un immense cuvier de bois on met environ 6 000 litres d'eau pour 40 kilogrammes d'acide sulfurique concentré. On porte le mélange à l'ébullition au moyen de la vapeur d'eau, puis on y ajoute peu à peu de la fécule de pomme de terre délayée dans de l'eau : au bout d'une heure environ, l'opération est terminée.

On peut extraire la glucose de l'urine des diabétiques en évaporant cette urine au bain-marie, puis en versant dans le liquide concentré un peu d'alcool : cet alcool dissout la glucose qui, par le refroidissement, cristallise. Il y a lieu de remarquer que souvent on obtient ainsi, non de la glucose pure, mais de la glucose mélangée de chlorure de sodium.

USAGES

815. La fabrication des bières et du vin réclame l'emploi de la glucose ; c'est la base du pain d'épice, des liqueurs et des confitures ; sa fermentation donne des alcools.

LÉVULOSE ($C^{12}H^{12}O^{12}$).

816. La *lévulose* est un sucre qui existe dans certains fruits, tels que la cerise, la fraise, le raisin, et qui ne peut pas cristalliser. On l'extrait du *sucre interverti*, mélange de glucose et de lévulose qu'on trouve dans les fruits où la pulpe et la graine sont mêlées, comme dans le raisin. Ce sucre interverti a une puissance de réduction assez grande ; cette réduction, appliquée aux sels d'argent, est utilisée pour argenter le verre.

SUCRE ORDINAIRE ($C^{12} H^{11} O^{11}$).

817. Le sucre ordinaire a une densité de 1,6. Cristallisé en prismes rhomboïdaux obliques, il est incolore, transparent, et s'appelle *sucre candi;* en cristallisation confuse, il est blanc, compact, à cassure grenue : c'est le *sucre en pain.* L'eau dissout le sucre avec facilité; à froid, elle en dissout deux fois son poids et forme alors un sirop épais et visqueux; à chaud l'eau dissout le sucre en toutes proportions; l'alcool ne le dissout point à froid et, à une température élevée, il le dissout peu. L'eau étant saturée de sucre à chaud, si on verse le sirop dans des cristallisoirs en cuivre pour le faire refroidir très lentement, dans une étuve chauffée à 45° environ, on obtient les cristaux de sucre candi dont nous venons de parler. Si, au lieu de faire cristalliser le sucre par refroidissement, on soumet la dissolution à une évaporation rapide, on obtient une masse huileuse, épaisse, qu'on coule sur un marbre huilé, qu'on laisse refroidir en partie, puis qu'on divise en petits cylindres qu'on roule jusqu'à ce qu'ils soient tout à fait refroidis : on a ainsi le *sucre d'orge,* le *sucre de pomme,* etc.

Le sucre refond vers 160° en une masse vitreuse qu'on peut couler dans des moules et qui, en se refroidissant, redevient solide : c'est une autre manière de fabriquer le *sucre d'orge.* Vers 220°, le sucre perd de l'eau et se transforme en *caramel* ($C^{12} H^9 O^9$).

On trouve le sucre dans un grand nombre de végétaux : érable, melons, châtaignes, dattes, navets, carottes, maïs, betterave, etc.; mais où il est surtout en abondance (18 pour 100), c'est dans la canne à sucre, plante qui ne peut être cultivée que dans les pays chauds.

PRÉPARATION DU SUCRE DE CANNE

818. On écrase les cannes et l'on obtient ainsi 80 pour 100 d'un jus, appelé *vesou,* qui se rend dans un réservoir; de là il passe dans une grande chaudière où, sous l'action de la chaleur et d'un peu de chaux qu'on y ajoute, il est débarrassé des matières albuminoïdes qui provoqueraient sa fermentation : c'est ce qu'on nomme la *défécation.* On porte le jus dans une deuxième chaudière, où il continue à bouillir, puis dans une troisième. La défécation doit être alors terminée. On fait passer le jus dans une quatrième chaudière, où on l'amène à la consistance sirupeuse, puis dans une cinquième chaudière, où il achève de se cuire. On le verse alors dans des *cristallisoirs* et au bout de vingt-quatre heures on le met dans des formes, où il se solidifie ; c'est alors une masse jaune brunâtre qu'on nomme *cassonade*.

RAFFINAGE

819. La cassonade doit sa couleur et aussi un certain mauvais goût à la présence de la *mélasse* et de matières étrangères, dont on la débarrasse en la soumettant au raffinage. On dissout le sucre à chaud dans environ 30 pour 100 de son poids d'eau, on mélange à la liqueur 5 pour 100 de noir animal et 1/2 pour 100 de sang de bœuf, puis on la filtre. On fait cuire la nouvelle liqueur obtenue, puis on la verse dans des formes coniques, où on la laisse cristalliser. Chacune de ces formes repose sur sa pointe percée d'un petit trou fermé avec un tampon que l'on retire lorsque la cristallisation est terminée. A ce moment on verse par la partie supérieure de l'eau sursaturée de sucre (claircet), qui ne peut par conséquent dissoudre celui qui est contenu dans la forme et qui entraîne les matières étrangères.

On extrait le sucre de la betterave et on le purifie par des procédés analogues à ceux que nous venons de décrire.

Le sucre de canne et le sucre de betterave sont les plus usités.

On extrait également de la pomme un sucre très apprécié.

SUCRE CANDI

820. Le *sucre candi* est du sucre en gros cristaux ; on concentre un sirop de sucre et on le place dans un bassin de cuivre au milieu duquel on a tendu des fils. On maintient d'abord à 60° la température de la chambre où l'on opère, puis on laisse cette température s'abaisser : de gros cristaux se forment plus ou moins purs et par suite plus ou moins colorés.

SUCRE DE LAIT ($C^{24}H^{24}O^{24}$).

821. Le *sucre de lait* ou *lactose* a été découvert en 1610 ; on l'obtient en faisant évaporer le *petit-lait* (n° 898) : le sucre se dépose en prismes rhomboïdaux, qu'on purifie en les faisant cristalliser plusieurs fois et qu'on décolore par le noir animal.

La lactose établit le passage entre les glucoses et les saccharoses.

SUBSTANCES DIVERSES

MATIÈRE AMYLACÉE ($C^{24}H^{20}O^{20}$).

822. On donne le nom de matière *amylacée* à une substance neutre qui existe à l'intérieur des cellules des
organes d'un grand nombre de végétaux, notamment les
céréales, les légumineuses, les pommes de terre, les pa-
tates, etc. On en trouve aussi dans le gland, la châtaigne et
le marron. Celle qu'on extrait des céréales et des légumineuses est appelée *amidon;* celle qu'on extrait des diverses
racines à tubercules, notamment de la pomme de terre,
porte le nom de *fécule.*

La matière amylacée est une poudre grenue, blanche, insoluble dans l'alcool, l'éther, l'eau froide, etc.; au contact de 200
fois son poids d'eau chauffée de 60 à 80°, elle se gonfle sans se
dissoudre et se convertit en une gelée connue sous le nom
d'*empois;* au contact d'une grande quantité d'eau à 100°, elle
devient en partie soluble. Sous l'influence des acides étendus
d'eau, notamment l'acide sulfurique, et de la *diastase,*
substance qu'on retire de la graine de l'orge germée, elle
se transforme d'abord en dextrine, puis en glucose. La matière amylacée se colore en bleu en présence de l'iode.

EXTRACTION DE L'AMIDON

823. Les céréales et les légumineuses contiennent du
sucre, du gluten et de l'amidon, substances dont la séparation peut être obtenue par la *fermentation* ou le *lavage;*
nous ne parlerons que de ce dernier.

On pulvérise les légumineuses et les céréales: on a ainsi,
après en avoir séparé les matières étrangères, une *farine,*
poussière blanche qu'on délaye dans de l'eau. La pâte ainsi
obtenue est triturée dans un courant d'eau qui traverse
ensuite un tamis très fin ; ce dernier laisse passer l'amidon
avec l'eau, tandis qu'il retient les autres matières.

EXTRACTION DE LA FÉCULE

824. On râpe les tubercules et l'on a une pâte qu'on lave
avec un courant d'eau passant à travers une série de tamis
de plus en plus fins, où la fécule se dépose.

USAGES

825. L'amidon sous forme d'empois sert à donner une certaine raideur aux toiles, c'est-à-dire à les empeser.

La fécule joue un grand rôle dans l'alimentation; on l'emploie pour le collage des papiers, la fabrication de certains sirops, la teinture, la préparation de la dextrine et de la glucose.

Si l'on fait bouillir de l'amidon et de l'acide nitrique, on obtient de l'acide oxalique.

Le *sagou* est une espèce d'amylacée qui s'extrait de la moelle de divers palmiers.

Le *tapioca* est une matière amylacée qu'on obtient en desséchant la fécule humide du manihot utilissima.

DEXTRINE ($C^{14}H^{10}O^{10}$).

PROPRIÉTÉS

826. La *dextrine* est un corps solide, blanc jaunâtre, incristallisable, insoluble dans l'alcool pur et dans l'éther, soluble dans l'eau, avec laquelle elle donne une matière analogue à la gomme. Sous l'influence des acides étendus, elle se convertit en glucose.

PRÉPARATION

827. Pour préparer la dextrine, on fait une pâte avec de l'amidon et de l'eau préalablement additionnée d'un peu d'acide azotique. La masse, bien desséchée, est débitée en tranches minces qu'on porte à une température de 100 à 150° dans une étuve.

USAGES

828. On emploie la dextrine pour l'encollage des papiers, des couleurs, des estampes coloriées; pour apprêter les tissus, appliquer les mordants, préparer les papiers autographiques; en chirurgie, on se sert de dextrine pour donner de la solidité aux bandages destinés à maintenir les membres fracturés. C'est de dextrine qu'on enduit les étiquettes dites gommées, les timbres-poste, etc.

GOMMES

829. On appelle *gommes* des substances dont la composition est semblable à celle de la dextrine. Elles sont solides, incristallisables, insolubles dans l'alcool et l'éther, généralement solubles dans l'eau, avec laquelle elles forment une liqueur sirupeuse. L'acide azotique les décompose facilement et les transforme partiellement en *acide mucique.*

En Arabie et au Sénégal, certains arbres produisent une gomme, connue sous le nom de *gomme arabique,* qui est très soluble dans l'eau.

Dans nos pays, les poiriers, les abricotiers, etc, donnent des gommes peu solubles, parce qu'elles ne sont pas pures.

En Perse et dans l'Asie Mineure, certains arbres fournissent en abondance une gomme désignée sous le nom de *gomme adragante* ou *gomme de Bassora ;* cette gomme est insoluble dans l'eau; chauffée avec de l'eau, elle donne une gelée transparente.

830. Pour purifier la gomme, on la dissout dans l'eau, on y mêle un peu d'acide chlorhydrique et on verse le mélange dans l'alcool : on obtient ainsi un précipité qui, séché, a un aspect vitreux.

831. La gomme soluble sert à fabriquer la colle, peu résistante, dont on se sert pour coller le papier et de menus objets; à préparer certaines pastilles, certains sirops adoucissants, etc.

CELLULOSE ($C^{48} H^{40} O^{40}$).

832. On nomme *cellulose* la trame solide qui constitue les parois des cellules des végétaux. Pure, c'est-à-dire débarrassée des matières qui remplissent les cellules, matières azotées, principes pectiques, substances minérales, etc., elle est solide, diaphane, blanche, insoluble dans l'eau, dans l'alcool, l'éther et les huiles fixes ou volatiles. Elle se décompose à 200°. Sa densité varie entre 1,25 et 1,45.

La moelle de sureau, le coton sont de la cellulose à peu près pure. C'est avec cette substance qu'on fabrique les cordes, les toiles de chanvre, de lin, de coton, les fils, le papier, etc.

Les acides et les alcalis concentrés transforment la cellulose d'abord en matière amylacée, puis en dextrine et enfin en glucose.

Si l'on fait bouillir la cellulose avec de l'acide nitrique, on produit de l'acide oxalique.

A la température ordinaire, la cellulose forme avec l'acide nitrique des composés que l'on confond sous les noms de *fulmi-coton, coton-poudre, poudre-coton* et *pyroxyle*.

La cellulose, plongée dans de l'eau saturée de chlore ou d'hypochlorite de chaux, est décomposée en eau et en acide carbonique, ce qui explique l'usure du linge blanchi par le chlore.

L'acide sulfurique non concentré a une action particulière sur le papier : il le rend translucide, très cohérent et semblable à du parchemin ; c'est alors le *papier parchemin*.

PRÉPARATION DU COTON-POUDRE
PROPREMENT DIT

833. On mélange de l'acide sulfurique fumant et de l'acide nitrique ; on plonge dans le liquide du coton, qu'on retire au bout de dix minutes environ ; après quoi on l'essore, on le lave à grande eau et on le laisse sécher. Le coton n'a pas changé, en apparence ; mais il est moins doux au toucher, il est devenu insoluble dans tous les dissolvants, il s'enflamme de lui-même à la température de 120°, et à la température ordinaire au contact d'une flamme ou par suite d'un choc. On s'en sert dans les travaux de mines et pour l'établissement des ponts ; on a renoncé à le substituer à la poudre dans les armes à feu, à cause du dégagement trop considérable de gaz qu'il produit.

PRÉPARATION DU FULMI-COTON

834. On obtient le *fulmi-coton* par un procédé analogue à celui que nous venons d'exposer, mais on emploie de l'acide sulfurique monohydraté et de l'acide nitrique dont la densité est 1,35 environ. Le bain dure une trentaine d'heures. Le fulmi-coton se dissout dans l'éther mélangé d'alcool. Cette dissolution s'emploie très souvent en chirurgie et en photographie sous le nom de *collodion*.

LIGNEUX

835. Lorsque la cellulose est recouverte d'une matière dure et cassante, on la nomme *ligneux*. C'est le ligneux qui forme le bois. Celui-ci contient, en outre, de l'air, de l'azote et certains sels minéraux qui constituent les *cendres*. La proportion du ligneux varie d'un bois à l'autre. Le bois est d'autant plus dur et chauffe d'autant plus qu'il renferme plus de ligneux ; c'est qu'en effet le ligneux est plus riche en carbone que la cellulose et que, par suite, les bois les plus durs sont les plus riches en carbone.

Le bois est altéré par le contact de l'air et par l'action de certains animaux ; pour le préserver, on fait pénétrer, *on injecte* dans ses pores de la créosote, du goudron, du sulfate de zinc, etc. C'est par suite de ces injections que les poteaux et les traverses de chemins de fer ont un aspect jaunâtre. Le bois des meubles et des boiseries est conservé par la peinture ou par le vernis dont ils sont revêtus.

Le chanvre et le lin sont des fibres ligneuses.

FABRICATION DU PAPIER

836. Le papier est fabriqué avec des chiffons et certaines substances végétales, telles que la paille, le bois, etc.

Après avoir fait un triage des chiffons et en avoir séparé les parties plus difficiles à transformer, opération qui constitue le *délinage*, on soumet ces chiffons à un lessivage pour lequel on emploie des sels de soude.

Les chiffons nettoyés subissent l'*effilochage*, c'est-à-dire qu'on les divise en parties très menues au moyen d'un cylindre armé de lames ; ensuite a lieu le *blanchiment*, qui s'effectue au moyen du chlorure de chaux. On soumet alors de nouveau les chiffons à l'action du cylindre à effilochage, de manière à obtenir une pâte très homogène. Cette pâte confectionnée, on peut opérer à la main ou à la mécanique.

837. Fabrication à la main. — On plonge dans le bassin où se trouve la pâte un châssis dont le fond est fermé par une toile métallique ou par des fils de laiton entre-croisés. Lorsqu'on retire ce châssis, on lui imprime un mouvement de va-et-vient pour étendre uniformément à sa surface la pâte qu'il contient et faire écouler la plus grande partie de l'eau qui s'y trouve. Une fois la pâte égouttée, on la com-

prime entre deux couvertures de laine pour achever de la
dessécher. Pour *coller* la feuille ainsi obtenue, on l'immerge
dans un bain d'alun et de gélatine ; comme on le conçoit,
ce collage est superficiel.

La fabrication à la main est aujourd'hui à peu près abandonnée, sauf pour la confection des papiers timbrés.

838. Fabrication à la mécanique. — La pâte tombe sur
une toile métallique sans fin analogue à la précédente et
animée d'un mouvement de va-et-vient destiné à rendre la
couche de pâte uniforme. Sur ce châssis, la pâte s'égoutte
et prend une certaine consistance. Elle passe ensuite dans
une série de cylindres, les uns froids, les autres chauffés
par la vapeur, qui la dessèchent et la rendent lisse. On
obtient ainsi un immense rouleau qu'on découpe ensuite
en feuilles. Lorsque le papier est destiné à l'écriture, on
le colle en mêlant de la colle à la pâte. On fait quelquefois
de même pour le papier à impression.

FIBRES TEXTILES

839. Les fibres textiles ont une origine animale ou une
origine végétale.

Les fibres animales, avec lesquelles on fabrique la soie,
la laine, le drap, sont solubles dans la soude ou la potasse
caustique. En brûlant, elles dégagent une odeur de corne
grillée.

Les fibres végétales, avec lesquelles sont faits le lin, les
cordes, les toiles, le papier, etc., sont insolubles dans la
soude ou la potasse caustique, mais solubles dans l'eau
ammoniacale cuivrée.

PHÉNOL ($C^{12}H^{6}O^{2}$).

840. Le *phénol* ou *acide phénique* a été découvert par
Runge dans le goudron de houille. Il cristallise en prismes
incolores, fusibles à 40°, peu solubles dans l'eau, solubles
dans l'alcool et dans l'éther. Sa saveur est caustique et
brûlante, son odeur peu agréable. Il a la propriété très
remarquable de coaguler l'albumine et de désorganiser les
tissus ; c'est un excellent antiputride.

PRÉPARATION

841. Pour obtenir le phénol, lorsque les huiles de goudron sont entre 120° et 180°, on les traite par l'acide sulfurique, pour les débarrasser des alcaloïdes, puis par la soude concentrée. En traitant ensuite par un acide la solution ainsi produite, on obtient un liquide sirupeux qui n'est autre que le phénol. Il n'y a plus qu'à le rectifier et le dessécher. On trouve aussi le phénol dans l'urine des herbivores, dans le fumier, etc.

USAGES

842. On se sert du phénol pour assainir les abattoirs, les boucheries, etc. L'art vétérinaire l'emploie dans certaines maladies des animaux. C'est un antiseptique précieux qui empêche le développement des germes. On en recommande l'usage comme eau de toilette.

L'acide nitrique combiné avec le phénol donne *l'acide picrique*, dont les cristaux sont des lames jaunes. Chauffé brusquement, il détone et peut causer de très graves accidents. On l'emploie pour teindre la laine et la soie en jaune.

Le *picrate de potasse* cristallise en longues aiguilles jaunes ; la chaleur le fait détoner violemment ; on l'emploie pour composer des mélanges explosifs.

ALIZARINE ($C^{18}H^{4}O^{3}$).

843. L'*alizarine* a été découverte en 1826 par Robiquet et Colin dans la racine de la garance (*rubia tinctorium*). Elle forme des cristaux rougeâtres entrant en fusion à 215° et donnant des vapeurs un peu au-dessus de cette température. Peu soluble dans l'eau froide, elle se dissout, au contraire, facilement dans l'eau bouillante et les alcools. Une solution alcoolique d'alizarine traitée par la chaux se colore en bleu ; traitée par les alcalis, en rouge violet. Avec l'acide sulfurique il y a coloration rouge.

En dissolvant l'*anthracène* ($C^{13}H^{10}$) dans l'acide acétique et y ajoutant de l'acide chromique, on obtient l'*anthraquinone*. Ce corps bibromé traité par la potasse donne l'*alizarine*. Au lieu de brome, on peut employer de l'acide

sulfuriqu concentré : il se forme des composés sulfureux
que la potasse caustique décompose en sulfite de potasse
et en alizarine. C'est la même réaction que celle qui
produit les phénols.

GARANCE

844. Pour extraire la matière tinctoriale de la racine du
rubia tinctorium, on la fait bouillir dans l'eau, on ajoute
au liquide de l'acétate neutre de plomb, pour précipiter les
matières albuminoïdes, puis on le filtre. On précipite ensuite l'acide *rubérythrique* par l'acétate tribasique de plomb.
Enfin on traite ce sel par l'acide sulfhydrique et l'on obtient
de la glucose et de l'*alizarine*.

En traitant, à poids égaux, la racine du *rubia tinctorium*
par l'acide sulfurique, qu'on laisse agir d'abord à la température ordinaire, puis qu'on chauffe à 100°, on obtient la
garancine ou *charbon sulfurique de garance*, qui a un pouvoir tinctorial de beaucoup supérieur à celui de la garance
ordinaire.

PURPURINE ($C^{18}H^4O^{10}$).

845. La *purpurine* accompagne l'alizarine dans la garance.
Elle cristallise en prismes rougeâtres. De même que
l'alizarine, on la fabrique industriellement; elle est très
répandue dans le commerce et donne une teinture rouge
à nuance jaune.

ALDÉHYDES

ALDÉHYDE ORDINAIRE ($C^4H^4O^2$).

846. L'*aldéhyde ordinaire*, ou *aldéhyde éthylique*, découvert en 1821 par Dœbereiner, a été étudié par Liebig en 1835. C'est un liquide incolore, très volatil, d'une odeur irritante. Il bout à 21°.

847. Pour préparer l'aldéhyde ordinaire, on oxyde de l'alcool par du bichromate de potasse mélangé d'acide sulfurique, en chauffant le tout dans une grande cornue : il se dégage alors une grande quantité de vapeurs qui se réunissent dans un ballon entouré d'un mélange réfrigérant ; de là elles passent dans un serpentin entouré d'eau à 40° environ, puis dans deux flacons contenant de l'éther, ce qui permet la dissolution de l'aldéhyde ; on sature ensuite par du gaz ammoniac, ce qui donne l'*aldéhyde ammoniaque*. Ce corps est ensuite traité par l'acide sulfurique étendu : il se forme de l'aldéhyde et du sulfate d'ammoniaque. Les réactions qui provoquent la naissance de l'aldéhyde sont les suivantes : le bichromate de potasse, chauffé avec l'acide sulfurique, donne de l'oxygène et un sulfate de chrome ; l'oxygène libre attaque l'alcool et lui enlève de l'hydrogène pour donner de l'eau et de l'aldéhyde.

CHLORAL ($C^4HCl^3O^2$).

848. Le corps le plus important formé avec l'aldéhyde est le *chloral*, appelé aussi *aldéhyde trichloré*. Ce corps, liquide incolore d'une odeur vive, est le résultat de l'action prolongée du chlore sur l'aldéhyde. Il provoque le larmoiement. C'est un anesthésique puissant, employé concurremment avec le chloroforme.

ESSENCE D'AMANDES AMÈRES ($C^{14}H^4O^2$).

849. En soumettant les amandes amères à l'action d'une presse hydraulique, on obtient les huiles qu'elles contiennent et des tourteaux qu'on traite par l'alcool, pour les débarrasser de l'émulsine et de l'amygdaline. Ces tourteaux, dont on chasse ensuite l'alcool par la distillation, sont délayés avec de l'eau dans un alambic à l'intérieur duquel on fait passer un courant de vapeur d'eau : cette vapeur entraîne l'essence avec de l'acide cyanhydrique. On distille et on obtient de l'eau qui a retenu de l'acide cyanhydrique, eau connue en médecine sous le nom d'*eau distillée d'amandes amères*, et de l'*essence d'amandes amères*, qui est un mélange d'aldéhyde benzoïque et d'acide cyanhydrique. Ces deux corps n'existent pas dans les amandes amères ; ils se produisent en même temps que de la glucose par le dédoublement de l'amygdaline au contact de l'eau et de l'émulsine qui existe dans ces amandes. On purifie, on rectifie et on dessèche le susdit mélange : c'est alors un liquide incolore, d'une odeur et d'une saveur agréables. Lorsque, impure, l'essence d'amandes amères retient encore de l'acide cyanhydrique, elle est vénéneuse.

CAMPHRE ($C^{20}H^{16}O^2$).

850. Le *camphre,* connu en Asie depuis la plus haute antiquité, n'a été importé en Europe qu'au cinquième siècle. Le camphre ordinaire, lorsqu'il est brut, se présente sous la forme de cristaux grisâtres ; raffiné, c'est une masse blanche cristalline, diaphane, flexible, d'une odeur forte *sui generis*, d'une saveur amère et chaude. Le camphre se vaporise facilement, comme le montrent les parois d'un flacon dans lequel on le conserve. Il fond à 175° et bout à 204°. Il est peu soluble dans l'eau, mais très soluble dans l'alcool et l'éther. Sa densité est de 0,99.

On extrait le camphre de l'essence de lavande ou de l'essence de marjolaine ; au Japon, on l'obtient en distillant le bois du *laurus camphora* et en raffinant les cristaux produits.

Le camphre est un *sédatif* et un antiseptique. Il entre dans un grand nombre de médicaments.

L'*eau-de-vie camphrée*, dissolution de camphre dans de l'alcool, est employée comme médicament externe contre les douleurs, les contusions, les entorses. L'*eau sédative*, mélange d'eau-de-vie camphrée, d'eau, d'ammoniaque et de sel marin, sert contre les maux de tête.

CELLULOÏDE

851. Si l'on mélange un peu de camphre avec du coton-poudre, on obtient le *celluloïde*, corps que la chaleur rend plastique et que le froid durcit. On commence à s'en servir dans l'industrie pour faire des faux-cols, des manchettes, de menus objets de toutes sortes, qui ne sont pas sans offrir quelque danger, contre lequel il est bon de se tenir en garde, car, étant formés de substances très inflammables, il suffit d'en approcher imprudemment une allumette pour les faire flamber.

ACIDES VOLATILS

ACIDE ACÉTIQUE ($C^4H^4O^4$).

852. L'*acide acétique* se trouve à l'état d'acétate de soude, de potasse ou de chaux dans la sève de presque toutes les plantes et dans plusieurs liquides usuels. Il se forme également dans la distillation sèche d'un grand nombre de substances organiques. A la température ordinaire, il est liquide ; son odeur est forte et sa saveur très acide. Il est solide au-dessous de 17°, à son maximum de concentration, et bout à 120°. Appliqué sur la peau, il produit des ampoules. Sa vapeur brûle avec une belle flamme bleue. Chauffé avec du cuivre, il forme l'*acétate de cuivre*, sel très vénéneux, qu'on emploie dans la fabrication des papiers peints. Étendu d'eau, il constitue le *vinaigre*.

VINAIGRE

853. Tout liquide qui contient de l'alcool, en s'oxydant au contact de l'air, produit de l'acide acétique, qui, dans ce cas, prend le nom de *vinaigre*.

L'usage du vinaigre étant fort répandu, on le prépare en grandes quantités, par l'un des procédés que nous allons décrire.

MÉTHODE D'ORLÉANS

854. Dans une barrique de 220 litres on introduit 100 litres de vinaigre et 10 litres de vin, puis on met cette barrique dans une grande chambre où l'on maintient une température de 30° environ. Au bout d'un mois, la fermentation acétique étant terminée, on retire 10 litres de vinaigre qu'on remplace par 10 litres de vin. Une fois mise en train, cette méthode, qui est lente, mais excellente, et à laquelle les vinaigres d'Orléans doivent leur réputation, permet de retirer à époques fixes, environ chaque semaine, 10 litres de vinaigre de chaque barrique.

PROCÉDÉ ALLEMAND

855. Ce procédé, inventé par Wagemann et Schutzenbach, est très simple et beaucoup plus rapide que le précédent, mais donne des vinaigres de qualité inférieure. On opère au moyen d'un tonneau divisé en trois par deux cloisons horizontales (fig. 114). La cloison supérieure est percée de petits trous fermés partiellement par des ficelles *a*, *a'*, *a''*, etc.; ce tonneau est muni d'un couvercle traversé par un tube à entonnoir D; les parois de sa partie moyenne, qui communique avec l'extérieur par le tube C, sont percées d'ouvertures *o*, *o'*, *o''*, etc. Dans cette partie on place des copeaux de hêtre, puis on verse par le tube D le liquide, qui s'écoule lentement le long des ficelles et se répand sur les copeaux, qui présentent

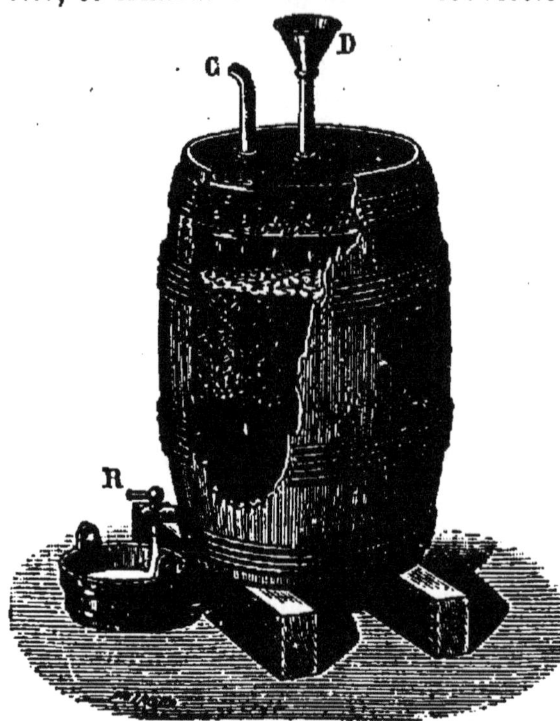

Fig. 114.

ainsi une large surface d'oxydation : on obtient bien vite un voile de mycodermes du vinaigre. L'air pénètre par les ouvertures *o*, *o'*, etc., et s'échappe par le tube C. L'oxydation de l'alcool, c'est-à-dire l'*acétification*, se fait rapidement, et le vinaigre descend dans le compartiment inférieur et s'échappe par le robinet R.

PROCÉDÉ PASTEUR

856. Pasteur a découvert que l'oxydation des liquides alcooliques est due à la présence d'une mince pellicule qui se trouve à leur surface et que cette pellicule est formée par une plante qu'il nomme le *mycoderma aceti*, c'est-à-dire le mycoderme du vinaigre. Ce mycoderme, en se développant au contact de l'air, en prend l'oxygène, qu'il fixe sur l'alcool et qu'il transforme ainsi en acide acétique. Par conséquent, lorsque le mycoderme disparaît, lorsqu'il est, par exemple, immergé dans le liquide, son action cesse, et, par suite, il n'y a pas d'acétification.

Pasteur a également remarqué qu'il se développe dans le vinaigre des animalcules qu'il nomme *anguillules du vinaigre* et que ces animalcules, étant privés de l'air nécessaire à leur respiration par le mycoderme, le déchirent et l'entraînent au fond du liquide. L'acétification se trouve ainsi interrompue jusqu'à ce qu'un nouveau mycoderme ait pu se former.

Pour éviter ces inconvénients, Pasteur fait une liqueur avec une eau contenant 20 pour 100 d'alcool, 1/10 d'acide acétique et un peu de phosphate ; puis à la surface d'une cuve en fermentation depuis deux ou trois jours il prend, avec une baguette, du mycoderme, qu'il *sème* à la surface de sa liqueur : la plante se développe avec rapidité, les anguillules du vinaigre ne peuvent naître assez tôt pour entraver le travail, et l'on obtient ainsi d'excellent vinaigre.

Les cuves employées dans ce procédé sont très larges et peu profondes, puisque l'acétification se développe surtout par la surface libre.

VINAIGRE DE BOIS

857. Pour obtenir le *vinaigre de bois* ou *vinaigre pyroligneux*, on introduit du bois dans un cylindre de fonte communiquant avec un grand serpentin refroidi par un courant d'eau et par lequel passent les produits liquides avant d'arriver dans le réservoir destiné à les recevoir. Les produits gazeux sont utilisés pour augmenter l'ardeur du foyer.

Le liquide obtenu, qui contient du goudron et de l'eau mélangés avec de l'acide acétique, est traité par le carbonate de soude : il se forme un acétate de soude, qui est lavé, concentré, puis grillé avec précaution. La température ne doit pas atteindre plus de 300° ; dès que le sel est fondu, il faut cesser de chauffer. A ce moment, l'acétate est dissous dans l'eau, puis filtré sur un filtre de charbon : le liquide, saturé d'acétate et débarrassé des matières étrangères qui lui donnaient un aspect grisâtre, cristallise lentement et à l'état de pureté. Ce dépôt d'acétate de soude, traité alors par de l'acide sulfurique à 66°, donne de l'acide acétique, qu'on soumet encore à une distillation d'où il sort pur et cristallisable.

USAGES

858. Le vinaigre sert à assaisonner une foule de mets, à confire des fruits et des légumes; il entre dans plusieurs préparations aromatiques et dans quelques médicaments. On emploie plusieurs acétates fabriqués avec l'acide pyroligneux: dans la teinture, l'acétate de fer; dans la peinture, l'acétate de cuivre ou *vert-de-gris;* en médecine, l'acétate de soude, qui est un excellent antiseptique; l'*acétate neutre de plomb* ou sel de Saturne sert à préparer la céruse, le chromate de plomb et l'*extrait de Saturne* ou *eau blanche.* Le *vinaigre radical,* vinaigre concentré, provenant de la distillation de l'acétate neutre de cuivre cristallisé, est employé en médecine comme excitant. L'acide acétique cristallisable est indispensable en photographie et en teinture.

ACIDE FORMIQUE ($C^2H^2O^4$).

859. L'*acide formique,* découvert au siècle dernier, ne fut étudié qu'en 1834 par Liebig. M. Berthelot en a fait la synthèse. L'acide formique est un liquide huileux, incolore, très caustique, d'une saveur acide et d'une odeur piquante rappelant celle des fourmis. Sa densité est de 1,20. Il fume à l'air, cristallise à 8°,6 au-dessus de 0 et bout à 99°.

Les fourmis et différents insectes sécrètent de l'acide formique; on le trouve aussi dans l'ortie, les aiguilles de sapin, certaines eaux minérales, la sueur et les divers liquides sécrétés par l'homme.

Pour obtenir l'acide formique, on jetait autrefois de l'eau bouillante sur des fourmis et l'on faisait distiller le liquide. Maintenant on l'obtient en faisant réagir de l'acide oxalique sur de la glycérine mélangée d'eau : l'acide oxalique se décompose en acide carbonique, qui se dégage, et en acide formique, que l'on distille.

On emploie le *formiate éthylique* pour donner aux alcools l'odeur et le goût du rhum.

ACIDES GRAS

860. Outre les deux acides dont nous venons de parler,
l'acide acétique et l'acide formique, les *acides gras* compren-
ent l'acide butyrique, l'acide valérianique, l'acide oléique,
acide margarique et l'acide stéarique.

ACIDE BUTYRIQUE ($C^8H^7O^3,HO$).

861. L'*acide butyrique*, découvert par Chevreul dans le
beurre, se forme par suite de fermentation sous l'influence d'un petit microbe, le bacillus amylobacter, qui
a la propriété de transformer la glucose et, dans le lac-
ate de chaux, l'acide lactique en acide butyrique. C'est un
liquide incolore, d'une odeur de beurre rance, de saveur
brûlante. Il est soluble dans l'eau et dans l'alcool et dissout
certains corps gras neutres. Il attaque et désorganise la
peau. On peut le préparer aussi en abandonnant, pendant
la chaleur, une solution de glucose avec de la craie et du
vieux fromage.

ACIDE VALÉRIANIQUE ($C^{10}H^{10}O^4$).

862. L'*acide valérianique* est un liquide incolore, volatil,
huileux, d'une odeur très caractéristique et persistante. Il a
été découvert en 1817 par Chevreul dans l'huile de mar-
souin; on peut l'extraire aussi de la valériane ou l'obtenir
par l'oxydation de l'alcool amylique.

Tous les valérianates ont une odeur caractéristique, une
saveur douce et un arrière-goût sucré. Les plus importants
sont les *valérianates de zinc*, d'*ammoniaque*, de *quinine* et
d'*atropine*, sels employés en médecine.

ACIDE OLÉIQUE (C³⁶H³⁴O⁴).

863. L'*acide oléique* a été découvert par Chevreul en 1811. C'est un liquide incolore et insipide, insoluble dans l'eau, soluble dans l'éther et dans l'alcool, solidifiable à 4°. Il fond à 14°. On l'obtient en quantité considérable dans la fabrication industrielle de l'acide stéarique. On peut le préparer en traitant de l'huile d'olive par la potasse; l'oléate et le margarate de potasse formés doivent ensuite être décomposés par l'acide tartrique. Le mélange de l'acide oléique et de l'acide margarique obtenus est repris par l'oxyde de plomb. On traite par l'éther, qui dissout seulement l'oléate de plomb; on traite ensuite la solution éthérée par l'acide chlorhydrique, qui précipite le plomb. Chauffé avec de la potasse, il se dédouble en acide acétique et en acide palmitique.

ACIDE MARGARIQUE (C³⁴H³⁴O⁴).

864. L'*acide margarique*, appelé aussi *acide palmitique*, a été découvert en 1810 par Chevreul. Il se trouve dans l'huile de palme, le blanc de baleine, l'huile de morue, certaines cires d'Orient, et dans les graisses de l'homme, du mouton, du bœuf, du porc, de l'oie, etc. Pour préparer l'acide margarique, on saponifie par un alcali l'une des huiles ou des graisses précitées, on décompose par un acide le savon ainsi obtenu, on exprime l'acide gras solide et on le fait cristalliser.

L'acide margarique entre dans la constitution des bougies dites stéariques.

ACIDE STÉARIQUE (C³⁶H³⁶O⁴).

865. L'*acide stéarique* a été découvert en 1811 par Chevreul. C'est un corps blanc, solide, cristallisé en aiguilles brillantes, soluble dans l'alcool et dans l'éther, mais non dans l'eau. Il fond à 70° et brûle à l'air avec une flamme blanche assez éclairante, en produisant de l'acide carbonique et de l'eau. Il entre dans la constitution de presque tous les corps gras animaux et végétaux; c'est le plus répandu des acides gras solides; on ne le trouve à l'état libre que dans la coque du Levant.

La stéarine pure et la potasse forment un *stéarate de potasse*; on le décompose par un acide : l'acide stéarique, insoluble dans l'eau, se précipite; on le lave, on le dissout dans l'alcool et on le fait cristalliser.

Pour ce qui concerne la composition et la fabrication des savons et des bougies stéariques, voir n°s 807 à 809.

ACIDES DIVERS

ACIDE OXALIQUE ($C^4H^2O^8$).

866. L'*acide oxalique*, découvert au siècle dernier, a été souvent étudié. M. Berthelot en a fait la synthèse.

L'acide oxalique est toujours combiné avec des bases, quand on le rencontre dans les tissus végétaux. Certaines plantes terrestres, comme l'oseille, donnent des oxalates de potasse; d'autres, des oxalates de chaux; nombre de plantes marines incinérées offrent des oxalates de soude.

PROPRIÉTÉS

867. Solide, blanc, d'une saveur piquante, l'acide oxalique cristallise en prismes rhomboïdaux obliques. Sa densité est de 1,64. Il est peu soluble dans l'eau froide et plus dans l'eau chaude. L'alcool le dissout également. C'est un réducteur très énergique : il décompose l'acide azotique. La chaleur et l'acide sulfurique le décomposent. Pris à la dose de 15 à 20 grammes, c'est un poison, dont on peut neutraliser les effets en prenant un vomitif, puis une bouillie de magnésie ou de craie.

PRÉPARATION

868. Pour préparer l'acide oxalique, on peut broyer de l'oseille, filtrer le jus obtenu, le laisser cristalliser, puis traiter par l'acétate de plomb les cristaux de sel d'oseille : on a ainsi un composé insoluble, qu'on traite par l'acide sulfurique. Le liquide obtenu abandonne par évaporation l'acide oxalique. D'ordinaire, on prépare cet acide en chauffant doucement 100 gr. de sucre ou d'amidon avec 800 gr. d'acide azotique et 1 litre d'eau : l'acide oxalique, peu soluble, se dépose peu à peu. Dans l'industrie, on l'obtient en chauffant de la sciure de bois avec un mélange de soude, de chaux et de potasse, qui forment des oxalates décomposables par un acide.

USAGES

869. L'acide oxalique sert à enlever les taches d'encre sur le linge, à nettoyer le cuivre ; on l'emploie comme *rongeant*, pour détruire les effets du mordant sur les étoffes ; on l'utilise en médecine, pour préparer des limonades. Le bleu de Prusse dissous dans une solution d'acide oxalique donne l'encre bleue. Un mélange d'acide oxalique et d'acide chlorhydrique permet d'enlever les taches de rouille sur les tissus, opération qu'on facilite en ajoutant à ce mélange un peu de sel d'étain.

Le bioxalate de potasse mélangé de quadroxalate de potasse et vulgairement appelé *sel d'oseille* a les mêmes usages que l'acide oxalique.

Nous avons déjà vu que, chauffé légèrement avec la glycérine, l'acide oxalique se décompose en acide carbonique et en acide formique.

L'oxalate d'argent et l'oxalate de mercure sont explosifs.

ACIDE TARTRIQUE ($C^8H^4O^{12}$).

870. L'*acide tartrique* est un corps solide cristallisé en gros prismes rhomboïdaux obliques, incolores, inodores, d'une saveur très acide. Il est soluble dans l'alcool et dans 4 ou 5 fois son poids d'eau, à laquelle il communique un goût très agréable. Calciné au contact de l'air, il brûle.

L'acide tartrique existe à l'état de tartrate de potasse dans le jus du raisin, des sorbes, des mûres, des ananas, des pommes de terre, des topinambours, etc.

La croûte qui se dépose sur les parois des tonneaux de vin n'est autre chose que du *bitartrate de potasse*. Ce sel, appelé aussi *tartre des vins* ou *crème de tartre*, est connu depuis la plus haute antiquité. En 1770, Scheele en a retiré l'acide tartrique. Pasteur l'a séparé en quatre acides tartriques différents.

PRÉPARATION

871. Pour préparer l'acide tartrique, on fait dissoudre le bitartrate de potasse dans de l'eau bouillante, qu'on traite par le carbonate de chaux : il se dégage de l'acide carbonique, un tartrate de chaux insoluble et un tartrate neutre de potasse soluble ; si l'on ajoute à cette liqueur du chlorure de calcium, tout l'acide tartrique se combine avec la chaux de ce chlorure pour former un tartrate de chaux, qu'on traite par l'acide sulfurique : on obtient un sulfate de chaux insoluble et de l'acide tartrique dissous dans la liqueur; l'acide tartrique cristallise par une évaporation lente.

USAGES

872. L'acide tartrique est employé, comme nous l'avons vu, à la fabrication de l'eau de Seltz artificielle; en médecine, on s'en sert pour confectionner certaines boissons rafraîchissantes ; dans l'industrie, on l'utilise pour aviver certaines couleurs, et comme mordant pour teindre la laine.

Le bitartrate de potasse et le *sel de Seignette*, tartrate double de potasse et de soude, sont employés comme purgatifs.

L'*émétique*, tartrate double d'antimoine et de potasse, est employé comme vomitif.

ACIDE CITRIQUE ($C^{12}H^8O^{14}$).

873. L'*acide citrique*, découvert par Scheele en 1784 et souvent étudié depuis, existe en abondance dans les citrons, les groseilles, les oranges, etc. Il cristallise en prismes droits solubles dans l'eau et dans l'alcool. Il réduit le chlorure d'or. Pour l'obtenir, on exprime le jus des citrons, on le laisse fermenter, puis on le traite par la chaux : on obtient un citrate de chaux, que l'on décompose par l'acide sulfurique, ce qui donne un sulfate de chaux insoluble et l'acide citrique en dissolution. Il n'y a plus qu'à laisser cristalliser.

L'acide citrique est employé pour la teinture; on s'en sert pour préparer les limonades purgatives; on fait aussi usage en médecine des citrates de magnésie, de fer, etc.

ACIDE LACTIQUE $(C^6H^6O^6)$.

874. *L'acide lactique*, découvert par Scheele en 1780, se trouve pur dans le petit-lait, le jus aigre de betterave et de choucroute. Il se produit aux dépens du sucre sous l'influence du ferment lactique. C'est un liquide incolore, très soluble dans l'eau, l'alcool et l'éther. Il possède une saveur fortement acide. Pour le préparer, on ajoute à du lait du sucre et de la craie, ainsi qu'un peu de fromage destiné à activer le ferment lactique : on obtient ainsi un lactate de chaux, qu'on traite par l'acide sulfurique pour en extraire l'acide lactique.

Le lactate de fer est employé en médecine comme fortifiant, principalement pour combattre la chlorose.

ALCALIS ARTIFICIELS. — MATIÈRES COLORANTES

AMINES

875. On appelle *amines* les combinaisons des alcools ou des phénols avec l'ammoniaque. Cette réaction se fait avec élimination d'eau; par exemple,

$$C^4H^6O^2 + AzH^3 = 2HO + C^4H^4,AzH^3$$
(alcool éthylique)   (éthylamine).

Les amines sont des bases semblables à l'ammoniaque; une des plus importantes est l'aniline.

ANILINE ($C^{12}H^4,AzH^3$).

876. L'*aniline* est un liquide incolore, visqueux, d'une saveur âcre et d'une odeur très forte. Sa densité est de 1,036. L'aniline est très soluble dans l'eau, soluble dans l'alcool et dans l'éther, cristallise à — 8°, bout à 184°, s'oxyde et prend une teinte foncée au contact de l'air. On l'extrait des goudrons de houille. Dans l'industrie, on la prépare en traitant la nitrobenzine par l'acide acétique et la limaille de fer. Comme nous l'avons déjà dit, l'aniline est le point de départ d'une série de matières colorantes plus remarquables les unes que les autres, qui toutes sont des sels d'aniline.

TOLUIDINE ($C^{14}H^4,AzH^3$)².

877. La *toluidine* dérive du *toluène*, qu'on extrait des goudrons de houille ou qu'on obtient en distillant le baume de tolu. Elle est solide, fond à 45°, bout à 198° et forme avec l'acide oxalique un sel insoluble dans l'éther.

ROSANILINE ($C^{40}H^{10},AzH^3$)³.

878. En chauffant un mélange d'aniline, de toluidine et de bichlorure d'étain, ou d'acide arsénique, ou de citrate de mercure, on obtient le rouge de rosaniline.

La *rosaniline* pure est incolore; elle se teinte en rose en s'altérant. Elle forme avec les acides des sels à reflet vert doré. Leur dissolution est de couleur rouge.

MATIÈRES COLORANTES JAUNES

879. La réaction de l'acide nitreux sur l'aniline donne un alcali, l'*amidoazobenzol*, nommé aussi *jaune d'aniline*.

Si l'on fait réagir à 240° un sel de rosaniline sur un sel d'aniline, il en résulte une réaction brusque qui produit une matière colorante brune soluble dans l'eau et nommée *brun d'aniline* ou *brun Bismarck*.

Quand on traite par l'acide azoteux la métaphénylène-diamine, on produit un brun analogue au brun Bismarck et appelé *résuvine* ou *brun de Manchester*. C'est à l'aide de cette matière que l'on produit les teintes dites *havanes*.

MATIÈRES COLORANTES BLEUES

880. En chauffant un sel de rosaniline avec un excès d'aniline, on obtient une couleur bleue connue sous le nom de *bleu de Lyon*, *bleu de Paris* ou *bleu de fuchsine*. Comme il est insoluble dans l'eau, on le dissout dans l'alcool.

MATIÈRES COLORANTES VIOLETTES

881. En faisant réagir, en présence de l'acide sulfurique, le bichromate de potasse sur le sulfate d'aniline, on obtient un corps appelé *mauréine*, *aniléine* ou *violet de Perkin;* c'est la première couleur d'aniline qui ait été utilisée.

Si l'on chauffe la rosaniline avec de l'iodhydrate d'éthy-lène, on obtient le magnifique *violet d'Hoffmann*.

La *diméthylaniline*, chauffée avec un corps oxydant, donne une belle couleur violette soluble dans l'eau et nommée *violet de Paris;* cette découverte, due à M. Lauth, date de 1861.

Si l'on chauffe à 160° environ de l'aniline et de la fuch-sine, on obtient une série de *chlorhydrates de rosanilines phénylées*, dont les teintes violettes se rapprochent peu à peu du bleu à mesure que l'hydrogène de la fuchsine est remplacé, par suite de l'opération, par des volumes égaux de vapeur de benzine. Ces matières colorantes sont solubles dans l'alcool et non dans l'eau.

MATIÈRES COLORANTES VERTES

882. Si l'on fait réagir, en présence de l'acide sulfurique, l'aldéhyde sur de la rosaniline et qu'on traite le produit obtenu (un bleu qui ne peut se fixer) par l'hyposulfite de soude, on obtient un très beau vert nommé *vert d'aniline :* c'est un vert lumière, c'est-à-dire une couleur qui conserve sa teinte à la lumière artificielle.

Si l'on chauffe de l'éther méthyliodhydrique avec de l'alcool méthylique et de l'acétate de rosaniline, on produit une couleur d'un beau vert nommé *vert à l'iode*, qui forme une combinaison soluble dans l'eau avec le chlorure de zinc.

En faisant réagir le trichlorure de benzyle sur la diméthylaniline, on obtient une splendide couleur verte nommée *vert malachite.*

MATIÈRES COLORANTES NOIRES

883. En faisant agir le sulfate de cuivre sur l'aniline, on obtient un *noir d'aniline* très supérieur aux autres noirs.

MATIÈRES COLORANTES ROUGES

884. Si l'on oxyde par l'acide arsénique l'aniline du commerce, c'est-à-dire chargée de toluidine, on obtient le *rouge de fuchsine*, nommé aussi *roséine, magenta, solferino, rouge d'aniline*, etc.

Les actions successives de l'acide nitreux et d'un réactif oxydant quelconque sur l'orthotoluidine donnent la *safranine*, couleur qui teint la soie en rose.

ALCALIS ANIMAUX. — ALCALOÏDES

885. Les principaux alcalis d'origine animale sont la *névrine*, découverte dans la bile du bœuf et du porc; la *leucine*, qui existe dans la corne ; la *gélatine* ; la *glycolamine*, qui se trouve dans les tissus musculaires de certains mollusques et dans l'acide hippurique ; la *cystine*, qu'on a trouvée dans l'urine de l'homme ; la *tyrosine*, qui existe à l'état normal dans le corps humain et qu'on rencontre aussi dans les produits de la putréfaction, etc.

886. On désigne sous le nom d'*alcaloïdes* ou d'*alcalis végétaux* des bases organiques verdissant le sirop de violette, bleuissant le papier de tournesol et pouvant, comme les oxydes métalliques, se combiner avec les acides pour former de véritables sels. La plupart constituent des poisons très énergiques, dont on peut voir les effets, même longtemps après la mort, par un procédé dû à M. Stan.

Les principaux alcaloïdes sont la nicotine, la cicutine, la morphine, la quinine et la strychnine.

NICOTINE ($C^{10}H^{14}Az^2$).

887. La *nicotine* existe dans le tabac. C'est un liquide huileux d'une odeur très vive. Incolore quand il vient d'être préparé, il prend bientôt une teinte brune sous l'influence de l'air et de la lumière. Sa densité est de 1,033. Il est très volatil, très soluble dans l'eau, l'alcool et l'éther, et bout à 210°.

On prépare la nicotine en traitant les feuilles de tabac par l'éther ammoniacal. On peut aussi l'extraire des liquides provenant de la fabrication du tabac.

La nicotine est un poison très violent; dans le tabac qui en contient le plus, celui du département du Lot, il y en a 7,96 pour 100; dans le tabac qui en contient le moins, celui de la Havane, il y en a seulement 2 pour cent. Les tabacs à fumer sont moins riches en nicotine que les tabacs en poudre.

CICUTINE (C^{16}H^{15}Az).

888. La *cicutine*, souvent appelée *conicine* ou *conine*, a été découverte en 1827. C'est un liquide incolore, oléagineux, nauséabond, soluble dans l'eau. Il bout à 215°. Sa densité est de 0,89.

Après avoir distillé avec une solution de soude les fruits de la ciguë (*conium maculatum*), on verse de l'acide sulfurique étendu d'eau sur le liquide obtenu, on l'évapore, puis on y ajoute un mélange d'alcool et d'éther qui s'empare du sulfate de cicutine, ce qui permet de retirer le sulfate d'ammoniaque. On traite le sulfate de cicutine par la soude et on distille.

La cicutine possède d'énergiques propriétés toxiques.

MORPHINE (C^{34}H^{19}AzO^{6} + H^{2}O^{2})

889. L'opium, qu'on retire du pavot blanc en pratiquant des incisions dans ses capsules encore vertes, renferme plusieurs alcaloïdes combinés avec des acides, notamment avec l'*acide méconique*; les plus importants de ces alcaloïdes sont la morphine, la codéine et la narcotine.

La *morphine* se présente sous la forme de cristaux rhomboïdaux droits, très peu solubles dans l'eau et dans l'éther, solubles dans l'alcool et possédant une saveur amère.

Si l'on épuise les pains d'opium par l'eau et qu'on mêle à cette dissolution du carbonate de soude pulvérisé, les alcaloïdes sont précipités. En faisant agir sur ce précipité de l'acide acétique, qu'on filtre et qu'on purifie, on obtient la morphine.

La *codéine* est retirée des eaux mères dont on a précipité la morphine; la *narcotine*, du résidu de l'opium qui a servi à préparer la morphine et la codéine.

La morphine, narcotique et poison très violent, est utilisée en médecine. Malheureusement, l'usage répété de cette substance produit des accidents analogues à ceux de l'empoisonnement alcoolique; d'où le danger de l'habitude à laquelle on a donné le nom caractéristique de *morphinomanie*.

La codéine est employée comme narcotique et comme calmant.

QUININE ($C^{40}H^{24}Az^2O^4$).

890. La quinine, découverte en 1820, est un corps solide, blanc, inodore, d'une saveur amère. Elle est peu soluble dans l'eau froide, un peu plus soluble dans l'eau chaude, assez soluble dans l'alcool et l'éther.

La quinine se trouve, combinée avec l'acide quinique et associée avec un autre alcaloïde, la cinchonine, dans les écorces du quinquina jaune, du quinquina gris et du quinquina rouge, arbres qui croissent principalement au Pérou, au Brésil et au Mexique.

On extrait surtout la quinine de l'écorce du quinquina jaune, où elle existe dans la proportion d'environ 4 pour 100. On réduit en poudre cette écorce, on la fait bouillir dans de l'eau aiguisée d'acide chlorhydrique ou d'acide sulfurique ; puis on concentre la liqueur et on y ajoute un lait de chaux, de manière à la rendre alcaline : il se forme un précipité renfermant la quinine, qu'on dessèche. On traite ensuite la matière sèche par de l'alcool bouillant. Après un certain temps, on enlève par la distillation les trois quarts de l'alcool, puis on ajoute au résidu de l'acide sulfurique, jusqu'à ce que la réaction soit légèrement acide. On filtre la liqueur, on la décolore par le noir animal et on la fait cristalliser : on obtient ainsi du sulfate de quinine, qu'on décompose par l'ammoniaque : il se forme du sulfate d'ammoniaque, et la quinine se précipite sous forme de poudre blanche. Il reste dans les eaux mères du sulfate de cinchonine. En traitant ce sulfate par l'ammoniaque, il se forme du sulfate d'ammoniaque et l'on a un dépôt de cinchonine.

La cinchonine dominant dans l'écorce du quinquina gris, on l'extrait de préférence de cette écorce par un procédé identique à celui qui sert à la préparation de la quinine.

Le quinquina est un des meilleurs toniques. On s'en sert sous plusieurs formes : en poudre, en boisson à l'eau froide ou par décoction, en sirop. On obtient du bon vin de quinquina avec 64 grammes de quinquina gris concassé, 120 grammes de bonne eau-de-vie et 1 000 grammes de vin rouge.

La quinine est employée en médecine comme fébrifuge. Elle est très souvent falsifiée et mélangée de sucre, de sulfate de chaux, d'acide borique, de salicine.

STRYCHNINE ($C^{42}H^{22}Az^2O^4$).

891. La *strychnine*, découverte en 1818, est un corps solide, incolore, d'une saveur très amère; elle cristallise en octaèdres, est insoluble dans l'eau, peu soluble dans l'alcool et dans l'éther. On l'extrait de la noix vomique, de la fève de Saint-Ignace, du bois de couleuvre, etc. C'est un poison très violent. On l'emploie à très faible dose, dans le cas de paralysie, pour stimuler la moelle épinière.

On a essayé de remplacer le houblon par la strychnine dans la fabrication de la bière; cette falsification a causé de graves accidents.

AMIDES

892. Les *amides* ont été découverts en 1830 par Dumas. Ce sont des sels ammoniacaux auxquels on enlève deux des équivalents d'eau qui entrent dans la composition de l'acide ; il ne faut donc pas les confondre avec ces sels.

Le premier amide obtenu par Dumas fut l'*oxamide*, c'est-à-dire l'amide correspondant à l'oxalate d'ammoniaque :

$$2AzH^4O,C^4O^6 = 2H^2O^2 + C^4O^4Az^2H^4.$$

Lorsque l'acide sur lequel s'opère la réaction est *monobasique*, on a des *monamides :* s'il est *bibasique*, des *diamides*.

On peut obtenir les amides par une distillation des sels, par l'action de l'ammoniaque sur des éthers, par l'action des chlorures sur l'ammoniaque.

Parmi les amides, nous citerons l'urée, l'indigo et l'acide hippurique ($C^{18}H^9AzO^6$), qui se trouve à l'état de sel dans l'urine des herbivores.

URÉE ($C^2O^2Az^2H^4$).

893. L'urine de l'homme et des carnivores contient, outre certains acides, l'*urée*, découverte en 1773 par Rouelle. L'urée entre dans l'urine dans la proportion d'environ 1,25 pour 100 ; l'homme adulte en produit 25 à 30 grammes par jour. C'est une matière blanche, incolore et inodore, cristallisée en prismes orthorhombiques. Elle se dissout facilement dans l'eau et fond à 120°. On l'obtient en faisant évaporer de l'urine fraîche à laquelle on ajoute ensuite de l'acide azotique : on a ainsi de l'azotate d'urée, qu'on traite par la baryte et l'alcool pour obtenir l'urée pure.

On trouve de l'urée, mais en petite quantité, dans le sang, dans la salive, etc.

Outre l'urée, l'urine contient l'*acide urique* ($C^{10}H^4Az^4O^6$), des matières albuminoïdes et divers sels. L'acide urique constitue l'urine solide des serpents.

Le guano est un *urate d'ammoniaque*.

Les *calculs* urinaires, qui produisent la maladie de la pierre, sont des urates d'ammoniaque et de soude.

INDIGO ($C^{16}H^5AzO^2$).

894. L'*indigo* est extrait du suc de certaines plantes culti-
vées dans l'Inde et l'Amérique du Sud. C'est un corps solide,
bleu, quand il est pur, insoluble dans l'eau et peu soluble
dans l'alcool. L'indigo pulvérisé, mêlé au protoxyde de fer
et à la chaux, puis plongé dans l'eau chaude, se change en
indigo blanc, matière soluble qui s'oxyde à l'air et redevient
indigo bleu. L'indigo se décolore par le chlore. Il est soluble
dans l'acide sulfurique concentré; d'où la production d'une
liqueur bleu foncé qui se fixe facilement sur la laine.

L'indigo est beaucoup employé pour la teinture et fait
l'objet d'un commerce très important.

MATIÈRES ALBUMINOÏDES

ALBUMINE

895. L'*albumine*, comme la caséine et la fibrine, se compose d'azote, d'oxygène, d'hydrogène et de carbone; c'est une substance visqueuse, filante, transparente et inodore qui constitue le blanc d'œuf et qu'on trouve en outre dans l'économie animale, ainsi que dans les graines des céréales et des légumineuses. Elle se coagule par la chaleur, par les acides, et se transforme en une masse blanche, opaque et inodore, propriété utilisée pour clarifier les liqueurs, les vinaigres, et pour coller les vins.

L'albumine verdit le sirop de violette. Elle est dissoute par l'acide chlorhydrique et teinte en violet. Soumise dans l'organisme animal à l'action des sucs gastriques, elle se transforme en une matière semblable à la gelée, d'abord insoluble, puis, par suite d'une action prolongée, soluble et pouvant être assimilée.

L'albumine est un excellent contrepoison du sublimé corrosif.

CASÉINE

896. La *caséine*, appelée aussi *caséum* ou *caillé*, est une substance blanche, inodore et insipide, à l'état complet de pureté. Elle est insoluble dans l'alcool et dans l'éther, presque insoluble dans l'eau, soluble dans les liqueurs alcalines. On la trouve dissoute en grande quantité dans le lait, dont elle est une des parties essentielles. Si l'on écrème le lait, puis qu'on traite le résidu par de l'acide sulfurique, la caséine se précipite sous forme de grumeaux. Elle ne se coagule pas par l'ébullition, ce qui la distingue de l'albumine; elle constitue l'élément principal du fromage.

FIBRINE

897. La *fibrine* est un corps solide, grisâtre, insipide et inodore, ordinairement mou, insoluble dans l'eau et dans l'alcool, soluble dans les alcalis; si on la laisse sécher, elle devient jaunâtre, cornée, cassante.

La fibrine existe en grande quantité dans le sang. En se coagulant au contact de l'air, elle constitue une espèce de réseau qui emprisonne les globules rouges du sang, les empêche de glisser et forme ainsi des caillots de sang. On la trouve également dans le chyle et les muscles.

GLUTEN

898. Le *gluten*, contenu dans un grand nombre de végétaux, est particulièrement abondant dans la farine des céréales. C'est une substance d'un blanc grisâtre, tenace, élastique, d'une odeur fade; elle est formée par le mélange de matières absolument analogues, par leur composition, aux matières que nous venons d'étudier, albumine, caséine et fibrine. C'est une sorte de *viande végétale*.

Pour séparer le gluten des granules d'amidon qu'il emprisonne comme feraient les mailles d'un réseau, il suffit de malaxer de la pâte de farine sous un filet d'eau. Au contact de l'air humide, le gluten se colore, perd son élasticité, se ramollit et se putréfie comme une matière animale, en répandant une odeur ammoniacale.

C'est le gluten qui permet à la pâte de fermenter, *de lever;* il joue par conséquent un grand rôle dans la *panification*, qui a pour objet de transformer la farine en pain; voici comment on y procède. On délaye la farine avec de l'eau, en ayant soin d'y mettre un peu de pâte aigrie ou *levain;* puis on la remue, soit avec des machines, soit avec les mains, de manière à obtenir une masse solide, homogène, élastique, qu'on abandonne à elle-même pour la laisser fermenter: sous l'influence du levain, il se forme différents gaz qui, retenus dans la pâte par suite de sa viscosité, ne peuvent s'échapper et y forment des trous appelés yeux: on dit que la pâte lève. Au bout de 10 à 12 heures on donne à la pâte la forme que l'on veut et on la plonge pendant 30 minutes environ dans un four chauffé à 300°. Dans certains pays, pour faciliter la fermentation, on recouvre la pâte avec des couvertures de laine.

GÉLATINE

899. La *gélatine* est une substance solide, inodore, incolore, translucide; desséchée, elle prend un aspect jaunâtre
et ressemble à de la corne. Elle est peu soluble dans l'eau
froide, qui la ramollit et la gonfle. Elle se dissout facilement
dans l'eau chaude et forme une *gelée*, lorsqu'on la laisse
refroidir.

La gélatine se trouve dans les muscles, les tendons, les
cartilages, la peau des animaux, mais non toute formée;
pour l'en extraire, on fait dissoudre ces matières dans l'eau
bouillante, puis on fait refroidir la liqueur dans des moules,
après l'avoir filtrée : on a ainsi la *colle forte*.

La *colle de poisson* est une gélatine pure qui se trouve
dans la vessie natatoire de l'esturgeon.

ŒUFS

900. L'*œuf* des oiseaux est formé de quatre parties : la
coque, une membrane collée à l'intérieur de la coque, le
blanc, le jaune.

La *coque* se compose de carbonate de chaux, de carbonate de magnésie, de phosphate de chaux et d'oxyde de fer;
le *blanc*, d'eau, de matières sucrées, d'albumine; le *jaune*,
de *vitelline* (substance azotée analogue à l'albumine), de
matières grasses et de matières colorantes.

Voici la composition d'un œuf de poule :

Blanc de l'œuf.	Parties	Jaune de l'œuf.	Parties
Eau	815	Eau	525
Albuminoïdes	110	Albuminoïdes	170
Graisses	10	Graisses	290
Sel	6	Sels	10
	971		995

Les sels contenus dans l'œuf sont surtout des sels de
potasse et du chlorure de sodium.

LAIT

901. Le *lait* est un liquide blanc un peu jaunâtre, opaque, d'une saveur douce et sucrée. Il est sécrété par des glandes spéciales, appelées *glandes mamillaires*, que possèdent les femmes et les femelles des mammifères, auxquelles la nature a donné cette liqueur pour servir à la nourriture de leurs enfants ou de leurs petits. C'est un *aliment complet*, c'est-à-dire contenant toutes les matières nécessaires à la nourriture.

Si l'on examine une goutte de lait au microscope, on y voit en suspension de petits *globules*. Lorsque le lait est abandonné à lui-même, il se divise en deux parties : la partie supérieure, formée par ces globules, est la *crème*; la couche inférieure, plus dense et d'aspect bleuâtre, constitue le lait *écrémé*.

BEURRE ET SÉRUM

902. Les globules qui constituent la crème renferment des matières grasses qui ne sont autre chose que du *beurre*.

Pour réunir ces matières en masse, on met la crème dans une baratte (fig. 113), où on la bat avec un bat-beurre (fig. 114), ce qui finit par souder en quelque sorte les globules les uns aux autres.

Le beurre ainsi obtenu est encore impur. Pour chasser le reste de lait qu'il contient, il faut le pétrir longtemps, en l'arrosant avec de l'eau pure, qui entraine ce lait.

En battant le lait avant la formation de la crème, on obtient un beurre plus pur et plus délicat.

Fig. 113.　　　Fig. 114.

Le lait non écrémé contient de la caséine, du sucre, divers sels et de l'eau. Sous l'influence d'un acide ou d'un peu de présure, lait caillé recueilli dans l'estomac des jeunes veaux, la caséine se coagule, et il reste un liquide transparent et jaunâtre qu'on nomme *sérum* ou *petit-lait*, liqueur aigrelette rafraîchissante. Sous l'influence de la chaleur, ce phénomène se produit parfois de lui-même : on dit alors que *le lait tourne.*

La caséine coagulée, soit seule, soit mélangée avec du beurre, constitue le *fromage.*

Les fromages à pâte ferme, comme le roquefort, le gruyère, le parmesan, le hollande, etc., ne contiennent que de la caséine ; on les fabrique par divers procédés ; mais dans tous on cherche à chasser du caillé le plus de petit-lait que l'on peut.

Les fromages mous salés, comme le brie, le mont-dore, le livarot, le marolles, etc., sont faits avec du lait non écrémé ; ils contiennent, par conséquent, de la caséine et du beurre.

Pour les fromages à la crème, comme le neufchâtel, non seulement on n'écrème pas le lait qui sert à les fabriquer, mais on y ajoute même de la crème provenant d'une traite précédente.

COMPOSITION DES DIFFÉRENTS LAITS

903. Voici la composition des différents laits :

Pour 1000 parties	Vache.	Chèvre.	Brebis.	Jument.	Anesse.	Chienne.	Femme.
Eau............	865,6	867,6	838,6	828,4	910,2	797,3	889,9
Parties solides	134,4	132,4	161,4	171,6	89,8	202,7	110,1
	1000,*	1000,"	1000,"	1000,"	1000,"	1000,"	1000,"
Caséine......	35,"	20,2	55,8	16,4	7,"	49,6	34,3
Albumine....	5,8	13,1			13,2	37,3	»."
Beurre.	40,3	44,8	38,5	68,7	12,6	85,5	25,3
Sucre de lait.	46,"	39,1	40,3	86,5	50,"	27,1	48,2
Sels minéraux	7,3	6,2	6,8		7,"	3,2	2,3
	134,4	132,4	161,4	171,6	89,8	202,7	110,1

904. La *lactose* ou *sucre de lait*, sous l'influence de l'air, se transforme en *acide lactique* $(C^6H^6O^6)$, qui détermine

presque aussitôt la coagulation de la caséine. Il existe tout formé dans le petit-lait et dans plusieurs autres substances.

SANG

905. Le *sang* est un liquide très variable qui circule dans le corps des animaux à travers un immense réseau de vaisseaux et donne à chaque partie du corps les principes nutritifs nécessaires à son entretien et à sa fonction. C'est en quelque sorte, dit M. Jean Macé, « un intendant infatigable, distribuant sans cesse et avec le plus grand discernement à chaque organe ce qu'il désire et juste dans la mesure de ses besoins. »

Le sang est composé d'eau tenant en dissolution ou en suspension des globules, de l'albumine, de la fibrine, des matières grasses, du chlorure de sodium, des sels de potasse et de soude, des phosphates de chaux et de magnésie, de l'oxygène, de l'azote, de l'acide carbonique, du sucre, de l'urée, etc.

Sorti des vaisseaux, le sang se décompose en deux parties : 1° une partie liquide d'un aspect jaunâtre appelée *sérum;* 2° une partie solide, molle et rouge, qu'on nomme *caillot.*

Le sérum contient de l'albumine en dissolution.

Le caillot, comme nous l'avons dit, est formé par la fibrine, qui se coagule et emprisonne les globules du sang. Le caillot comprend donc la *fibrine,* que nous avons déjà étudiée, et les *globules.*

Le principe le plus important des globules est l'*hémoglobine* ou *hématocristalline,* matière ferrugineuse qui leur donne leur couleur rouge.

Les globules du sang varient de couleur, de forme et de grosseur, suivant les espèces; à part quelques exceptions, ils ne sont rouges que chez l'homme et les vertébrés.

Les globules du sang de l'homme nagent parfois isolés, souvent empilés comme des pièces de monnaie. Ils sont ronds et renflés au milieu; leur diamètre est d'un cent-vingtième de millimètre; chez la chèvre, d'un deux cent-soixantième de millimètre; chez la grenouille, d'un quarante-cinquième de millimètre.

Le sang de l'homme est composé de la manière suivante :

	CORPS	POUR 1000 PARTIES		
		SANG TOTAL	PLASMA	GLOBULES
	Eau.	788,71	9J1,51	6S1,63
	Matières solides. . . .	211,29	98,49	318,37
Matières organiques.	Matières albuminoïdes extractives.	192,10	81,92	296,07
	Fibrine.	3,03	8,06	»
	Hématine.	7,38	»	15,02
Sels.	Chlorure de sodium. . .	2,701	5.516	»
	— de potassium.	2,062	0,359	3,679
	Sulfate de potasse. . .	0,205	0,281	0,132
	Phosphates de. . { soude. . .	0,157	0,271	0,633
	potasse. .	1,202	»	2,313
	chaux. . .	0,103	0,298	0,097
	magnésie.	0,137	0,218	0,060
	Soude..	0,921	1,532	0,311

avec environ 0,059 de fer, que l'on rencontre sur les globules.

On estime qu'une personne adulte possède en moyenne 7 kilogrammes de sang.

CHAIR DES ANIMAUX

906. On nomme *chair* ou *viande* la matière molle qui se trouve attachée aux os des animaux. Cette chair forme les muscles qui, par leur extension ou leur contraction, permettent les mouvements.

Outre les tissus cellulaire et adipeux, les nerfs, etc., la chair renferme divers sels, des principes albuminoïdes et une grande quantité de fibrine qui n'est pas la même que celle du sang et qu'on nomme fibrine *musculine*.

Les viandes, suivant qu'elles contiennent plus ou moins de musculine, sont *rouges*, comme la viande du bœuf et du mouton; *noires*, comme la viande du lièvre et du daim; *blanches*, comme la viande du veau et de l'agneau; ces der-

nières, dans lesquelles la musculine est très peu abondante,
sont plus aqueuses et moins nutritives.

Les viandes rôties sont celles qui abandonnent le moins
de leurs propriétés nutritives, car le mode de cuisson que
ces viandes ont subi est celui qui change le moins leur composition.

Le *bouillon* est un aliment provenant de l'ébullition des
viandes dans l'eau; il se compose en grande partie d'une
dissolution de sels de potasse et de gélatine avec un peu
d'albumine; on y rencontre en outre de la graisse mélangée mécaniquement à l'eau par l'ébullition et qui se fige
par refroidissement.

La cuisson de la viande dans l'eau doit être faite à feu
doux; car une trop forte chaleur, coagulant l'albumine de
la viande, contracte cette dernière, ce qui empêche l'eau
de pénétrer au centre de la pièce et de se charger de principes nutritifs.

PUTRÉFACTION

907. Les matières organiques abandonnées à elles-mêmes, après avoir été soustraites à l'action des forces vitales, *se pourrissent*. La *putréfaction* est due à une fermentation spéciale, la *fermentation putride*, dont on a ignoré longtemps la cause. D'après M. Pasteur, qui s'est occupé spécialement de cette question, la fermentation putride est due à l'action combinée d'un animal microscopique du genre *vibrion* et à de petits infusoires. Elle a lieu sous l'influence de l'oxygène de l'air, de l'eau et d'une température supérieure à 0°. Quand la matière soumise à son action ne contient que du carbone, de l'oxygène et de l'hydrogène, il se produit de l'acide carbonique, de l'eau, de l'hydrogène protocarboné; si elle renferme de l'azote, il y a en outre production d'acétate et de carbonate d'ammoniaque; quand elle contient du soufre et du phosphore, il se dégage de l'acide sulfhydrique et de l'hydrogène phosphoré; les gaz, en se dégageant, entraînent des parcelles de la matière en putréfaction et produisent ce qu'on appelle les *miasmes* putrides; quant au résidu de la décomposition, c'est une substance brune, pulvérulente, une sorte de terre qu'on désigne sous le nom de *terreau animal* ou *végétal*, suivant la matière dont elle provient.

908. Les moyens de conserver les matières organiques, c'est-à-dire de les soustraire à l'action de l'oxygène, de l'humidité, de la chaleur, des germes putrides, sont la cuisson, la privation d'air, la dessiccation, la congélation, l'emploi d'agents antiseptiques.

TANNAGE

909. Le *tannage* est une opération par laquelle on combine la peau des animaux avec le *tanin*, substance qui se trouve en plus ou moins grande quantité dans les diverses parties des végétaux, mais surtout dans l'écorce des arbres.

Après un premier lavage dans une eau courante, on passe les peaux à tanner dans plusieurs bains d'eau de chaux de plus en plus concentrés, puis on les racle avec un couteau non tranchant, pour faire tomber les poils et les divers débris qui y sont adhérents. On les immerge ensuite pendant une quinzaine de jours dans un bain de vieux tan, c'est-à-dire d'écorce de chêne ou autre, pulvérisée, ayant déjà servi, ce qui a pour effet de gonfler les peaux, d'en dilater les pores et de les préparer à subir le tannage proprement dit, qui s'effectue de la manière suivante. Au fond d'une fosse profonde, on étend une couche de vieux tan ; sur cette couche, on en met une de tan neuf, puis une couche de peaux, une autre couche de tan, une autre de peaux et ainsi de suite, jusqu'à ce que la fosse soit presque pleine. On achève de la remplir avec de l'eau et l'on abandonne le tout pendant un espace de temps qui peut aller jusqu'à huit mois. L'eau pénètre alors le tan, dissout le tanin qui s'y trouve contenu et l'introduit avec elle dans les pores des peaux. Le tanin attaque la fibrine, ainsi que les autres matières animales dont les fibres sont composées et forme avec elles une matière insoluble, très difficilement perméable à l'eau et imputrescible. Les peaux tannées sont appelées *cuirs*. Avant d'être rendues propres aux différents usages auxquels on les destine, elles sont soumises au *battage*, puis à plusieurs opérations qui constituent le *corroyage*.

CONSERVATION DES BOIS

910. Les bois ordinaires contiennent toujours de l'eau, de la sève et des matières albuminoïdes, éléments qui, en réagissant les uns sur les autres, provoquent la désagrégation de la fibre ligneuse ; il faut donc les éliminer des bois qu'on veut préserver de cette désagrégation, c'est-à-dire dont on veut empêcher la *pourriture*. On y procède de quatre manières différentes.

1° **Dessiccation du bois.** — Après avoir laissé le bois se ressuyer et se sécher peu à peu dans un endroit abrité de la pluie, mais ouvert au vent, on enduit de benzine ou de pétrole les extrémités de ce bois, auxquelles on met le feu et que, la flamme éteinte, on plonge tour à tour dans du goudron, qui forme une fermeture imperméable.

2° **Extraction de la sève.** — Les arbres étant abattus en hiver, époque où ils ont le moins de sève, on les plonge dans le fil d'un cours d'eau, ou mieux on les soumet à une lixivation à la vapeur. Si l'on ne veut pas recourir à ces procédés de lavage pour les longues pièces, on transforme chimiquement la sève, soit par la carbonisation superficielle, comme on fait pour les traverses de chemins de fer; soit par l'absorption de liquides antiseptiques, tels que le bichlorure de mercure, qui peu à peu donne du proto-chlorure de mercure et des albuminates insolubles; soit par l'emploi d'un procédé permettant d'infiltrer dans le bois, au moyen d'une forte pression, une substance préservatrice.

3° **Minéralisation du bois.** — La minéralisation du bois consiste à déposer dans ses pores une substance solide minérale. A cet effet, on place le bois dans du charbon mélangé de sulfure de fer, qui, à l'air, donne du sulfate de fer; la pluie dissout ce dernier et le fait pénétrer lentement dans les pores du bois.

4° **Imbibition du bois.** — Pour bien imprégner le bois du liquide antiseptique, on utilise la force ascendante de la sève. Aussitôt après qu'on a abattu un arbre, on le plonge dans un vase contenant la solution saline à absorber : le liquide, surtout si l'on exerce une pression à sa surface, s'élève peu à peu dans le bois. On peut aussi opérer en grand par des procédés dans le détail desquels nous ne pouvons entrer ici.

CONSERVATION DES MATIÈRES ALIMENTAIRES

911. Les viandes et les plantes séchées se conservent long-temps; les plantes des herbiers sont conservées par la *dessiccation*. On peut également les conserver un certain temps par le *froid*.

La *cuisson* conserve les corps organiques en détruisant les germes. Les viandes et les légumes, cuits comme si on devait les manger immédiatement, sont introduits dans des boîtes que l'on soude et qu'on chauffe ensuite dans un bain d'eau bouillante.

On peut conserver les œufs en les plongeant dans un bain d'eau de chaux : la chaux, pénétrant à travers les parois de la coque, forme avec la première couche d'albumine une espèce de ciment qui arrête l'air.

Au lieu d'empêcher l'accès de l'air, comme dans le procédé des conserves en boîtes closes, on peut, surtout dans les pays chauds, enlever l'eau à la viande en la faisant sécher. A cet effet, on la dégraisse avec soin, on la coupe en fines bandelettes, puis on roule celles-ci dans la farine, qui absorbe facilement les sucs de la chair, enfin exposée au soleil. La déshydratation effectuée, on obtient des lamelles flexibles, que l'on comprime.

La *salaison* est encore un moyen de conservation des viandes. Le sel, étant hygrométrique, c'est-à-dire avide d'eau, dépouille les chairs de l'humidité qu'elles renferment; de plus, il absorbe l'albumine, l'entraîne dans la saumure et empêche ainsi la fermentation ; mais les viandes soumises à la salaison perdent leur partie la plus nutritive. Ce procédé s'applique surtout à la viande de porc et à la conservation de certains poissons, sardines, anchois, harengs, morue, etc.

La fumée de bois vert ou autre contient des principes aromatiques, tels que la créosote, l'acide salicylique, etc., qui sont des antiseptiques coagulant l'albumine ; aussi les viandes exposées à l'action de cette fumée, c'est-à-dire au *fumage*, peuvent-elles se conserver. Ce procédé offre en outre l'avantage de permettre une dessiccation partielle de la masse, vu la température assez élevée de la fumée, ce qui ajoute à l'efficacité de l'opération.

On peut encore conserver les viandes en les plongeant entièrement dans certaines substances empêchant l'accès de l'air, savoir : les graisses, le charbon pulvérisé, les cendres et la chaux.

TEINTURE

912. La nature fournit un grand nombre de matières colorantes, dont la plupart appartiennent au règne végétal : garance, campêche, bois du Brésil, sandal, orseille, etc., pour les rouges ; indigo, pastel, tournesol, etc., pour les bleus ; gaude, curcuma, rocou, etc., pour les jaunes ; noix de galle, sumac, cachou, brou de noix, pour les noirs et les bruns. Dans le règne animal, nous ne citerons que la cochenille et le kermès, qui donnent des couleurs rouges.

Les matières colorantes artificielles, dues à des préparations chimiques qu'ont subies certaines matières, sont excessivement nombreuses et le deviennent chaque jour davantage. Le sulfate de fer donne le vert ; le sulfate de cuivre, le bleu ; le chromate de plomb, le bleu de Prusse ; l'aniline et ses dérivés, les belles couleurs qu'on a commencé à utiliser en 1856.

On obtient toutes les nuances d'une même couleur ou les couleurs intermédiaires entre deux autres, soit, selon les cas, en mélangeant dans diverses proportions des couleurs différentes, soit en ajoutant à une même couleur diverses quantités de noir. On sait que le bleu et le jaune donnent du vert, le bleu et le rouge du violet, le rouge et le jaune de l'orangé.

913. Naturelles ou artificielles, toutes les matières colorantes subissent l'action de la lumière ; on appelle couleurs de *petit teint* celles qui résistent peu à cette action ; couleurs de *grand teint* celles qui y résistent longtemps. Ces matières sont utilisées pour colorer les étoffes, opération qui constitue l'art de la *teinture*.

Pour remplir son rôle dans la teinture, la couleur doit : 1° être soluble, de manière que le tissu s'en imprègne bien ; 2° cesser d'être soluble lorsqu'elle est sur le tissu.

Certaines couleurs se fixent directement sur le tissu ; il suffit alors, pour le teindre, de le plonger dans une dissolution de la matière colorante : tel est le cas pour la soie teinte par les diverses couleurs dérivées de l'aniline et pour le coton teint en bleu par le sulfate d'indigo.

Le plus souvent, la matière colorante ne peut se fixer directement sur le tissu ; on recourt alors à un *mordant*, substance ayant à la fois de l'affinité pour le tissu et pour la matière colorante ; c'est comme une colle qui fait adhérer cette matière au tissu. De plus, le mordant, qui est presque toujours un sel métallique, a la propriété de former avec la matière colorante un sel insoluble dans l'eau. Le mordant doit varier avec la matière qu'il doit fixer ; il est même des couleurs qu'aucun mordant ne saurait rendre complètement insolubles.

Le mordant s'emploie de deux manières : en imprégnant le tissu avant de le teindre ou en dissolvant le mordant dans le bain de teinture. Dans certains cas, le mordant joue lui-même le rôle de matière colorante, en ce sens qu'il modifie la couleur de la matière avec laquelle on l'associe. C'est ainsi que la garance donne, suivant le mordant, une couleur rouge, rose, jaune, brune ou noire.

L'opération dont le mordant est l'objet s'appelle *mordançage*.

914. L'*impression sur étoffes*, c'est-à-dire l'art de colorer et généralement d'agrémenter de dessins un seul côté du tissu, qu'on appelle l'endroit, est originaire de l'Inde ; de là le nom d'indiennes donné aux étoffes ainsi préparées.

L'impression sur étoffes s'exécute aujourd'hui au moyen de rouleaux sur lesquels sont gravés en relief les dessins à reproduire ; en tournant, ils se chargent chacun de la couleur voulue ; en même temps, l'étoffe passe horizontalement sous ces rouleaux, qui la pressent et l'impriment.

Pour les étoffes imprimées comme pour les étoffes teintes, on peut mêler le mordant à la couleur ou l'employer séparément. Dans le dernier cas, on imprime le tissu, non pas avec la couleur, mais avec le mordant ; on teint ensuite ce tissu, on le lave, et la couleur s'attache aux seuls endroits qui avaient reçu le mordant.

Quelquefois, quand on veut obtenir du blanc sur un fond coloré, on imprime *en réserve*, c'est-à-dire avec une matière qui empêche la couleur de mordre aux endroits imprimés et qui est le contraire du mordant. D'autres fois, dans le même cas, on teint uniformément l'étoffe de la couleur du fond, on l'imprime ensuite avec un *rongeant*, c'est-à-dire avec une matière qui détruit la couleur à l'endroit du dessin, on lave, et le dessin apparaît en blanc.

couleur du fond, on l'imprime ensuite avec un *rongeant*, c'est-à-dire avec une matière qui détruit la couleur à l'endroit du dessin, on lave, et le dessin apparaît en blanc.

915. Tableau des composés organiques. — Carbures.

NOMS.	PROPRIÉTÉS PHYSIQUES.	PROPRIÉTÉS CHIMIQUES.	PRÉPARATION.
Acétylène, C^4H^2.	Gaz incolore à odeur écœurante ; peu soluble.	Se condense par la chaleur et donne de la benzine ($C^{12}H^6$). L'oxygène et le chlore l'attaquent violemment.	Acétylure de cuivre traité par l'acide chlorhydrique.
Benzine, $C^{12}H^6$.	Liquide incolore, fortement odorant, solide à 0°, dissolvant énergique des graisses, etc.	La chaleur la décompose. L'oxygène donne CO^2 et HO. L'acide sulfurique et l'acide azotique y forment des composés, ainsi que le chlore.	Distiller les goudrons de houille, prendre ce qui passe vers 80°.
Naphtaline, $C^{20}H^8$.	Solide, à odeur analogue à celle du goudron ; fusible ; soluble dans l'alcool.	Brûle à l'air. Elle est énergiquement attaquée par le brome et le chlore, puis par l'acide azotique.	Vient de la distillation des huiles lourdes du goudron ; elle est rectifiée par l'acide sulfurique.
Anthracène, $C^{28}H^{10}$.	Lamelles fluorescentes ; fond à 210° ; soluble dans la benzine et le sulfure de carbone.	L'acide sulfurique donne une couleur verte. L'acide picrique donne des aiguilles rouges ; l'acide azotique l'oxyde.	Distillation du goudron au-dessus de 200°.
Essence de térébenthine, $C^{20}H^{16}$	Liquide incolore, à odeur vive, dissolvant des graisses.	Absorbe l'oxygène ; brûle dans l'air ; avec l'acide chlorhydrique donne plusieurs chlorhydrates dont un est le camphre artificiel.	Se retire de la sève de certains pins maritimes.
Pétrole.	Essence minérale ; liquide huileux, brun verdâtre, quelquefois sirupeux.	Le pétrole brut est un mélange de divers carbures, les uns gazeux, les autres liquides et solides ; dans ces derniers, on connaît la paraffine.	S'extrait de la nature. Sources de pétrole (Perse, Inde, Amérique).

916. Alcools.

NOMS.	PROPRIÉTÉS PHYSIQUES.	PROPRIÉTÉS CHIMIQUES.	PRÉPARATION.
Alcool méthylique ou esprit de bois, $C^2H^4O^2$.	Liquide incolore, odorant ; densité $= 0,79$; bout à 65° ; soluble dans l'eau.	Brûle à l'air ; avec oxydation lente, on a l'acide formique. Se combine à BaO, BaCl et K ; anesthésique, narcotique.	Distillation du bois, puis rectifié sur de la chaux.
Alcool éthylique ou alcool de vin, $C^4H^6O^2$.	Liquide mobile, à saveur chaude ; densité $= 0,80$; bout à 78° ; ne se solidifie pas ; soluble dans l'eau ; dissout essences, résines, graisses.	Brûle à l'air ; par l'oxydation on a soit aldéhyde, soit acide acétique ; attaqué par les métaux alcalins. Les acides donnent des éthers, le chlore donne le chloral.	Fermentation des jus sucrés naturels, puis distillation et rectification sur de la chaux.
Glycérine, $C^6H^8O^6$.	Liquide incolore, sirupeux ; saveur sucrée ; densité $= 1,264$; se solidifie à 0° ; soluble dans l'eau.	La chaleur la décompose en un corps d'odeur irritante (acroléine). L'oxydation donne de l'acide oxalique. Les acides gras donnent des éthers formant les corps gras. Avec AzO^5, on a la nitroglycérine.	Traiter une graisse ou de l'huile par de l'eau et de l'oxyde de plomb en agitant constamment.
(Nitroglycérine) $C^6H^2(HO, AzO^5)^3$	Liquide huileux, jaune citron.	Composé explosif qui détone par le choc. Absorbé par un corps pulvérulent, donne la dynamite.	Traiter de la glycérine par un mélange d'acide azotique et d'acide sulfurique.

917. Éthers.

NOMS.	PROPRIÉTÉS PHYSIQUES.	PROPRIÉTÉS CHIMIQUES.	PRÉPARATION.
Éthers.	Corps liquides odorants.	Composés d'un acide et d'un alcool ; on régénère ces deux corps par l'eau.	
Éther chlorhydrique, Cl, C^4H^5.	Liquide incolore à odeur aromatique ; bout à 11° ; peu soluble dans l'eau.	Décomposé par la chaleur ; donne de l'alcool avec la potasse.	Saturer l'alcool de gaz HCl.

917. Éthers (suite).

NOMS.	PROPRIÉTÉS PHYSIQUES.	PROPRIÉTÉS CHIMIQUES.	PRÉPARATION
Acétate d'éthyle ou éther acétique, $C^8H^8O^4$.	Liquide mobile, à odeur agréable ; soluble dans l'eau ; dissout les essences.	Avec la potasse ou la soude, on a de l'alcool. Le chlore l'attaque. L'acide sulfurique donne de l'éther ordinaire.	Mélange d'alcool, d'acide acétique et d'acide sulfurique.
Éther sulfurique ou éther ordinaire, $C^8H^{10}O^2$.	Liquide incolore, mobile, à odeur suave, aromatique ; dissout les graisses.	Brûle à l'air. Au contact de O à la lumière, on a formation d'acide acétique. Le chlore donne des produits dérivés. Les acides l'attaquent.	Traiter de l'alcool de vin par de l'acide sulfurique.
Éthers de la glycérine.	Se trouvent dans les graisses, les huiles, etc.	La chaleur donne de l'acroléine.	
Margarine.	Solide ; fusible à 53°.	Saponifiée par l'eau.	Huiles végétales.
Stéarine.	Solide ; fusible vers 68° ; masse dure et cassante ; soluble dans l'éther ordinaire.	Donne de l'acroléine par la chaleur, se saponifie aussi par les bases.	Suif de bœuf et de mouton.
Oléine.	Liquide oléagineux, incolore, inodore, très soluble dans l'alcool.	Peut absorber l'oxygène de l'air pour se résinifier.	Dissoudre des graisses ou des huiles dans l'alcool ; puis traiter par l'eau, qui sépare l'oléine.

918. Matières sucrées.

Glucose $C^{12}H^{12}O^{12}$	Cristaux groupés en mamelons blancs solubles dans l'eau, saveur peu sucrée.	Perd de l'eau par la chaleur. Avec potasse elle brunit ; elle précipite le sulfate de cuivre. Elle se combine aux acides. Elle fermente directement.	Action de l'eau et de l'acide sulfurique sur la fécule.
Lévulose. $C^{12}H^{12}O^{12}$.	Cristaux fins en longues aiguilles.	Facilement altérable à l'air et par les alcalins ; fermente.	Sucre interverti par un acide.
Sucre ordinaire, $C^{24}H^{22}O^{22}$.	Solide cristallisable, fort soluble dans l'eau.	La chaleur le décompose en glucose, puis en caramel. Par les acides étendus il se dédouble en glucose et en lévulose ; avec la chaux on a un précipité. Ne fermente pas.	Jus de la canne ou de la betterave.
Lactose, sucre de lait. $C^{24}H^{22}O^{22}$.	Cristaux solubles.	Réduit la liqueur de cuivre. Donne de l'alcool avec du sodium. Ne fermente pas.	Évaporer le petit-lait.
Amidon, $C^{12}H^{20}O^{10}$.	Poudre blanche insoluble ; se gonfle à 70° avec l'eau.	Se colore en bleu par l'iode ; chauffé à 100°, donne amidon soluble. L'acide sulfurique et l'eau donnent de la glucose.	Eau sur de la pâte ou sur de la râpure de pommes de terre.
Dextrine, $C^{24}H^{20}O^{20}$.	Amidon soluble.	Ne bleuit pas par l'iode ; précipité par l'alcool.	Chaleur sur l'amidon.
Cellulose, $C^{12}H^{10}O^{10}$.	Solide diaphane, blanc, insoluble dans l'eau, soluble dans l'eau céleste (ammoniaque et cuivre).	Avec AzO^5 fulmi-coton ; brûle dans l'air. L'acide sulfurique la transforme en amidon, dextrine et glucose.	Faire bouillir dans de l'eau du papier ou du vieux linge.

919. Phénol, aldéhyde, etc...

Phénol, $C^{12}H^6O^2$.	Prismes incolores ; infusible ; odorant ; soluble dans l'alcool.	Sel ferrique donne couleur violette. Absorbe CO^2 et donne un salicylate. Avec AzO^5 production d'acide picrique. Vénéneux.	Distillation du goudron de houille ; traiter par la potasse ou la soude et décomposer par un acide.

919. Phénol, aldéhyde, etc. (suite).

NOMS.	PROPRIÉTÉS PHYSIQUES.	PROPRIÉTÉS CHIMIQUES.	PRÉPARATION.
Aldéhyde éthylique, $C^4H^4O^2$.	Liquide incolore à odeur forte ; soluble dans l'eau et l'alcool.	La chaleur donne CO^2. O produit acide. H donne alcool. Réduit les sels d'argent.	Oxyder l'alcool par du bioxyde de manganèse et de l'acide sulfurique.
Chloral, $C^4HCl^3O^2$.	Liquide incolore, gras au toucher, d'odeur irritante ; soluble dans l'eau, dissolvant énergique de Br, Io et Ph.	Ne réduit pas les sels d'argent. Se combine aux bisulfites. Se combine avec l'eau. Décomposé par la potasse. Anesthésique.	Chlore sur alcool absolu.
Camphre, $C^{20}H^{16}O^2$.	Masse demi-transparente ; odeur aromatique ; fond à 175°.	Le brome et l'iode l'attaquent. Il fixe directement l'eau. Avec l'acide azotique, on a oxydation.	Distiller des feuilles de laurier du Japon.
Alizarine, $C^{28}H^5O^5$.	Cristaux jaune rouge, fusibles à 215° ; peu soluble dans l'eau froide ; soluble dans l'alcool, l'éther, l'acide sulfurique ; soluble dans l'alun.	Potasse donne couleur violette. Chaux donne couleur bleue. AC^2O^3 laque insoluble. Avec AzO^5 on a des combinaisons.	Acide sulfurique sur le phénol de l'anthracite, puis la potasse.

920. Acides.

NOMS.	PROPRIÉTÉS PHYSIQUES.	PROPRIÉTÉS CHIMIQUES.	PRÉPARATION.
Acide formique, $C^2H^2O^4$.	Liquide ; odeur nauséeuse ; bout à 99°, soluble dans l'eau.	Chaleur $HO + CO$ SO^3 $HO + CO$ Cl $CO^2 + HCl$ Brûle dans l'air.	Oxydation profonde de l'amidon.
Acide acétique, $C^4H^4O^4$.	Liquide incolore, soluble dans l'eau ; cristallise à 17°, bout à 118°.	Par la chaleur on a CO^2 et des carbures ; avec H on a des carbures.	1° Distillation sèche du bois. 2° Oxydation de l'alcool.
Acide butyrique, $C^8H^7O^3,HO$.	Liquide incolore, odeur désagréable ; bout à 163°.	La chaleur donne des aldéhydes.	Fermentation du fromage avec du sucre.
Acide valérianique, $C^{10}H^{10}O^4$.	Liquide incolore, odorant ; bout à 175°.	Forme un hydrate avec l'eau.	Distillation de la racine de valériane avec de l'eau.
Acide oléique, $C^{36}H^{34}O^4$	Solide à 14°, soluble dans l'alcool.	S'oxyde à l'air. La potasse donne de l'acide acétique ; AzO^5 le décompose. Se combine avec la glycérine.	Traiter l'huile d'olive par la litharge.
Acide stéarique, $C^{36}H^{36}O^4$	Corps solide, blanc, fusible à 70°, soluble dans l'alcool.	Se combine avec la glycérine et avec les alcalins et donne des sels solubles dans l'eau.	Saponifier du suif par de la potasse.
Acide margarique, $C^{32}H^{32}O^4$	Solide en masse feuilletée ; fusible à 60°.	Se combine avec les alcalis et la glycérine.	Décomposer les matières solides de l'huile d'olive refroidie par la potasse.

921. Acides à fonction complexe.

NOMS.	PROPRIÉTÉS PHYSIQUES.	PROPRIÉTÉS CHIMIQUES.	PRÉPARATION.
Acide oxalique, $C^4H^2O^8$.	Solide incolore à saveur aigre et piquante ; soluble dans 15 parties d'eau froide.	Perd de l'eau à 98°. Se décompose en acide formique par la chaleur. Réducteur énergique. L'acide azotique l'oxyde. La potasse fournit un carbonate. La chaux donne un précipité insoluble.	1° Sel d'oseille et acétate de plomb, puis HS. 2° Amidon et AzO^5. 3° Sciure de bois et KO, HO.

921. Acides à fonction complexe (suite).

NOMS.	PROPRIÉTÉS PHYSIQUES.	PROPRIÉTÉS CHIMIQUES.	PRÉPARATION.
Acide tartrique, $C^8H^6O^{12}$.	Cristaux inaltérables à l'air, solubles dans l'eau et dans l'alcool.	Sa solution précipite l'eau de chaux. Avec potasse et liqueur cuivrique, on a coloration bleue. La chaleur le déshydrate. L'acide azotique l'oxyde et il entre des groupements azotés dans les produits. Forme avec la potasse et le fer un émétique.	Traiter le tartrate de potasse par de la craie, puis saturer par SO^3.
Acide citrique $C^{12}H^8O^{14}$.	Cristaux solubles dans l'eau.	Par la chaleur il y a perte d'eau et formation de divers acides. La potasse forme de l'acide oxalique. Précipite l'eau de chaux.	Jus de citron fermenté, craie et SO^3.
Acide lactique $(C^6H^6O^6)$ et isomères.	Liquide incolore, soluble dans l'eau.	La chaleur lui enlève de l'eau et le condense en une sorte d'éther dilactique. Il présente les caractères des acides et ceux des alcools. Par O on a acides formique, acétique, oxalique. Par Cl il y a production de chloral.	1° Fermentation lactique. 2° Glucose, fromage et craie.

922. Alcalis et alcaloïdes.

NOMS.	PROPRIÉTÉS PHYSIQUES.	PROPRIÉTÉS CHIMIQUES.	PRÉPARATION.
Aniline. $C^{12}H^4$, AzH^3.	Liquide mobile réfringent à odeur désagréable; peu soluble dans l'eau; bout à 184°.	Précipite le fer; brunit à l'air. Forme des sels avec les acides. SO^3 et azotate couleur rouge. SO^3 et chromate couleur bleue. $CaCl$ couleur violette. Chlorate de cuivre couleur noire. Base énergique.	1° Distillation du goudron de houille. 2° Réduction de la nitrobenzine par l'hydrogène.
Nicotine, $C^{20}H^{14}Az^2$.	Liquide incolore; brunit à la lumière; soluble dans l'eau et l'alcool; odeur âcre.	Alcali puissant. Précipite les sels de cuivre, de plomb, de zinc, d'or. HCl couleur violette. Poison.	Dissoudre les principes du tabac dans de l'éther ammoniacal.
Cicutine, $C^{10}H^{15}Az$.	Liquide oléagineux; odeur irritante; soluble dans l'alcool et l'éther.	Base puissante précipitant les métaux. AzO^5 coloration rouge. I coloration rouge. Cl coloration verte. Précipitée par le tanin. Poison.	S'extrait des fruits de la grande ciguë.
Morphine, $C^{34}H^{19}AzO^6$.	Cristaux de saveur amère; peu soluble dans l'eau, insoluble dans l'alcool; fond à 120°.	Forme des sels définis. SO^3 et AzO^5 coloration bleue. Fe^2Cl^3 coloration bleue. Poison.	Suc du pavot blanc traité par $CaCl$ et l'on précipite par AzH^3.
Quinine, $C^{10}H^{24}AzO^2O^4$.	Résinoïde ou cristallisée; soluble surtout dans l'alcool; saveur amère, fond à 120°.	S'enflamme; donne des sels. SO^3 liqueur à reflets bleus. Cl et AzH^3 coloration verte. Cl coloration rouge. Fébrifuge.	Traiter les quinquinas par SO^2 et précipiter par AzH^3.
Strychnine, $C^{42}H^{22}Az^2O^4$.	Cristaux; saveur métallique amère; soluble dans l'alcool à 90° et dans le chloroforme.	Base. Avec Cl précipité qui devient élastique. SO^3 et oxydation on a une série de couleurs fugaces. Poison.	S'extrait de la noix vomique.

923. Amides et albuminoïdes.

NOMS.	PROPRIÉTÉS PHYSIQUES.	PROPRIÉTÉS CHIMIQUES.	PRÉPARATION.
Urée, $C^2O^2Az^2H^4$.	Cristaux solubles dans l'eau, l'alcool, l'éther; fusible à 120°.	Cl et Br donnent CO^2, Az. L'urée forme des sels. Chauffée, on a de l'ammoniaque. Elle fermente et donne AzH^3, $HO CO^2$.	1° Urine et acide azotique. 2° Carbonate d'ammoniaque chauffé.

923. **Amides et albuminoïdes (suite).**

NOMS.	PROPRIÉTÉS PHYSIQUES.	PROPRIÉTÉS CHIMIQUES.	PRÉPARATION.
Indigo. $C^{16}H^5AzO^2$.	Prismes blancs à reflets cuivrés, insolubles dans l'eau, l'éther, etc.; solubles dans SO^3 en bleu.	Réduit en indigo blanc par l'hydrogène.	Macération des feuilles des indigofera et fermentation.
Albumine.	Corps solide amorphe, soluble dans l'eau ; cette solution se coagule à 75°.	Agit comme acide faible. HCl la dissout avec coloration bleue, colorée en jaune par AzO^5. Décomposée par la chaleur.	Agiter le blanc d'œuf avec de l'eau et filtrer.
Caséine.	Matière blanche, inodore, soluble, non coagulable par la chaleur.	Précipité par les acides. Soluble dans les alcalis. La caillette de veau la précipite à 40°. Décomposée par la chaleur.	Lait caillé des mammifères.
Fibrine.	Dure et cassante, insoluble dans l'eau et dans l'alcool.	Ne se dissout pas dans le chlorure de sodium. Se gonfle avec les dissolutions alcalines. Décomposée par la chaleur. Se coagule à l'air.	Battre du sang frais avec des verges.
Gélatine. $C^{12}H^{10}Az^2O^4$.	Masse incolore, un peu élastique, sans saveur; coagulable par l'alcool, l'éther, les astringents; se prend en gelée par la chaleur. Soluble.	A l'air humide, se putréfie, s'acidifie, puis devient ammoniacale. Insolée avec du chromate de potasse, elle devient insoluble dans l'eau chaude.	Traiter des matières organiques (os, chair, etc.) par l'ébullition dans l'eau.

PROBLÈMES

924. A la température de 0° et sous la pression de $0^M,760$, le mètre cube d'air pèse $1^{Kg},293$: calculer d'après cela le poids d'un mètre cube d'hydrogène, dont la densité est $0,0692$, sachant qu'à volumes égaux les poids des corps sont proportionnels à leurs densités (n° 92).

SOLUTION

Puisque, à volumes égaux, les poids des corps sont proportionnels à leurs densités, nous pouvons écrire la proportion :

$$\frac{1,293}{x} = \frac{1}{0,0692} \; ; \; \text{d'où } x = 1,293 \times 0,0692 = 0^{Kg},089.$$

925. On fait passer de la vapeur d'eau sur un kilogramme de fer chauffé au rouge : trouver le poids de l'eau décomposée et le volume de l'hydrogène rendu libre, sachant que le mètre cube de ce gaz, à 0° et sous la pression atmosphérique, pèse 89 grammes.

SOLUTION

Le fer (n° 53), en s'emparant de l'oxygène de l'eau, se change en oxyde de fer (Fe^3O^4). Or, en équivalents (n° 23), $Fe^3O^4 = 84 + 32$.

Désignant par x la quantité d'oxygène qui se porte sur un kilogramme de fer, nous aurons la proportion : $\frac{1000}{84} = \frac{x}{32}$; d'où

$$x = \frac{1000 \times 32}{84} = 381 \text{ grammes.}$$

Si nous appelons x' la quantité d'hydrogène rendue libre, nous aurons la proportion : $\frac{x'}{381} = \frac{1}{8}$; d'où $x' = \frac{381}{8} = 47^{Gr},625.$

Le poids de l'eau décomposée sera donc $381 + 47,625 = 428^{Gr},625.$

En divisant le poids $47^{Gr},625$ par le poids du litre d'hydrogène, qui est $0^{Gr},089$, on aura le volume de l'hydrogène rendu libre, lequel volume est 535 litres.

926. Quelle quantité d'acide sulfurique et de zinc faut-il employer pour produire, par la décomposition de l'eau, l'hydrogène nécessaire, à 0° et sous la pression de $0^M,760$, pour remplir un ballon de 10 mètres de diamètre, sachant que le mètre cube d'hydrogène pèse $0^{Kg},089$?

SOLUTION

D'après la formule $V = \frac{4}{3}\pi R^3$, la capacité du ballon $= \frac{4}{3} \times 3{,}1416$ $\times 125 = 523^{Mc},6$; le poids de l'hydrogène que pourra contenir le ballon sera donc $0{,}089 \times 523{,}6 = 46^{Kg},6$. Or, en chiffres, la formule $Zn + SO^3, HO = ZnO, So^3 + H$ (n° 101), donne $33 + 49 = 81 + 1$, c'est-à-dire que 33 grammes de zinc et 49 grammes d'acide sulfurique produisent 1 gramme d'hydrogène. Pour obtenir 1 kilogramme d'hydrogène, il faudra donc $1000 \times 33 = 33\,000$ grammes de zinc, $1000 \times 49 = 49\,000$ grammes d'acide sulfurique, et pour obtenir les $46^{Kg},6$ d'hydrogène nécessaires pour remplir le ballon il faudra $33 \times 46{,}6 = 1537^{Kg},8$ de zinc et $49 \times 46{,}6 = 2283^{Kg},4$ d'acide sulfurique.

927. En calcinant 10 kilogrammes de bioxyde de manganèse, combien peut-on recueillir de litres d'oxygène, sachant que le litre de ce dernier pèse $1^{Gr},43$ sous pression ordinaire et à 0° ?

SOLUTION

La formule $3MnO^2 = 2O + Mn^3 O^4$ (n° 113) donne, en chiffres (n° 23), $130{,}50 = 16 + 114{,}50$; c'est-à-dire que $130^{Kg},50$ de bioxyde de manganèse produisent 16 kilogrammes d'oxygène.

Or, si $130^{Kg},50$ de bioxyde de manganèse donnent 16 kilogrammes d'oxygène, 10 kilogrammes de bioxyde de manganèse donneront $\dfrac{16 \times 10}{130{,}5} = 1^{Kg},226$ d'oxygène, et la densité de l'oxygène étant de 1,43, le nombre de litres produits sera $\dfrac{1226}{1{,}43} = 857^{L},31$.

928. Quel est le poids de l'oxygène produit par 1 kilogramme de chlorate de potasse décomposé sous l'influence de la chaleur ?

SOLUTION

La formule $KO, ClO^5 = O^6 + KCl$ (n° 114) donne, en chiffres (n° 23), $122{,}50 = 48 + 74{,}50$, c'est-à-dire que $122^{Gr},50$ de chlorate de potasse produisent 48 grammes d'oxygène; 1 kilogramme de chlorate de potasse produira donc $\dfrac{48 \times 1000}{122{,}5} = 391^{Gr},83$ d'oxygène.

929. Quel poids de bioxyde de manganèse faudrait-il calciner pour pouvoir recueillir 1 hectolitre d'oxygène à 0° et sous la pression de $0^M,760$?

SOLUTION

On a vu (n° 927) que $130^{Gr},50$ de bioxyde de manganèse produisent, par calcination, 16 grammes d'oxygène et l'on sait que le litre d'oxygène pèse $1^{Gr},43$: l'hectolitre pèsera donc 143 grammes et l'on aura la proportion : $\dfrac{x}{143} = \dfrac{130,5}{16}$; d'où $x = \dfrac{130,5 \times 143}{16} = 1160^{Gr},31.$

930. Sur 1 hectogramme de carbonate de chaux placé dans un vase à moitié rempli d'eau on verse la quantité d'acide chlorhydrique nécessaire pour décomposer complètement le carbonate de chaux : trouver le volume d'acide carbonique dégagé à 0° degré, sous la pression de $0^M,760.$

SOLUTION

La formule $CaO, CO^2 + HCl = CO^2 + HO + CaCl$, ou, en doublant les équivalents, la formule $2CaO, C^2O^4 + 2HCl = C^2O^4 + 2HO + 2CaCl$ donne, en chiffres, $100 + 73 = 44 + 18 + 111$ (n° 23), ce qui veut dire que 100 grammes de carbonate de chaux dégagent 41 grammes d'acide carbonique; or, nous savons qu'un litre de ce gaz pèse $1^{Gr},97$; le volume cherché est donc $\dfrac{41}{1,97} = 22^L,3.$

TABLE DES MATIÈRES

PREMIÈRE PARTIE

NOTIONS PRÉLIMINAIRES

DEUXIÈME PARTIE

MÉTALLOIDES

TROISIÈME PARTIE

MÉTAUX ET SELS

QUATRIÈME PARTIE

SUBSTANCES ORGANIQUES

FIN DE LA TABLE DES MATIÈRES.

Paris. — Imp. E. Capiomont et Cie, rue des Poitevins, 6.

9 782013 579506